Pro/ENGINEER 野火版 5.0 工程应用精解丛书
Pro/ENGINEER 软件应用认证指导用书
国家职业技能 Pro/ENGINEER 认证指导用书

# Pro/ENGINEER 中文野火版 5.0 模具设计实例精解

詹友刚　主编

机 械 工 业 出 版 社

本书是进一步学习 Pro/ENGINEER 野火版 5.0 模具设计的高级实例书籍。本书介绍了 29 个实际产品的模具设计过程，其中 6 个实例采用完全不同的两种方法设计，这些实例涉及各个行业和领域，都是生产一线实际应用中的各种产品，经典而实用。

本书中的实例是根据北京兆迪科技有限公司为国内外众多行业的一些著名公司（含国外独资和合资公司）编写的培训案例整理而成的，具有很强的实用性和广泛的适用性。本书附带 2 张多媒体 DVD 学习光盘，制作了 186 个 Pro/ENGINEER 模具设计技巧和具有针对性的实例教学视频并进行了详细的语音讲解，时间长达 11.3 小时(680 分钟)；光盘中还包含本书所有的实例文件以及练习素材文件（2 张 DVD 光盘教学文件容量共计 6.8GB）。另外，为方便 Pro/ENGINEER 低版本用户和读者的学习，光盘中特提供了 Pro/ENGINEER4.0 版本的配套源文件。

本书在内容上，针对每一个实例先进行概述，说明该实例的特点，使读者对它有一个整体概念的认识，学习也更有针对性；接下来的操作步骤翔实、透彻，图文并茂，引领读者一步一步地完成模具设计。这种讲解方法能使读者更快、更深入地理解 Pro/ENGINEER 模具设计中的一些抽象的概念、重要的设计技巧和复杂的命令及功能。这样安排也能帮助读者尽快进入模具设计实战状态。在写作方式上，本书紧贴 Pro/ENGINEER 软件的实际操作界面进行讲解，使初学者能够提高学习效率。本书内容全面，条理清晰，实例丰富，讲解详细，图文并茂，可作为广大工程技术人员和设计工程师学习 Pro/ENGINEER 模具设计的自学教程和参考书，也可作为大中专院校学生和各类培训学校学员的 CAD/CAM 课程上课及上机练习的教材。

## 图书在版编目（CIP）数据

Pro/ENGINEER 中文野火版 5.0 模具设计实例精解 / 詹友刚主编. —2 版（修订本）. —北京：机械工业出版社，2013.10

ISBN 978-7-111-44362-9

Ⅰ. ①P… Ⅱ. ①詹… Ⅲ. ①模具—计算机辅助设计—应用软件 Ⅳ. ①TG76-39

中国版本图书馆 CIP 数据核字（2013）第 242687 号

机械工业出版社（北京市百万庄大街 22 号　邮政编码 100037）
策划编辑：管晓伟　责任编辑：管晓伟
责任印制：乔　宇
北京铭成印刷有限公司印刷
2013 年 11 月第 2 版第 1 次印刷
184mm×260mm · 22 印张 · 546 千字
0001—3000 册
标准书号：ISBN 978-7-111-44362-9
　　　　　ISBN 978-7-89405-124-0（光盘）
定价：59.90 元（含多媒体 DVD 光盘 2 张）

# 出 版 说 明

　　制造业是一个国家经济发展的基础，当今世界任何经济实力强大的国家都拥有发达的制造业，美、日、德、英、法等国家之所以被称为发达国家，很大程度上是由于它们拥有世界上最发达的制造业。我国在大力推进国民经济信息化的同时，必须清醒地认识到，制造业是现代经济的支柱，加强制造业、提高制造业科技水平是一项长期而艰巨的任务。发展信息产业，首先要把信息技术应用到制造业。

　　众所周知，制造业信息化是企业发展的必要手段，我国已将制造业信息化提到关系到国家生存的高度上来。信息化是当今时代现代化的突出标志。以信息化带动工业化，使信息化与工业化融为一体，互相促进，共同发展，是具有中国特色的跨越式发展之路。信息化主导着新时期工业化的方向，使工业朝着高附加值化发展；工业化是信息化的基础，为信息化的发展提供物资、能源、资金、人才以及市场，只有用信息化武装起来的自主和完整的工业体系，才能为信息化提供坚实的物质基础。

　　制造业信息化集成平台是通过并行工程、网络技术和数据库技术等先进技术，将 CAD/CAM/CAE/CAPP/PDM/ERP 等为制造服务的软件个体有机地集成起来，采用统一的架构体系和统一基础数据平台，涵盖目前常用的 CAD/CAM/CAE/CAPP/PDM/ERP 软件，使软件交互和信息传递顺畅，从而有效提高产品开发、制造各个领域的数据集成管理和共享水平，提高产品开发、生产和销售全过程中的数据整合、流程的组织管理水平以及企业的综合实力，为营造一流的企业提供现代化的技术保证。

　　机械工业出版社作为全国优秀出版社，在出版制造业信息化技术类图书方面有着独特优势，一直致力于 CAD/CAM/CAE/CAPP/PDM/ERP 等领域的相关技术的跟踪，出版了大量关于学习这些领域的软件（如 Pro/ENGINEER、UG、CATIA、SolidWorks、MasterCAM、AutoCAD 等）的优秀图书，同时也积累了许多宝贵的经验。

　　北京兆迪科技有限公司位于中关村科技园区，专门从事 CAD/CAM/CAE 技术的开发、咨询、培训及产品设计与制造服务。中关村科技园区是北京市科技、智力、人才和信息资源最密集的区域，园区内有清华大学、北京大学和中国科学院等著名大学和科研机构，同时聚集了一些国内外著名公司，如西门子、联想集团、清华紫光和清华同方等。近年来，北京兆迪科技有限公司充分依托中关村科技园区人才优势，在机械工业出版社的大力支持下，推出了或将陆续推出一系列 Pro/ENGINEER 软件的"工程应用精解"图书，包括：

- Creo2.0 工程应用精解丛书
- Creo1.0 工程应用精解丛书
- Creo1.0 宝典
- Creo1.0 实例宝典
- Pro/ENGINEER 野火版 5.0 工程应用精解丛书

- Pro/ENGINEER 野火版 4.0 工程应用精解丛书
- Pro/ENGINEER 野火版 3.0 工程应用精解丛书
- Pro/ENGINEER 野火版 2.0 工程应用精解丛书

"工程应用精解"系列图书具有以下特色：

- **注重实用，讲解详细，条理清晰**。因为作者和顾问均是来自一线的专业工程师和高校教师，所以图书既注重解决实际产品设计、制造中的问题，同时又对软件的使用方法和技巧进行全面、系统、有条不紊、由浅入深的讲解。
- **范例来源于实际，丰富而经典**。对软件中的主要命令和功能，先结合简单的范例进行讲解，然后安排一些较复杂的综合范例帮助读者深入理解和灵活运用。
- **写法独特，易于上手**。全部图书采用软件中真实的菜单、对话框和按钮等进行讲解，使初学者能够直观、准确地操作软件，从而大大提高学习效率。
- **随书光盘配有视频录像**。每本书的随书光盘中制作了超长时间的操作视频文件，帮助读者轻松、高效地学习。
- **网站技术支持**。读者购买"工程应用精解"系列图书，可以通过北京兆迪科技有限公司的网站（http://www.zalldy.com）获得技术支持。

我们真诚地希望广大读者通过学习"工程应用精解"系列图书，能够高效掌握有关制造业信息化软件的功能和使用技巧，并将学到的知识运用到实际工作中，也期待您给我们提出宝贵的意见，以便今后为大家提供更优秀的图书作品，共同为我国制造业的发展尽一份力量。

机械工业出版社
北京兆迪科技有限公司

# 前　　言

Pro/ENGINEER（简称 Pro/E）是由美国 PTC 公司推出的一套博大精深的三维 CAD/CAM 参数化软件系统，其内容涵盖了产品从概念设计、工业造型设计、三维模型设计、分析计算、动态模拟与仿真、工程图输出，到生产加工成产品的全过程，其中还包含了大量的电缆及管道布线、模具设计与分析等实用模块，应用范围涉及航空航天、汽车、机械、数控（NC）加工和电子等诸多领域。Pro/ENGINEER 中文野火版 5.0 构建于 Pro/ENGINEER 野火版的成熟技术之上，新增了许多功能，使其技术水平又上了一个新的台阶。

一般读者要在短时间内熟练掌握 Pro/ENGINEER 的模具设计，只靠理论学习和少量的练习是远远不够的。本书选用的实例都是实际应用中的各种产品，经典而实用。编著本书的目的正是为了使读者通过书中的经典模具实例，迅速掌握各种模具设计方法、技巧和构思精髓，能够在短时间内成为一名 Pro/ENGINEER 模具设计高手。

本书是进一步学习 Pro/ENGINEER 模具设计的高级实例书籍，其特色如下：

- 实例丰富，与其他的同类书籍相比，包括更多的模具实例和设计方法。

- 讲解详细，由浅入深，条理清晰，图文并茂，对于意欲进入模具设计行业的读者，本书是一本不可多得的快速见效的典籍。

- 写法独特，采用 Pro/ENGINEER 软件中真实的对话框、操控板和按钮等进行讲解，使初学者能够直观、准确地操作软件，从而大大提高学习效率。

- 附加值高，本书附带 2 张多媒体 DVD 学习光盘，制作了 186 个 Pro/ENGINEER 模具设计技巧和具有针对性的实例教学视频并进行了详细的语音讲解，时间长达 11.3 小时(680 分钟)，2 张 DVD 光盘教学文件容量共计 6.8GB，可以帮助读者轻松、高效地学习。

本书是根据北京兆迪科技有限公司为国内外一些著名公司（含国外独资和合资公司）编写的培训教案整理而成的，具有很强的实用性。其主编和主要参编人员主要来自北京兆迪科技有限公司。该公司专门从事 CAD/CAM/CAE 技术的研究、开发、咨询及产品设计与制造服务，并提供 Pro/ENGINEER、Ansys、Adams 等软件的专业培训及技术咨询。在本书编写过程中得到了该公司的大力帮助，在此表示衷心的感谢。

本书由詹友刚主编，参加编写的人员还有王焕田、刘静、雷保珍、刘海起、魏俊岭、任慧华、詹路、冯元超、刘江波、周涛、赵枫、邵为龙、侯俊飞、龙宇、施志杰、詹棋、高政、孙润、李倩倩、黄红霞、尹泉、李行、詹超、尹佩文、赵磊、王晓萍、陈淑童、周攀、吴伟、王海波、高策、冯华超、周思思、黄光辉、党辉、冯峰、詹聪、平迪、管璇、王平、李友荣。本书已经多次校对，如有疏漏之处，恳请广大读者予以指正。

电子邮箱：zhanygjames@163.com

编　者

# 丛 书 导 读

## （一）产品设计工程师学习流程

1. 《Pro/ENGINEER 中文野火版 5.0 快速入门教程（修订版）》
2. 《Pro/ENGINEER 中文野火版 5.0 高级应用教程（修订版）》
3. 《Pro/ENGINEER 中文野火版 5.0 曲面设计教程（修订版）》
4. 《Pro/ENGINEER 中文野火版 5.0 曲面设计实例精解（修订版）》
5. 《Pro/ENGINEER 中文野火版 5.0 钣金设计教程（修订版）》
6. 《Pro/ENGINEER 中文野火版 5.0 产品设计实例精解（修订版）》
7. 《Pro/ENGINEER 中文野火版 5.0 工程图教程（修订版）》
8. 《Pro/ENGINEER 中文野火版 5.0 管道设计教程》
9. 《Pro/ENGINEER 中文野火版 5.0 电缆布线设计教程》

## （二）模具设计工程师学习流程

1. 《Pro/ENGINEER 中文野火版 5.0 快速入门教程（修订版）》
2. 《Pro/ENGINEER 中文野火版 5.0 高级应用教程（修订版）》
3. 《Pro/ENGINEER 中文野火版 5.0 工程图教程（修订版）》
4. 《Pro/ENGINEER 中文野火版 5.0 模具设计教程（修订版）》
5. 《Pro/ENGINEER 中文野火版 5.0 模具设计实例精解（修订版）》

## （三）数控加工工程师学习流程

1. 《Pro/ENGINEER 中文野火版 5.0 快速入门教程（修订版）》
2. 《Pro/ENGINEER 中文野火版 5.0 高级应用教程（修订版）》
3. 《Pro/ENGINEER 中文野火版 5.0 钣金设计教程（修订版）》
4. 《Pro/ENGINEER 中文野火版 5.0 数控加工教程（修订版）》

## （四）产品分析工程师学习流程

1. 《Pro/ENGINEER 中文野火版 5.0 快速入门教程（修订版）》
2. 《Pro/ENGINEER 中文野火版 5.0 高级应用教程（修订版）》
3. 《Pro/ENGINEER 中文野火版 5.0 运动分析教程》
4. 《Pro/ENGINEER 中文野火版 5.0 结构分析教程》
5. 《Pro/ENGINEER 中文野火版 5.0 热分析教程》

# 本 书 导 读

为了能更好地学习本书的知识，请您先仔细阅读下面的内容。

## 写作环境

本书使用的操作系统为 Windows XP，对于 Windows 2000 Professional/Server 操作系统，本书内容和范例也同样适用。本书采用的写作蓝本是 Pro/ENGINEER 野火版 5.0。

## 光盘使用

为方便读者练习，特将本书所有素材文件、已完成的实例文件、配置文件和视频语音讲解文件等放入随书附带的光盘中，读者在学习过程中可以打开相应的素材文件进行操作和练习。

本书附多媒体 DVD 光盘 2 张，建议读者在学习本书前，先将 2 张 DVD 光盘中的所有文件复制到计算机硬盘的 D 盘中，然后再将第二张光盘 proewf5.6-video2 文件夹中的所有文件复制到第一张光盘的 video 文件夹中。在 D 盘上 proewf5.6 目录下共有 4 个子目录：

（1）proewf5_system_file 子目录：包含一些系统配置文件。

（2）work 子目录：包含本书讲解中所用到的文件。

（3）video 子目录：包含本书讲解中所有的视频文件（含语音讲解），学习时，直接双击某个视频文件即可播放。

（4）before 子目录：为方便 Pro/E 低版本用户和读者的学习，光盘中特提供了 Pro/E4.0 版本的配套源文件。

光盘中带有 "ok" 扩展名的文件或文件夹表示已完成的实例。

建议读者在学习本书前，先将随书光盘中的所有文件复制到计算机硬盘的 D 盘中。

## 本书约定

● 本书中有关鼠标操作的简略表述说明如下：

    ☑ 单击：将鼠标指针移至某位置处，然后按一下鼠标的左键。

    ☑ 双击：将鼠标指针移至某位置处，然后连续快速地按两次鼠标的左键。

    ☑ 右击：将鼠标指针移至某位置处，然后按一下鼠标的右键。

    ☑ 单击中键：将鼠标指针移至某位置处，然后按一下鼠标的中键。

    ☑ 滚动中键：只是滚动鼠标的中键，而不能按中键。

    ☑ 选择（选取）某对象：将鼠标指针移至某对象上，单击以选取该对象。

    ☑ 拖动某对象：将鼠标指针移至某对象上，然后按下鼠标的左键不放，同时移动鼠标，将该对象移动到指定的位置后再松开鼠标的左键。

● 本书中的操作步骤分为 Task、Stage 和 Step 三个级别，说明如下：

- ☑ 对于一般的软件操作，每个操作步骤以 Step 字符开始。
- ☑ 每个 Step 操作步骤视其复杂程度，下面可含有多级子操作，例如 Step1 下可能包含（1）、（2）、（3）等子操作，（1）子操作下可能包含①、②、③等子操作，①子操作下可能包含 a）、b）、c）等子操作。
- ☑ 如果操作较复杂，需要几个大的操作步骤才能完成，则每个大的操作冠以 Stage1、Stage2、Stage3 等，Stage 级别的操作下再分 Step1、Step2、Step3 等操作。
- ☑ 对于多个任务的操作，则每个任务冠以 Task1、Task2、Task3 等，每个 Task 操作下则可包含 Stage 和 Step 级别的操作。
- ● 由于已经建议读者将随书光盘中的所有文件复制到计算机硬盘的 D 盘中，所以书中在要求设置工作目录或打开光盘文件时，所述的路径均以 D：开始。

**技术支持**

本书的主编和主要参编人员来自北京兆迪科技有限公司，该公司位于北京中关村软件园，专门从事 CAD/CAM/CAE 技术的研究、开发、咨询及产品设计与制造服务，并提供 Pro/ENGINEER、SolidWorks、UG、CATIA、MasterCAM、SolidEdge、AutoCAD 等软件的专业培训及技术咨询。读者在学习本书的过程中遇到问题，可通过访问该公司的网站 http://www.zalldy.com 获得技术支持。

咨询电话：010-82176249，010-82176248。

# 目　　录

# 实例 1 采用"阴影法"进行模具设计(一)

本实例将介绍一个订书器垫的模具设计,如图 1.1 所示。在该模具设计过程中,将采用"阴影法"对模具分型面进行设计。通过本实例的学习,希望读者能够对"阴影法"这一设计方法有一定的了解。下面介绍该模具的设计过程。

图 1.1 订书器垫的模具设计

## Task1. 新建一个模具制造模型文件,进入模具模块

Step1. 设置工作目录。选择下拉菜单 文件(F) ➡ 设置工作目录(W)... 命令,将工作目录设置至 D:\proewf5.6\work\ch01。

Step2. 选择下拉菜单 文件(F) ➡ 新建(N)...命令(或者单击"新建文件"按钮 )。

Step3. 在"新建"对话框中,在 类型 区域中选中 ⊙ 制造 单选按钮,在 子类型 区域中选中 ⊙ 模具型腔 单选按钮;在 名称 文本框中输入文件名 stapler_pad_mold;取消 ☑ 使用缺省模板 复选框中的"√"号,单击对话框的 确定 按钮。

Step4. 在弹出的"新文件选项"对话框中,选取 mmns_mfg_mold 模板,单击 确定 按钮。

## Task2. 建立模具模型

在开始设计一个模具前,应先创建一个"模具模型",模具模型包括参照模型(Ref Model)和坯料(Workpiece),如图 1.2 所示。

## Stage1. 引入参照模型

Step1. 在 菜单管理器 的 ▼ MOLD (模具) 菜单中选择 Mold Model (模具模型) 命令。

Step2. 在 ▼ MOLD MODEL (模具模型) 菜单中选择 Assemble (装配) 命令。

Step3. 在 ▼ MOLD MDL TYP (模具模型类型) 菜单中选择 Ref Model (参照模型) 命令。

Step4. 从弹出的文件"打开"对话框中,选取三维零件模型 stapler_pad.prt 作为参照零件模型,并将其打开。

Step5. 在"元件放置"操控板的"约束"类型下拉列表框中选择 缺省,将参照模型

按默认放置，再在操控板中单击"完成"按钮 ✓。

Step6. 在"创建参照模型"对话框中选中 ⊙ 按参照合并，然后在 参照模型 区域的 名称 文本框中接受默认的名称，再单击 确定 按钮。

### Stage2. 隐藏参照模型的基准面

为了使屏幕简洁，利用"层"的"遮蔽"功能将参照模型的三个基准面隐藏起来。

Step1. 在导航选项卡中，选择 ▤▾ ➡ 层树(L) 命令。

Step2. 在导航命令卡中单击 ▸ │ STAPLER_PAD_MOLD.ASM（顶级模型，活动的）▾ 后面的 ▾ 按钮，选择 STAPLER_PAD_MOLD_REF.PRT 参照模型。

Step3. 在层树中，选择参照模型的基准面层 ◁ 01__PRT_DEF_DTM_PLN ，右击，在弹出的快捷菜单中选择 隐藏 命令，然后单击"重画"按钮 ☑，这样模型的基准曲面将不显示。

Step4. 操作完成后，在导航选项卡中选择 ▤▾ ➡ 模型树(M) 命令，切换到模型树状态。

### Stage3. 创建坯料

Step1. 在 ▼ MOLD MODEL（模具模型）菜单中选择 Create（创建）命令。

Step2. 在弹出的 ▼ MOLD MDL TYP（模具模型类型）菜单中选择 Workpiece（工件）命令。

Step3. 在弹出的 ▼ CREATE WORKPIECE（创建工件）菜单中选择 Manual（手动）命令。

Step4. 在系统弹出的"元件创建"对话框中：在 类型 区域下选中 ⊙ 零件 单选按钮，在 子类型 区域下选中 ⊙ 实体 单选按钮，在 名称 文本框中输入坯料的名称 stapler_pad_wp，然后再单击 确定 按钮。

Step5. 在系统弹出的"创建选项"对话框中选中 ⊙ 创建特征 单选按钮，然后再单击 确定 按钮。

Step6. 创建坯料特征。

（1）在弹出的菜单管理器中选择 Solid（实体）➡ Protrusion（伸出项）命令，在弹出的菜单中选择 Extrude（拉伸）➡ Solid（实体）➡ Done（完成）命令，此时系统弹出拉伸操控板。

（2）创建实体拉伸特征。

① 定义草绘截面放置属性。在绘图区中右击，从系统弹出的快捷菜单中，选择 定义内部草绘... 命令。系统弹出"草绘"对话框，然后选择参照模型 MOLD_RIGHT 基准平面作为草绘平面，选取 MAIN_PARTING_PLN 平面为参照平面，方向为 顶，单击 草绘 按钮，至此系统进入截面草绘环境。

② 进入截面草绘环境后，选取 MAIN_PARTING_PLN 基准平面和 MOLD_FRONT 基准平面为草绘参照，绘制图 1.3 所示的截面草图。完成截面草图绘制后，单击工具栏中的"完成"按钮 ✓。

图 1.2   参照模型和坯料          图 1.3   截面草图

③ 选取深度类型并输入深度值。在操控板中,选取深度类型 ⊟ (即"对称"),再在深度文本框中输入深度值 70.0,并按回车键。

④ 完成特征。在操控板中单击"完成"按钮 ☑ ,则完成特征的创建。

Step7. 选择 Done/Return(完成/返回) ➡ Done/Return(完成/返回)命令。

## Task3.  设置收缩率

Step1. 在 菜单管理器 的 ▼ MOLD(模具)菜单中,选择 Shrinkage(收缩)命令。

Step2. 在 ▼ SHRINKAGE(收缩)菜单中,选择 By Dimension(按尺寸)命令。

Step3. 系统弹出"按尺寸收缩"对话框,确认 公式 区域的 1+S 按钮被按下;在 收缩选项 区域选中 ☑ 更改设计零件尺寸 复选框;在 收缩率 区域的 比率 栏中,输入收缩率 0.006,并按回车键,然后单击对话框中的 ☑ 按钮。

## Task4.  建立浇注系统

在零件 stapler_pad 的模具坯料中应创建浇道和浇口,这里省略。

## Task5.  用阴影法创建分型面

下面将创建图 1.4 所示的分型面,以分离模具的上模型腔和下模型腔。

Step1. 选择下拉菜单 插入(I) ➡ 模具几何 ▶ ➡ 🗋 分型面(S)...命令。

Step2. 选择下拉菜单 编辑(E) ➡ 属性(R)命令,在弹出的"属性"对话框中,输入分型面名称 ps;单击对话框中的 确定 按钮。

图 1.4   主分型面

Step3. 选择下拉菜单 编辑(E) ➡ 阴影曲面(W)命令,系统弹出"阴影曲面"对话框。

Step4. 定义光线投影的方向。

(1)在"阴影曲面"对话框中双击 Direction(方向)元素,系统弹出"选取方向"菜单。

(2)在 ▼ GEN SEL DIR(一般选取方向)菜单中,选择 Plane(平面)命令。

(3)在系统 ⇨选取将垂直于此方向的平面。的提示下,选取图 1.5 所示的坯料表面;将投影的方向切换至图 1.5 中箭头所示的方向，然后选择 `Okay (确定)` 命令。

Step5. 在阴影曲面上创建"修剪平面"特征。

（1）在"阴影曲面"对话框中双击 `Clip Plane (修剪平面)` 元素。

（2）系统弹出 `▼ ADD RMV REF (加入/删除参照)` 菜单，选择该菜单中的 `Add (添加)` 命令。

（3）设置修剪平面。在系统 `⇨选取一修剪平面` 的提示下，采用列表选取法选取图 1.6 所示的模型内表面为修剪平面。

（4）在 `▼ ADD RMV REF (加入/删除参照)` 菜单中选择 `Done/Return (完成/返回)` 命令。

选取坯料的此表面
来定义光线方向

方向箭头

选取此平面

图 1.5　定义投影的方向　　　　图 1.6　设置修剪平面

Step6. 单击"阴影曲面"对话框中的 ☑∞ 按钮，预览所创建的分型面，然后单击 确定 按钮完成操作。

Step7. 在工具栏中单击"确定"按钮 ☑，完成分型面的创建。

## Task6．构建模具元件的体积块

Step1. 选择下拉菜单 `编辑(E)` ➡ `分割...` 命令。

Step2. 在系统弹出的 `▼ SPLIT VOLUME (分割体积块)` 菜单中，选择 `Two Volumes (两个体积块)` ➡ `All Wrkpcs (所有工件)` ➡ `Done (完成)` 命令。

Step3. 用"列表选取"的方法选取分型面。

（1）在系统 `⇨为分割所选的模型量选取分型面` 的提示下，先将鼠标指针移至模型中主分型面的位置右击，从快捷菜单中选取 `从列表中拾取` 命令。

（2）在系统弹出的"从列表中拾取"对话框中，单击列表中的 `面组:F7(PS)`，然后单击 确定 按钮。

（3）单击"选取"对话框中的 确定 按钮。

Step4. 单击"分割"信息对话框中的 确定 按钮。

Step5. 系统弹出"属性"对话框，同时模型中的下半部分变亮，在该对话框中单击 着色 按钮，着色后的模型如图 1.7 所示。然后在对话框中输入名称 lower_mold，单击 确定 按钮。

Step6. 系统弹出"属性"对话框，同时模型中的上半部分变亮，在该对话框中单击 着色 按钮，着色后的模型如图 1.8 所示。然后在对话框中输入名称 upper_mold，单击 确定 按钮。

图 1.7　着色后的下半部分体积块　　　　　　　　图 1.8　着色后的上半部分体积块

## Task7.　抽取模具元件

Step1. 在 菜单管理器 的 ▼ MOLD（模具）菜单中，选择 Mold Comp（模具元件）命令，在弹出的 ▼ MOLD COMP（模具元件）菜单中，选择 Extract（抽取）命令。

Step2. 在系统弹出的"创建模具元件"对话框中，单击 ▤ 按钮，选择所有体积块，然后单击 确定 按钮。

Step3. 选择 Done/Return（完成/返回）命令。

## Task8.　生成浇注件

Step1. 在 ▼ MOLD（模具）菜单中选择 Molding（制模）命令，在弹出的 ▼ MOLDING（铸模）菜单中选择 Create（创建）命令。

Step2. 在系统提示框中，输入浇注零件名称 molding，并按两次回车键。

## Task9.　定义开模动作

### Stage1.　将参照零件、坯料和分型面遮蔽起来

将模型中的参照零件、坯料和分型面遮蔽后，则工作区中模具模型中的这些元素将不显示，这样可使屏幕简洁，方便后面的模具开启操作。

Step1. 遮蔽参照零件和坯料。

（1）单击工具栏中的用于遮蔽（或显示）的按钮 ◥，系统弹出"遮蔽-取消遮蔽"对话框。

（2）在"遮蔽-取消遮蔽"对话框左边的"可见元件"列表中，按住 Ctrl 键，选择参照零件 STAPLER_PAD_MOLD_REF 和坯料 STAPLER_PAD_WP 。

（3）单击对话框的下部的 遮蔽 按钮。

Step2. 遮蔽分型面。

（1）在对话框右边的"过滤"区域中按下 分型面 按钮，在对话框的"可见曲面"列表中选择分型面 PS 。

（2）单击对话框下部的 遮蔽 按钮。

Step3. 单击对话框下部的 关闭 按钮，完成操作。

### Stage2.　开模步骤 1：移动上模

Step1. 在 菜单管理器 的 ▼ MOLD（模具）菜单中选择 Mold Opening（模具开模）命令（注：此处应翻译为"开启模具"），在弹出的 ▼ MOLD OPEN（模具开模）菜单中，选择 Define Step（定义间距）命令（注：此处应翻译为"定义开模步骤"）。

Step2. 在 ▼ DEFINE STEP（定义间距）菜单中选择 Define Move（定义移动）命令。

Step3. 在系统 ⇨ 为迁移号码1 选取构件。提示下，在模型中选取上模；在"选取"对话框中，单击 确定 按钮。

Step4. 在系统 ⇨ 通过选取边、轴或表面选取分解方向。提示下，选取图 1.9a 所示的边线为移动方向，然后在系统 ⇨ 输入沿指定方向的位移 的提示下，输入要移动的距离值-50，并按回车键。

Step5. 在 ▼ DEFINE STEP（定义间距）菜单中选择 Done（完成）命令，结果如图 1.9b 所示，

图 1.9 　移动上模

### Stage3．开模步骤 2：移动下模

Step1. 参照开模步骤 1 的操作方法，选取下模，选取图 1.10a 示的边线为移动方向，然后输入要移动的距离值 50，并按回车键。

Step2. 在 ▼ DEFINE STEP（定义间距）菜单中，选择 Done（完成）命令，完成上、下模的开模动作，结果如图 1.10b 所示，

图 1.10 　移动下模

Step3. 保存设计结果。选择下拉菜单 文件(F) ➡ 保存(S) 命令。

# 实例 2  采用"阴影法"进行模具设计（二）

本实例将介绍一款鞋跟的模具设计，如图 2.1 所示。在该模具的设计过程中，仍将采用"阴影法"对模具分型面进行设计，不同的是本实例在设计分型面中增加了一个"束子"特征。下面介绍该模具的设计过程。

图 2.1  鞋跟的开模图

## Task1. 新建一个模具制造模型文件，进入模具模块

Step1. 将工作目录设置至 D:\proewf5.6\work\ch02。

Step2. 新建一个模具型腔文件，命名为 shoe_mold；选取 `mmns_mfg_mold` 模板。

## Task2. 建立模具模型

在开始设计一个模具前，应先创建一个"模具模型"，模具模型包括图 2.2 所示的参照模型和坯料。

### Stage1. 引入参照模型

Step1. 单击工具栏中的"模具型腔布局"按钮 `凸`，系统弹出 "打开"和"布局"对话框。

Step2. 从弹出的文件"打开"对话框中，选取三维零件模型鞋跟——shoe.prt 作为参照零件模型，并将其打开，系统弹出"创建参照模型"对话框。

Step3. 在"创建参照模型"对话框中选中 `● 按参照合并`，然后在 `参照模型` 区域的 `名称` 文本框中接受默认的名称，再单击 `确定` 按钮。

Step4. 单击布局对话框中的 `预览` 按钮，可以观察到图 2.3a 所示的结果。

说明：此时图 2.3a 所示的拖动方向不是需要的结果，需要定义拖动方向。

Step5. 在"布局"对话框的 `参照模型起点与定向` 区域中单击 `▶` 按钮，然后在 `菜单管理器` 菜单中选择 `Dynamic（动态）` 命令。

Step6. 在系统弹出的"参照模型方向"对话框的 `值` 文本框中输入数值-90，然后单击 `确定` 按钮。

Step7. 单击布局对话框中的 <u>预览</u> 按钮，定义后的拖动方向如图 2.3b 所示，然后单击 <u>确定</u> 按钮。

Step8. 单击 Done/Return（完成/返回）命令。

图 2.2    参照模型和坯料        a）定义前        b）定义后      图 2.3    定义拖动方向

### Stage2. 创建坯料

Step1. 在 ▼ MOLD MODEL（模具模型）菜单中选择 Create（创建）命令。

Step2. 在弹出的 ▼ MOLD MDL TYP（模具模型类型）菜单中选择 Workpiece（工件）命令。

Step3. 在弹出的 ▼ CREATE WORKPIECE（创建工件）菜单中选择 Manual（手动）命令。

Step4. 在"元件创建"对话框中，选中 类型 区域中的 ◎ 零件 单选按钮，选中 子类型 区域中的 ◎ 实体 单选按钮，在 名称 文本框中输入坯料的名称 wp，然后再单击 确定 按钮。

Step5. 在系统弹出的"创建选项"对话框中选中 ◎ 创建特征 单选按钮，然后再单击 确定 按钮。

Step6. 创建坯料特征。

（1）在菜单管理器中选择 Solid（实体）➡ Protrusion（伸出项）命令，在弹出的菜单中选择 Extrude（拉伸）➡ Solid（实体）➡ Done（完成）命令，此时系统出现实体拉伸操控板。

（2）创建实体拉伸特征。

① 定义草绘截面放置属性：在绘图区中右击，从系统弹出的快捷菜单中，选择 定义内部草绘... 命令；选择 MOLD_FRONT 基准平面作为草绘平面，草绘平面的参照平面为 MOLD_RIGHT 基准平面，方位为 右 ，单击 草绘 按钮。至此，系统进入截面草绘环境。

② 进入截面草绘环境后，选取 MOLD_RIGHT 基准平面和 MAIN_PARTING_PLN 基准平面为草绘参照，然后绘制图 2.4 所示的截面草图。完成截面草图绘制后，单击工具栏中的"完成"按钮 ✓ 。

③ 选取深度类型并输入深度值：在系统弹出的操控板中选取深度类型 🔲（即"对称"），在深度文本框中输入深度值 110.0，并按回车键。

④ 完成特征。在操控板中单击按钮 ✓ ∞ 可浏览所创建特征。单击"完成"按钮 ✓ ，完成特征的创建。

Step7. 选择 Done/Return（完成/返回）➡ Done/Return（完成/返回）命令。

### Task3. 设置收缩率

将参照模型收缩率设置为 0.006。

## Task4．创建分型面

下面将创建图 2.5 所示的分型面，以分离模具的上模型腔和下模型腔。

图 2.4　截面草图　　　　　　　　　　　图 2.5　分型面

Step1．选择下拉菜单 插入(I) ➡ 模具几何 ▶ ➡ 🞂 分型面(S)… 命令。

Step2．选择下拉菜单 编辑(E) ➡ 属性(R) 命令，在弹出的"属性"对话框中输入分型面名称 ps；单击对话框中的 确定 按钮。

Step3．选择下拉菜单 编辑(E) ➡ 阴影曲面(W) 命令，系统弹出"阴影曲面"对话框。

Step4．定义光线投影的方向。在"阴影曲面"对话框中双击 Direction (方向) 元素，系统弹出"选取方向"菜单和"选取"对话框。在弹出的 ▼ GEN SEL DIR (一般选取方向) 菜单中选择 Plane (平面) 命令，然后在系统 🞂选取将垂直于此方向的平面。 的提示下，选取图 2.6 所示的坯料表面；将投影的方向切换至图 2.6 中箭头所示的方向，然后选择 Okay (确定) 命令。

Step5．在阴影曲面上创建"束子"特征。

（1）定义"束子"特征的轮廓。

① 在"阴影曲面"对话框中双击 ShutOff Ext (关闭扩展) 元素。

② 系统弹出 ▼ SHUTOFF EXT (关闭延拓) 菜单，选择该菜单中的 Boundary (边界) ➡ Sketch (草绘) 命令。

③ 设置草绘平面。在 ▼ SETUP SK PLN (设置草绘平面) 菜单中选择 Setup New (新设置) 命令，然后在系统 🞂选取或创建一个草绘平面。 的提示下，选择图 2.7 所示的坯料底面为草绘平面；选择 Okay (确定) 命令，认可该图中的箭头方向为草绘平面的查看方向；在"草绘视图"菜单中选择 Right (右) 命令，然后在系统 🞂为草绘选取或创建一个水平或垂直的参照。 的提示下，选取图 2.7 所示的坯料右侧面为参照平面。

图 2.6　定义投影的方向　　　　　　　　图 2.7　设置草绘平面

④ 绘制"束子"轮廓。进入草绘环境后，选取 MOLD_FRONT 和 MOLD_RIGHT 基准平面为草绘参照，绘制图 2.8 所示的截面草图。完成绘制后，单击"完成"按钮 ✔。

（2）定义"束子"的拔模角度。

① 在"阴影曲面"对话框中双击 Draft Angle (拔模角度) 元素。

② 在系统 输入拔模角值 的提示下，在下方的文本框中输入拔模角度值 25.0，并按回车键。

（3）创建图 2.9 所示的基准平面 ADTM1，该基准平面将在下一步作为"束子"终止平面的参照平面。

① 单击工具栏上的"平面"按钮 ⟋，系统弹出"基准平面"对话框。

② 选择图 2.10 所示的坯料表面为参照平面，然后输入偏移值-10.0。

③ 单击"基准平面"对话框中的 确定 按钮。

图 2.8 截面草图

图 2.9 创建基准平面 ADTM1

（4）定义"束子"的终止平面。

① 在"阴影曲面"对话框中双击 ShutOff Plane (关闭平面) 元素。

② 系统弹出 ▼ ADD RMV REF (加入删除参照) 菜单和"选取"对话框，在系统 ⇨选取一切断平面。 的提示下，选取基准平面 ADTM1 为参照平面。

③ 在 ▼ ADD RMV REF (加入删除参照) 菜单中选择 Done/Return (完成/返回) 命令。

Step6. 单击"阴影曲面"对话框中的 预览 按钮，预览所创建的分型面，然后单击 确定 按钮完成操作。

Step7. 在工具栏中单击"确定"按钮 ✓，完成分型面的创建。

## Task5．构建模具元件的体积块

Step1. 选择下拉菜单 编辑(E) ➡ 分割... 命令（即用"分割"的方法构建体积块）。

Step2. 在系统弹出的 ▼ SPLIT VOLUME (分割体积块) 菜单中，选择 Two Volumes (两个体积块) ➡ All Wrkpcs (所有工件) ➡ Done (完成) 命令，此时系统弹出"分割"信息对话框。

Step3. 在系统 ⇨为分割工件选取分型面。 的提示下，选取图 2.11 所示的分型面，并单击"选取"对话框中的 确定 按钮。

图 2.10 选取参照平面

图 2.11 选取分型面

Step4. 单击"分割"信息对话框中的 确定 按钮。

Step5. 系统弹出"属性"对话框，同时模型中的体积块的下半部分变亮，在该对话框中单击 着色 按钮，着色后的体积块如图 2.12 所示。然后在对话框中输入名称 lower_vol，单击 确定 按钮。

Step6. 系统弹出"属性"对话框，同时模型中的体积块的下半部分变亮，在该对话框中单击 着色 按钮，着色后的体积块如图 2.13 所示。然后在对话框中输入名称 upper_vol，单击 确定 按钮。

图 2.12　着色后的下半部分体积块　　　　图 2.13　着色后的上半部分体积块

## Task6. 抽取模具元件及生成浇注件

浇注件的名称命名为 shoe_molding。

## Task7. 定义开模动作

Step1. 将参照零件、坯料和分型面在模型中遮蔽起来，将模型的显示状态切换到实体显示方式。

Step2. 开模步骤 1：移动上模。

（1）在 ▼ MOLD (模具) 菜单中选择 Mold Opening (模具开模) 命令，在 ▼ MOLD OPEN (模具开模) 菜单中选择 Define Step (定义间距) 命令。

（2）在 ▼ DEFINE STEP (定义间距) 菜单中选择 Define Move (定义移动) 命令。

（3）在系统 ⇨ 为迁移号码1 选取构件。 的提示下，选取模型中的上模，然后在"选取"对话框中单击 确定 按钮。

（4）在系统 ⇨ 通过选取边、轴或表面选取分解方向。 的提示下，选取图 2.14 所示的边线为移动方向，然后在系统的提示下，输入要移动的距离值-100，并按回车键。

（5）在 ▼ DEFINE STEP (定义间距) 菜单中选择 Done (完成) 命令，移出后的状态如图 2.14 所示。

选取此边线为移动方向

图 2.14　移动上模

Step3. 开模步骤 2：移动下模。参照开模步骤 1 的操作方法，选取模型的下模，选取图

2.15 所示的边线为移动方向，输入要移动的距离值 100，选择 Done （完成）命令，完成下模的开模动作。

选取此边线为移动方向

图 2.15    移动下模

Step4. 保存设计结果。选择下拉菜单 文件(F) ➡️ 保存(S) 命令。

# 实例 3 采用"裙边法"进行模具设计(一)

本实例将介绍一个烟灰缸的模具设计,如图 3.1 所示,在该模具设计过程中,将采用"裙边法"对模具分型面进行设计。通过本实例的学习,希望读者能够对"裙边法"这一设计方法有一定的了解。下面介绍该模具的设计过程。

上模

浇注件

下模

图 3.1 烟灰缸的模具设计

## Task1. 新建一个模具制造模型文件,进入模具模块

Step1. 将工作目录设置至 D:\proewf5.6\work\ch03。

Step2. 新建一个模具型腔文件,命名为 ashtray_mold;选取 mmns_mfg_mold 模板。

## Task2. 建立模具模型

在开始设计一个模具前,应先创建一个"模具模型",模具模型如图 3.2 所示,包括参照模型和坯料。

### Stage1. 引入参照模型

Step1. 在 菜单管理器 的 ▼ MOLD (模具) 菜单中选择 Mold Model (模具模型) 命令。

Step2. 在 ▼ MOLD MODEL (模具模型) 菜单中选择 Assemble (装配) 命令。

Step3. 在 ▼ MOLD MDL TYP (模具模型类型) 菜单中选择 Ref Model (参照模型) 命令。

Step4. 从弹出的文件"打开"对话框中,选取三维零件模型 ashtray.prt 作为参照零件模型,并将其打开。

Step5. 定义约束参照模型的放置位置。

(1)指定第一个约束。在操控板中单击 放置 按钮,在"放置"界面的"约束类型"下拉列表中选择 ⬛ 对齐,选取参照件的 FRONT 基准平面为元件参照,选取装配体的 MAIN_PARTING_PLN 基准平面为组件参照。

(2)指定第二个约束。单击 ➜新建约束 字符,在"约束类型"下拉列表中选择 ⬛ 对齐,

选取参照件的 RIGHT 基准平面为元件参照，选取装配体的 MOLD_RIGHT 基准平面为组件参照。

（3）指定第三个约束。单击 ➡新建约束 字符，在"约束类型"下拉列表中选择 配对 ，选取参照件的 TOP 基准平面为元件参照，选取装配体的 MOLD_FRONT 基准面为组件参照。

（4）约束定义完成，在操控板中单击"完成"按钮 ✓ ，完成参照模型的放置；系统自动弹出"创建参照模型"对话框。

**说明**：在此进行参照模型的定位约束就是为了定义模具的开模方向。

Step6. 在"创建参照模型"对话框中，选中 ⊙ 按参照合并 ，然后在 参照模型 区域的 名称 文本框中接受默认的名称，再单击 确定 按钮。

Step7. 选择 Done/Return (完成/返回) 命令，完成对参照模型的放置。

## Stage2. 隐藏参照模型的基准面

为了使屏幕简洁，利用"层"的"遮蔽"功能将参照模型的三个基准面隐藏起来。

Step1. 选择导航命令卡中的 📄▾ ➡ 层树(L) 命令。

Step2. 在导航命令卡中单击 ▶ ASHTRAY_MOLD.ASM (顶级模型，活动的) ▾ 后面的 ▾ 按钮，选择 ASHTRAY_MOLD_REF.PRT 参照模型。

Step3. 在层树中，选择参照模型的基准面层 ⊂ 01__PRT_DEF_DTM_PLN ，右击，在弹出的快捷菜单中选择 隐藏 命令，然后单击"重画"按钮 🔲 ，这样模型的基准曲线将不显示。

Step4. 操作完成后，选择导航选项卡中的 📄▾ ➡ 模型树(M) 命令，切换到模型树状态。

## Stage3. 创建坯料

Step1. 在 ▾ MOLD MODEL (模具模型) 菜单中选择 Create (创建) 命令。

Step2. 在弹出的 ▾ MOLD MDL TYP (模具模型类型) 菜单中选择 Workpiece (工件) 命令。

Step3. 在弹出的 ▾ CREATE WORKPIECE (创建工件) 菜单中选择 Manual (手动) 命令。

Step4. 在系统弹出的"元件创建"对话框中，在 类型 区域下选中 ⊙ 零件 单选按钮，在 子类型 区域下选中 ⊙ 实体 单选按钮，在 名称 文本框中输入坯料的名称 ashtray_mold_wp，然后再单击 确定 按钮。

Step5. 在系统弹出的"创建选项"对话框中选中 ⊙ 创建特征 单选按钮，然后再单击 确定 按钮。

Step6. 创建坯料特征。

（1）在弹出的菜单管理器中选择 Solid (实体) ➡ Protrusion (伸出项) 命令，在弹出的菜单中选择 Extrude (拉伸) ➡ Solid (实体) ➡ Done (完成) 命令，此时系统出现"拉伸"操控板。

（2）创建实体拉伸特征。

① 定义草绘截面放置属性。在绘图区中右击，从系统弹出的快捷菜单中选择 定义内部草绘… 命令。系统弹出"草绘"对话框，然后选择 MOLD_RIGHT 基准平面为草绘平面，选取 MOLD_FRONT 基准平面为草绘平面的参照平面，方向为 右 ，单击 草绘 按钮，至此系统进入截面草绘环境。

② 进入截面草绘环境后，选取 MAIN_PARTING_PLN 基准平面和 MOLD_FRONT 基准平面为草绘参照，绘制图 3.3 所示的特征截面。完成特征截面的绘制后，单击工具栏中的"完成"按钮✔。

③ 选取深度类型并输入深度值。在操控板中，选取深度类型 日 （即"对称"），再在深度文本框中输入深度值 150.0，并按回车键。

④ 完成特征。在操控板中单击"预览"按钮 ✓ ∞ ，可浏览所创建特征；单击"完成"按钮 ✓ ，完成特征的创建。

Step7. 选择 Done/Return (完成/返回) ➡ Done/Return (完成/返回) 命令。

图 3.2 参照模型和坯料

图 3.3 截面图形

## Task3. 设置收缩率

将参照模型收缩率设置为 0.006。

## Task4. 建立浇注系统

在零件 ashtray 的模具坯料中应创建浇道和浇口，这里省略。

## Task5. 创建模具分型曲面

下面将创建图 3.4 所示的分型面，以分离模具的上模型腔和下模型腔。

a）模具模型　　　　b）侧面影像曲线　　　　c）裙边曲面

图 3.4 分型面

## Stage1. 创建侧面影像曲线

Step1. 在弹出的 ▼ MOLD (模具) 菜单中选择 Feature (特征) ➡ Cavity Assem (型腔组件) ➡ Silhouette (侧面影像) 命令，系统弹出"侧面影像曲线"对话框。

Step2. 在"侧面影像曲线"对话框中双击 Direction (方向) 元素，系统弹出"选取方向"菜单和"选取"对话框。在系统 ⇨选取将垂直于此方向的平面。 的提示下，选取图 3.5 所示的坯料表面；选择 Okay (确定) 命令，接受图 3.5 所示图中的箭头方向为投影方向。

Step3. 单击对话框中的 确定 按钮，完成"侧面影像曲线"特征的创建。

Step4. 选择 Done/Return (完成/返回) 命令。

## Stage2. 采用裙边法设计分型面

Step1. 选择下拉菜单 插入(I) ➡ 模具几何 ▶ ➡ ⌓ 分型面(S)... 命令。

Step2. 选择下拉菜单 编辑(E) ➡ 属性(R) 命令，在弹出的"属性"对话框中，输入分型面名称 ps；单击对话框中的 确定 按钮。

Step3. 选择下拉菜单 编辑(E) ➡ 裙边曲面(K) 命令，此时系统弹出"裙边曲面"对话框和"链"菜单。

Step4. 选取侧面影像曲线：在系统 ⇨选择包含曲线的特征。 的提示下，用列表选取的方法选取侧面影像曲线（即列表中的 F7(SILH_CURVE_1) 项），然后选择 Done (完成) 命令。

Step5. 定义方向：在"裙边曲面"对话框中双击 Direction (方向) 元素，系统弹出"选取方向"菜单。在系统 ⇨选取将垂直于此方向的平面。 的提示下，选取图 3.5 示的坯料表面；接受图 3.5 所示的箭头方向，单击 Okay (确定) 命令。

图 3.5    选取平面

Step6. 延伸裙边曲面。单击"裙边曲面"对话框中的 预览 按钮，预览所创建的分型面，在图 3.6a 中可以看到，此时分型面还没有到达坯料的外表面。进行下面的操作后，可以使分型面延伸到坯料的外表面，如图 3.6b 所示。

a）延伸前                                   b）延伸后

图 3.6    延伸分型面

(1) 在 "裙边曲面" 对话框中双击 Extension (延伸) 元素，系统弹出 "延伸控制" 对话框，在该对话框中选择 "延伸方向" 选项卡。

(2) 定义延伸点集 1。

① 在 "延伸方向" 选项卡中单击 添加 按钮，系统弹出 ▼GEN PNT SEL (一般点选取) 菜单，同时提示 选择曲线端点和/或边界的其它点来设置方向。；按住 Ctrl 键，在模型中选取图 3.7 的两个点，然后单击 "选取" 对话框中的 确定 按钮；再在 ▼GEN PNT SEL (一般点选取) 菜单中选择 Done (完成) 命令。

② 在 ▼GEN SEL DIR (一般选取方向) 菜单中选择 Crv/Edg/Axis (曲线/边/轴) 命令，然后选取图 3.7 所示的边线；将方向箭头调整为图 3.7 所示的方向，接受箭头方向为延伸方向，选择 Okay (确定) 命令。

(3) 定义延伸点集 2。

① 在 "延伸控制" 对话框中单击 添加 按钮；在 选择曲线端点和/或边界的其它点来设置方向。 的提示下，按住 Ctrl 键，选取图 3.8 所示的六个点，然后单击 "选取" 对话框中的 确定 按钮；在 ▼GEN PNT SEL (一般点选取) 菜单中选择 Done (完成) 命令。

② 在弹出的 ▼GEN SEL DIR (一般选取方向) 菜单中选择 Crv/Edg/Axis (曲线/边/轴) 命令，然后选取图 3.8 所示的边线；调整延伸方向，如图 3.8 所示，然后选择 Okay (确定) 命令。

图 3.7　定义延伸点集 (一)　　　　图 3.8　定义延伸点集 (二)

(4) 定义延伸点集 3。

① 在 "延伸控制" 对话框中单击 添加 按钮；按住 Ctrl 键，选取图 3.9 所示的两个点，然后单击 "选取" 对话框中的 确定 按钮；选择 Done (完成) 命令。

② 在弹出的 ▼GEN SEL DIR (一般选取方向) 菜单中选择 Crv/Edg/Axis (曲线/边/轴) 命令，然后选取图 3.9 所示的边线；接受图 3.9 所示的箭头方向为延伸方向，选择 Okay (确定) 命令 (若方向相反，应先单击 Flip (反向) 命令，再单击 Okay (确定) 命令。

(5) 定义延伸点集 4。

① 在 "延伸控制" 对话框中单击 添加 按钮；按住 Ctrl 键，选取图 3.10 所示的六个点，然后单击 "选取" 对话框中的 确定 按钮；选择 Done (完成) 命令。

② 在弹出的 ▼GEN SEL DIR (一般选取方向) 菜单中，选择 Crv/Edg/Axis (曲线/边/轴) 命令，然后选取图 3.10 所示的边线；接受图 3.10 所示的箭头方向为延伸方向。定义了以上四个延伸点集后，选择 Okay (确定) 命令，此时单击 确定 按钮。

（6）在"裙边曲面"对话框中单击 预览 按钮，预览所创建的分型面，可以看到此时分型面已向四周延伸至坯料的表面。

选择此边线

图 3.9  定义延伸点集（三）

选择此边线

图 3.10  定义延伸点集（四）

（7）在"裙边曲面"对话框中单击 确定 按钮，完成分型面的创建。

Step7. 在工具栏中单击"确定"按钮 ✓，完成分型面的创建。

## Task6.  构建模具元件的体积块

Step1. 选择下拉菜单 编辑(E) ➡ 分割... 命令。

Step2. 在系统弹出的 ▼ SPLIT VOLUME（分割体积块）菜单中，选择 Two Volumes（两个体积块）、All Wrkpcs（所有工件）和 Done（完成）命令。

Step3. 用"列表选取"的方法选取分型面。

（1）在系统 ➪ 为分割所选的模型量选取分型面。的提示下，先将鼠标指针移至模型中主分型面的位置右击，从快捷菜单中选取 从列表中拾取 命令。

（2）在系统弹出"从列表中拾取"对话框中，单击列表中的 面组:F8(PS)，然后单击 确定 按钮。

（3）单击"选取"对话框中的 确定 按钮。

Step4. 单击"分割"信息对话框中的 确定 按钮。

Step5. 系统弹出"属性"对话框，同时模型中的上半部分变亮，在该对话框中单击 着色 按钮，着色后的模型如图 3.11 所示。然后在对话框中输入名称 upper_mold，单击 确定 按钮。

Step6. 系统弹出"属性"对话框，同时模型中的下半部分变亮，在该对话框中单击 着色 按钮，着色后的模型如图 3.12 所示。然后在对话框中输入名称 lower_mold，单击 确定 按钮。

图 3.11  着色后的上半部分体积块

图 3.12  着色后的下半部分体积块

## Task7.  抽取模具元件及生成浇注件

浇注件的名称命名为 MOLDING。

## Task8.　定义开模动作

Step1. 将参照零件、坯料和分型面在模型中遮蔽起来。

Step2. 移动上模。选取图 3.13 所示的边线为移动方向，输入要移动的距离值 100。

图 3.13　移动上模

Step3. 移动下模。选取图 3.14 所示的边线为移动方向，输入要移动的距离值-100。

图 3.14　移动下模

Step4. 选择下拉菜单 文件(F) ➜ 保存(S) 命令，保存设计结果。

# 实例 4  采用"裙边法"进行模具设计（二）

在图 4.1 所示的儿童玩具框模具中，也是采用"裙边法"设计分型面，但由于模型最大截面处存在孔，在做侧面影像曲线时，其会出现内外两侧，因此在利用裙边曲面做分型面时，应该选取特征曲线的外侧作延拓及内侧填充，才能形成分型面。下面介绍该模具的主要设计过程。

图 4.1  儿童玩具框的模具设计

## Task1．新建一个模具制造模型文件

Step1. 将工作目录设置至 D:\proewf5.6\work\ch04。

Step2. 新建一个模具型腔文件，命名为 toy-basket_mold；选取 mmns_mfg_mold 模板。

## Task2．建立模具模型

### Stage1．引入参照模型

Step1. 单击工具栏中的"模具型腔布局"按钮 ，系统弹出"打开"和"布局"对话框。

Step2. 从弹出的文件"打开"对话框中，选取三维零件模型儿童玩具框——toy-basket.prt 作为参照零件模型，并将其打开。

Step3. 在"创建参照模型"对话框中选中 按参照合并 ，然后在 参照模型 区域的 名称 文本框中接受默认的名称，再单击 确定 按钮。

Step4. 在"布局"对话框的 布局 区域中单击 单一 单选项，在"布局"对话框中单击 确定 按钮。

Step5. 单击 Done/Return（完成/返回）命令。

### Stage2．创建坯料

手动创建图 4.2 所示的坯料，操作步骤如下：

Step1. 在 `▼ MOLD MODEL (模具模型)` 菜单中选择 `Create (创建)` 命令。

Step2. 在弹出的 `▼ MOLD MDL TYP (模具模型类型)` 菜单中选择 `Workpiece (工件)` 命令。

Step3. 在弹出的 `▼ CREATE WORKPIECE (创建工件)` 菜单中选择 `Manual (手动)` 命令。

Step4. 在弹出的"元件创建"对话框中，选中 `类型` 区域中的 `⊙ 零件`，选中 `子类型` 区域中的 `⊙ 实体`；在 `名称` 文本框中输入坯料的名称 wp；单击 `确定` 按钮。

Step5. 在弹出的"创建选项"对话框中，选中 `⊙ 创建特征` 单选按钮，然后单击 `确定` 按钮。

Step6. 创建坯料特征。

（1）在 `▼ FEAT OPER (特征操作)` 菜单中选择 `Solid (实体)` ➡ `Protrusion (伸出项)` 命令；在弹出的 `▼ SOLID OPTS (实体选项)` 菜单中选择 `Extrude (拉伸)` ➡ `Solid (实体)` ➡ `Done (完成)` 命令，此时系统显示实体拉伸操控板。

（2）创建实体拉伸特征。

① 选取拉伸类型：在出现的操控板中，确认"实体"类型按钮 □ 被按下。

② 定义草绘截面放置属性：在绘图区中右击，从弹出的快捷菜单中选择 `定义内部草绘...` 命令。选择 MAIN_PARTING_PLN 基准平面作为草绘平面，草绘平面的参照平面为 MOLD_RIGHT 基准平面，方位为 `右`，单击 `草绘` 按钮，至此系统进入截面草绘环境。

③ 绘制截面草图。进入截面草绘环境后，选取 MOLD_FRONT 基准平面和 MOLD_RIGHT 基准平面为草绘参照，截面草图如图 4.3 所示；完成特征截面的绘制后，单击工具栏中的"完成"按钮 ✔。

图 4.2　模具模型

图 4.3　截面草图

④ 选取深度类型并输入深度值。在操控板中单击 `选项` 按钮，从弹出的界面中选取 `侧 1` 的深度类型 ⊥，再在深度文本框中输入深度值 20.0，并按回车键；然后选取 `侧 2` 的深度类型 ⊥，再在深度文本框中输入深度值 100.0，并按回车键。

⑤ 完成特征。在操控板中单击"完成"按钮 ✔，完成特征的创建。

Step7. 选择 `Done/Return (完成/返回)` ➡ `Done/Return (完成/返回)` 命令。

## Task3. 设置收缩率

将参照模型收缩率设置为 0.006。

## Task4. 创建分型面

下面将创建图 4.4 所示的分型面,以分离模具的上模型腔和下模型腔。

a) 模具模型　　　　　　　b) 侧面影像曲线　　　　　　c) 裙边曲面

图 4.4　用"裙边法"设计分型面

### Stage1. 创建侧面影像曲线

Step1. 在弹出的 ▼ MOLD (模具) 菜单中,选择 Feature (特征) ➡ Cavity Assem (型腔组件) ➡ Silhouette (侧面影像) 命令,系统弹出"侧面影像曲线"对话框,双击对话框中的 Direction (方向) 已定义 元素,系统弹出"菜单管理器"对话框和"选取"对话框。

Step2. 选取图 4.5 所示的坯料表面;选择 Okay (确定) 命令,认可图 4.5 中的箭头方向为投影方向。

选取坯料的此表面
来定义光线方向

方向箭头

图 4.5　选取平面

Step3. 遮蔽参照件和坯料。

Step4. 在侧面影像曲线中选取所需的链。在"侧面影像曲线"对话框中双击 Loop Selection (环选取) 元素,在弹出的"环选取"对话框中选择 链 选项卡,然后在列表中选取 1-1　上部 (此时图 4.6 所示的链变亮),单击 下部 按钮(此时图 4.7 所示的链变亮),单击 确定 按钮。

Step5. 单击"侧面影像曲线"对话框中的 预览 按钮,预览所创建的侧面影像曲线,然后单击 确定 按钮完成操作。

这两条链变亮　　　　　　　　　　　　　　　　这两条链变亮

图 4.6　链 1-1(上部)　　　　　　　图 4.7　链 1-1(下部)

Step6. 选择 Done/Return (完成/返回) 命令。

Step7. 显示参照件和坯料。

### Stage2. 采用裙边法设计分型面

Step1. 选择下拉菜单 插入(I) ➡ 模具几何▸ ➡ 分型面(S)... 命令。

Step2. 选择下拉菜单 编辑(E) ➡ 属性(R) 命令，在"属性"对话框中输入分型面名称 main_pt_surf，然后单击 确定 按钮。

Step3. 选择下拉菜单 编辑(E) ➡ 裙边曲面(K) 命令，此时系统弹出"裙边曲面"对话框、▼ CHAIN (链) 菜单以及"选取"对话框。

Step4. 在 ▼ CHAIN (链) 菜单中选择 Feat Curves (特征曲线) 命令；然后在系统 选择包含曲线的特征。的提示下，用"列表选取"的方法选取前面创建的侧面影像曲线：将鼠标指针移至模型中曲线的位置，右击，选择 从列表中拾取 命令；在弹出的"从列表中拾取"对话框中选取 F7(SILH_CURVE_1) 项，然后单击 确定(O) 按钮；选择 Done (完成) 命令，系统会提示 所有元素已定义。请从对话框中选取元素或动作。

Step5. 定义光线投影的方向。在"裙边曲面"对话框中双击 Direction (方向) 已定义 元素。在弹出的 ▼ GEN SEL DIR (一般选取方向) 菜单中选择 Plane (平面) 命令，然后在系统 选取将垂直于此方向的平面。的提示下，选取图 4.8 所示的坯料表面；将投影的方向切换至图 4.8 中箭头所示的方向，然后选择 Okay (确定) 命令。

选取坯料的此表面
来定义光线方向

方向箭头

图 4.8 选取平面

Step6. 在裙边曲面上创建"束子"特征。

（1）定义"束子"特征的轮廓。

① 在"裙边曲面"对话框中双击 ShutOff Ext (关闭扩展) 元素。

② 系统弹出 ▼ SHUTOFF EXT (关闭延拓) 菜单，选择该菜单中的 Boundary (边界) ➡ Sketch (草绘) 命令。

③ 设置草绘平面。在 ▼ SETUP PLANE (设置平面) 菜单中选择 Setup New (新设置) 命令，选择图 4.9 所示的坯料表面为草绘平面；选择 Okay (确定) 命令，认可该图中的箭头方向为草绘平面的查看方向；在"草绘视图"菜单中选择 Default (缺省) 命令。

④ 绘制"束子"轮廓。进入草绘环境后，选取 MOLD_FRONT 和 MOLD_RIGHT 基准平面为草绘参照，绘制图 4.10 所示的截面草图。完成绘制后，单击"草绘完成"按钮 ✔。

图 4.9　设置草绘平面　　　　　图 4.10　截面草图

（2）定义"束子"的拔模角度。

① 在"裙边曲面"对话框中双击 Draft Angle (拔模角度) 元素。

② 在系统 输入拔模角值 的提示下，在下方的文本框中输入拔模角度值 15，并按回车键。

（3）创建图 4.11 所示的基准平面 ADTM1，该基准平面将在下一步作为"束子"中止平面的参照平面。

① 单击工具栏上的"平面"按钮 □ 。

② 系统弹出"基准平面"对话框，选取图 4.12 所示的坯料表面为参照平面，然后输入偏移值-15。

③ 单击"基准平面"对话框中的 确定 按钮。

图 4.11　创建基准平面 ADTM1　　　　　图 4.12　选择参照平面

（4）定义"束子"的中止平面。

① 在"裙边曲面"对话框中双击 ShutOff Plane (关闭平面) 元素。

② 系统弹出 ▼ ADD RMV REF (加入/删除参照) 菜单和"选取"对话框，在系统 ➾选取一切断平面。 的提示下，选取上一步创建的 ADTM1 基准平面为参照平面。

③ 在 ▼ ADD RMV REF (加入/删除参照) 菜单中选择 Done/Return (完成/返回) 命令。

Step7. 单击"裙边曲面"对话框中的 预览 按钮，预览所创建的分型面，然后单击 确定 按钮完成操作。

Step8. 在工具栏中单击"确定"按钮 ✓ ，完成分型面的创建。

## Task5．用分型面创建上下两个体积块

Step1. 选择下拉菜单 编辑(E) ➡ 分割... 命令。

Step2. 在系统弹出的 ▼ SPLIT VOLUME (分割体积块) 菜单中，选择 Two Volumes (两个体积块) ➡ All Wrkpcs (所有工件) ➡ Done (完成) 命令，此时系统弹出"分割"对话框。

**Step3.** 在系统 为分割工件选取分型面。 的提示下，选取图 4.13 所示的分型面，并单击 "选取" 对话框中的 确定 按钮，然后再单击对话框中的 确定 按钮。

**Step4.** 系统弹出 "属性" 对话框，同时模型中的体积块的下半部分变亮，在该对话框中单击 着色 按钮，着色后的体积块如图 4.14 所示。然后在对话框中输入名称 lower_mold_vol，单击 确定 按钮。

**Step5.** 系统弹出 "属性" 对话框，同时模型中的体积块的上半部分变亮，在该对话框中单击 着色 按钮，着色后的体积块如图 4.15 所示。然后在对话框中输入名称 upper_mold_vol，单击 确定 按钮。

图 4.13　选取分型面　　　图 4.14　着色后的下半部分体积块　图 4.15　着色后的上半部分体积块

## Task6. 抽取模具元件及生成浇注件

浇注件的名称命名为 TOY-BASKET_MOLDING。

## Task7. 定义开模动作

**Step1.** 遮蔽参照零件、坯料和分型面。

**Step2.** 移动上模。依次选择 Mold Opening (模具开模) ➡ Define Step (定义间距) ➡ Define Move (定义移动) 命令；上模的移动方向如图 4.16 所示，移动距离值为 200.0。

移动后

图 4.16　移动上模

**Step3.** 移动下模。选择 Define Step (定义间距) ➡ Define Move (定义移动) 命令，下模的移动方向如图 4.17 所示，移动距离值为-100.0。

图 4.17   移动下模

Step4. 保存设计结果。

# 实例 5  采用"分型面法"进行模具设计

本实例将介绍图 5.1 所示的儿童玩具——螺旋盘的模具设计，该模具设计的重点和难点就在于分型面的设计，分型面设计是否合理是模具能否开模的关键。本实例采用"分型面法"进行设计，其分型面设计的主要思路是：首先，通过复制延伸的方法将螺旋盘上的叶片复制延伸出来；其次，通过"填充"命令将螺旋盘的破孔处进行填充；最后，将复制延伸出来的曲面与填充的曲面进行合并。

图 5.1   螺旋盘的模具设计

## Task1.  新建一个模具制造模型，进入模具模块

Step1. 将工作目录设置至 D:\proewf5.6\work\ch05。

Step2. 新建一个模具型腔文件，命名为 airscrew_mold；选取 `mmns_mfg_mold` 模板。

## Task2.  建立模具模型

模具模型主要包括参照模型（Ref Model）和坯料（Workpiece），如图 5.2 所示。

图 5.2   模具模型

### Stage1.  引入参照模型

Step1. 在"菜单管理器"中单击 `▼ MOLD (模具)` ➡ `Mold Model (模具模型)` ➡ `Locate RefPart (定位参照零件)` 命令，系统弹出"打开"对话框和"布局"对话框。

Step2. 从弹出的文件"打开"对话框中，选取三维零件模型螺旋盘——airscrew.prt 作为参照零件模型，并将其打开，系统弹出"创建参照模型"对话框。

Step3. 在"创建参照模型"对话框中，选中 ⊙ 按参照合并，然后在 参照模型 区域的 名称 文本框中接受默认的名称，再单击 确定 按钮。

Step4. 在"布局"对话框的 布局 区域中单击 ⊙ 单一 单选项，在"布局"对话框中单击 预览 按钮，结果如图 5.3 所示，然后单击 确定 按钮。

Step5. 单击 Done/Return (完成/返回) 命令。

**说明**：使用上述方法引入参照模型，可以定义模型在模具中的放置位置和方向。

### Stage2. 创建坯料

创建图 5.4 所示的坯料，操作步骤如下：

图 5.3　放置参照模型

图 5.4　创建坯料

Step1. 在 ▼ MOLD MODEL (模具模型) 菜单中选择 Create (创建) 命令。

Step2. 在弹出的 ▼ MOLD MDL TYP (模具模型类型) 菜单中选择 Workpiece (工件) 命令。

Step3. 在弹出的 ▼ CREATE WORKPIECE (创建工件) 菜单中选择 Manual (手动) 命令。

Step4. 在"元件创建"对话框中，选中 类型 区域中的 ⊙ 零件 单选按钮，选中 子类型 区域中的 ⊙ 实体 单选按钮，在 名称 文本框中输入坯料的名称 wp，然后再单击 确定 按钮。

Step5. 在系统弹出的"创建选项"对话框中，选中 ⊙ 创建特征 单选按钮，然后再单击 确定 按钮。

Step6. 创建坯料特征。

（1）在菜单管理器中选择 Solid (实体) ➡ Protrusion (伸出项) 命令，在弹出的菜单中选择 Extrude (拉伸) ➡ Solid (实体) ➡ Done (完成) 命令，此时系统出现实体拉伸操控板。

（2）创建实体拉伸特征。

① 定义草绘截面放置属性：在绘图区中右击，从系统弹出的快捷菜单中选择 定义内部草绘... 命令。然后选择 MAIN_PARTING_PLN 基准平面作为草绘平面，草绘平面的参照平面为 MOLD_RIGHT 基准平面，方位为 底部，单击 草绘 按钮。至此，系统进入草绘环境。

② 进入截面草绘环境后，选取 MOLD_RIGHT 基准平面和 MOLD_FRONT 基准平面为草绘参照，然后绘制图 5.5 所示的截面草图。完成截面草图的绘制后，单击工具栏中的"完成"按钮 ✔。

③ 选取深度类型并输入深度值：在操控板中选取深度类型 日，再在深度文本框中输入深度值 60.0，并按回车键。

④ 完成特征：在操控板中单击"预览"按钮 ✓ ∞，浏览所创建的拉伸特征，单击"完成"按钮 ✓，完成特征的创建。

Step7. 选择 Done/Return (完成/返回) ➡ Done/Return (完成/返回) 命令。

## Task3. 设置收缩率

Step1. 在 菜单管理器 的 ▼ MOLD (模具) 菜单中选择 Shrinkage (收缩) 命令。

Step2. 在 ▼ SHRINKAGE (收缩) 菜单中选择 By Dimension (按尺寸) 命令。

Step3. 在"按尺寸收缩"对话框中，确认 公式 区域中的 1+ S 按钮被按下；在 收缩选项 区域选中 ☑ 更改设计零件尺寸 复选框；在 收缩率 区域的 比率 栏中，输入收缩率 0.006，并按回车键；单击对话框中的 ✓ 按钮，选择 Done/Return (完成/返回) 命令。

## Task4. 创建分型面

创建图 5.6 所示模具的分型曲面，其操作过程如下：

图 5.5 截面草图　　　　图 5.6 创建分型面

Step1. 创建图 5.7 所示的基准平面 ADTM1。选择下拉菜单 插入(I) ➡ 模型基准(D)▶ ➡ ▱ 平面(L)... 命令；选取 MAIN_PARTING_PLN 基准平面为参照，偏移值为 4.0；单击"基准平面"对话框中的 确定 按钮，完成基准平面 ADTM1 的创建。

图 5.7 基准平面 ADTM1

Step2. 选择下拉菜单 插入(I) ➡ 模具几何 ▶ ➡ ▱ 分型面(S)... 命令。

Step3. 选择下拉菜单 编辑(E) ➡ 属性(R) 命令，在"属性"对话框中，输入分型面名称 PART_SURF；单击对话框中的 确定 按钮。

Step4. 复制图 5.8 所示的叶片上的曲面。

**说明：**为了更方便地选取复制曲面，应遮蔽坯料。

（1）按住 Ctrl 键，选取图 5.8 所示的两个曲面。

（2）选择下拉菜单 编辑(E) ➡ 复制(C) 命令。

（3）选择下拉菜单 编辑(E) ➡ 粘贴(P) 命令，此时系统弹出"粘贴"操控板。

（4）单击操控板中的"完成"按钮。

图 5.8　选取复制曲面

Step5. 创建图 5.9 所示的延伸曲面。

（1）选取图 5.10 所示的复制边线（用列表法进行选取）。

（2）选择下拉菜单 编辑(E) ➡ 延伸(X)... 命令，此时系统弹出"延伸"操控板。

（3）定义延伸距离。在操控板中按下按钮。在延伸距离文本框中输入值 4.0。

（4）单击 按钮，预览延伸后的面组，确认无误后，单击"完成"按钮。完成延伸曲面的创建。

图 5.9　延伸曲面　　　　　　　　　　　　　　图 5.10　延伸参照边线

Step6. 创建图 5.11 所示的延伸曲面。

（1）选取图 5.12 所示的复制边线。

（2）选择下拉菜单 编辑(E) ➡ 延伸(X)... 命令，此时系统弹出"延伸"操控板。

（3）选取延伸的终止面。在操控板中按下按钮。选取 ADTM1 基准平面为延伸的终止面。

（4）单击 按钮，预览延伸后的面组，确认无误后，单击"完成"按钮。完成延伸曲面的创建。

图 5.11　延伸曲面　　　　　　　　　　　　　　图 5.12　延伸参照边线

Step7. 参见 Step4、Step5、Step6 的操作步骤，在剩余两个叶片上创建复制延伸曲面，如图 5.13 所示。

Step8. 创建图 5.14 所示的填充曲面 1。

图 5.13　创建复制延伸曲面　　　　　　　　图 5.14　填充曲面 1

（1）选择下拉菜单 编辑(E) ➡ 填充(L)... 命令，此时系统弹出填充操控板。

（2）在绘图区中右击，从弹出的快捷菜单中选择 定义内部草绘... 命令，选取 FRONT 基准平面为草绘截面。进入草绘环境，绘制图 5.15 所示的截面草图（使用选取命令绘制截面草图。建议参照光盘中的视频录像绘制此截面草图），完成后单击按钮 ✓ 。

（3）在操控板中，单击完成按钮 ✓ ，完成平整曲面特征的创建。

图 5.15　截面草图

Step9. 参见 Step8 的操作步骤，创建图 5.16 所示的剩余两个填充曲面。

图 5.16　填充曲面

Step10. 创建图 5.17 所示的合并 1。

a）合并前　　　　　　　　　　　　　　　　b）合并后

图 5.17　合并 1

（1）按住 Ctrl 键，选取图 5.18 所示的两个面组。

（2）选择下拉菜单 编辑(E) ➡ 合并(G) 命令，此时系统弹出"合并"操控板。

（3）定义合并修剪的方向，调整合并方向，如图 5.18 所示。

（4）单击 ✓ ∞ 按钮，预览合并后的面组，确认无误后，单击"完成"按钮 ✓。

图 5.18　定义合并方向

Step11. 创建图 5.19 所示的合并 2。

a）合并前　　　　　　　　　　　　　　　　　b）合并后

图 5.19　合并 2

（1）按住 Ctrl 键，选取图 5. 20 所示的两个面组（上步创建的合并面组和相邻的填充面组）。

（2）选择下拉菜单 编辑(E) ➡ 合并(G) 命令，此时系统弹出"合并"操控板。

（3）定义合并修剪的方向，调整合并方向，如图 5.20 所示。

（4）单击 ✓ ∞ 按钮，预览合并后的面组，确认无误后，单击"完成"按钮 ✓。

图 5.20　定义合并方向

Step12. 创建合并 3。

（1）按住 Ctrl 键，选取图 5. 21 所示的两个面组为合并对象。

（2）选择下拉菜单 编辑(E) ➡ 合并(G) 命令，此时系统弹出"合并"操控板。

（3）定义合并修剪的方向，调整合并方向，如图 5.21 所示。

（4）单击 ✓ ∞ 按钮，预览合并后的面组，确认无误后，单击"完成"按钮 ✓。

Step13. 创建合并 4。

（1）按住 Ctrl 键，选取图 5. 22 所示的两个面组为合并对象。

（2）选择下拉菜单 编辑(E) ➡ 合并(G) 命令，此时系统弹出"合并"操控板。

（3）定义合并修剪的方向，调整合并方向，如图 5.22 所示。

（4）单击 按钮，预览合并后的面组，确认无误后，单击"完成"按钮 。

图 5.21    定义合并方向          图 5.22    定义合并方向

Step14. 将参照模型遮蔽。

Step15. 创建图 5.23 所示的修剪曲面。

（1）选取图 5.24 所示的曲面。

（2）选择下拉菜单 编辑(E) ➡ 修剪(T)... 命令，系统弹出修剪操控板。

（3）选取修剪对象，选取图 5.24 所示填充面组的边线为修剪对象。

（4）定义修剪方向。调整修剪方向，如图 5.24 所示。

（5）在操控板中单击按钮 ，预览修剪的结果；单击按钮 ，完成修剪。

图 5.23    修剪曲面          图 5.24    修剪方向

Step16. 创建图 5.25 所示的合并 5。

（1）按住 Ctrl 键，选取图 5.26 所示的两个面组。

（2）选择下拉菜单 编辑(E) ➡ 合并(G). 命令，此时系统弹出 "合并"操控板。

（3）定义合并修剪的方向，调整合并方向，如图 5.26 所示。

（4）单击 按钮，预览合并后的面组；确认无误后，单击"完成"按钮 。

图 5.25    合并 5          图 5.26    合并方向

Step17. 创建图 5.27 所示的延伸曲面。

（1）选取如图 5.28 所示边线。

（2）选择下拉菜单 编辑(E) ➡ ▣ 延伸(X)... 命令，此时系统弹出"延伸"操控板。

（3）定义延伸距离。在操控板中按下按钮 ◻。在"延伸距离"文本框中输入值 130.0。

（4）单击 ☑ ∞ 按钮，预览延伸后的面组；确认无误后，单击"完成"按钮 ☑。完成延伸曲面的创建。

图 5.27　延伸曲面

图 5.28　延伸参照边线

Step18. 撤销参照模型的遮蔽。

Step19. 通过曲面复制的方法，复制图 5.29 所示参照模型上的表面。

（1）按住 Ctrl 键选取图 5.29 所示的曲面（圆柱顶面和圆周表面）。

（2）选择下拉菜单 编辑(E) ➡ ▤ 复制(C) 命令。

（3）选择下拉菜单 编辑(E) ➡ ▤ 粘贴(P) 命令，系统弹出"曲面复制"操控板。

（4）填补复制曲面上的破孔。在操控板中单击 选项 按钮，在弹出的"选项"界面中选中 ⦿ 排除曲面并填充孔 单选按钮，在 填充孔/曲面 文本框中单击"选取项目"字符，在系统 ⟡选取封闭的边环或曲面以填充孔。的提示下，然后分别选取复制的上表面作为填充破孔的平面。

（5）单击操控板中的"完成"按钮 ☑。

Step20. 创建合并 6。

（1）按住 Ctrl 键，选取上步创建的复制面组和合并 5 为合并对象。

（2）选择下拉菜单 编辑(E) ➡ ▣ 合并(G) 命令，此时系统弹出"合并"操控板。

（3）定义合并修剪的方向，调整合并方向，如图 5.30 所示。

（4）单击 ☑ ∞ 按钮，预览合并后的面组；确认无误后，单击"完成"按钮 ☑。

图 5.29　选取复制曲面

图 5.30　合并 6

（5）单击分型面工具栏中的"确定"按钮 ☑，完成分型面的创建。

## Task5．构建模具元件的体积块

Step1．选择下拉菜单 编辑(E) ➡ 分割... 命令。

**说明**：将坯料去除遮蔽。

Step2．在系统弹出的菜单中选择 ▼ SPLIT VOLUME (分割体积块) ➡ Two Volumes (两个体积块) ➡ All Wrkpcs (所有工件) ➡ Done (完成) 命令，此时系统弹出"分割"对话框和"选取"对话框。

Step3．选取分型面。选取创建的分型面，然后单击"选取"对话框中的 确定 按钮，系统弹出"分割"对话框。

Step4．单击"分割"信息对话框中的 确定 按钮。

Step5．系统弹出"属性"对话框，同时模型中的体积块的滑块变亮，在该对话框中单击 着色 按钮，着色后的体积块如图 5.31 所示。然后在对话框中输入名称 lower_vol，单击 确定 按钮。

Step6．系统弹出"属性"对话框，同时模型中的体积块的剩余部分变亮，在该对话框中单击 着色 按钮，着色后的体积块如图 5.32 所示。然后在对话框中输入名称 UPPER_VOL，单击 确定 按钮。

　　图 5.31　着色后的下部分体积块　　　　　　图 5.32　着色后的上部分体积块

## Task6．抽取模具元件

Step1．在 菜单管理器 的 ▼ MOLD (模具) 菜单中，先选择 Mold Comp (模具元件) 命令，然后在系统弹出的 ▼ MOLD COMP (模具元件) 菜单中选择 Extract (抽取) 命令。

Step2．在系统弹出的"创建模具元件"对话框中单击 ▤ 按钮，选择所有体积块，然后单击 确定 按钮。

Step3．选择 Done/Return (完成/返回) 命令。

## Task7．生成浇注件

Step1．在 ▼ MOLD (模具) 菜单中选择 Molding (制模) 命令，在 ▼ MOLDING (铸模) 菜单中选择 Create (创建) 命令。

Step2．在系统提示文本框中，输入浇注零件名称 molding，并按回车键。

### Task8. 定义开模动作

Step1. 将参照零件、坯料和分型面在模型中遮蔽起来。

Step2. 移动上模。

（1）在 ▼ MOLD （模具）菜单中选择 Mold Opening （模具开模）命令，在 ▼ MOLD OPEN （模具开模）菜单中选择 Define Step （定义间距）命令（注：此处应翻译成"定义开模步骤"）。

（2）在 ▼ DEFINE STEP （定义间距）菜单中选择 Define Move （定义移动）命令。

（3）在系统 ⇨为迁移号码1 选取构件。的提示下，选取模型中的上模，然后在"选取"对话框中单击 确定 按钮。

（4）在系统 ⇨通过选取边、轴或表面选取分解方向。的提示下，选取图 5.33 所示的边线为移动方向，然后在系统的提示下，输入要移动的距离值 100。

（5）在 ▼ DEFINE STEP （定义间距）菜单中选择 Done （完成）命令，移出后的状态如图 5..33 所示。

图 5.33　移动上模

Step3. 移动铸件。参照 Step2 的操作方法，选取模型中的铸件，选取图 5.34 所示的边线为移动方向，输入要移动的距离值 40，选择 Done （完成）命令，完成铸件的开模动作。

图 5.34　移动铸件

Step4. 保存设计结果。

# 实例6　采用"体积块法"进行模具设计

本实例将介绍图 6.1 所示的饮水机开关的模具设计。该模具的设计采用的是"体积块法"，通过此方法进行模具设计不需要创建分型面。其主要设计思路是：首先，通过"侧面影像"命令创建出一条参照曲线；其次，通过前面创建的参照曲线创建出一个主体积块，并且通过该体积块分割出上、下模具体积块；再次，通过"拉伸"命令创建出滑块体积块和镶件体积块；最后，通过"分割"命令来完成滑块和镶件的创建。通过对本实例的学习，读者将会掌握"体积块法"设计模具的一般方法和过程。

图 6.1　饮水机开关模具

## Task1. 新建一个模具制造模型，进入模具模块

Step1. 将工作目录设置至 D:\proewf5.6\work\ch06。

Step2. 新建一个模具型腔文件，命名为 HANDLE_MOLD；选取 mmns_mfg_mold 模板。

## Task2. 建立模具模型

模具模型主要包括参照模型（Ref Model）和坯料（Workpiece），如图 6.2 所示。

### Stage1. 引入参照模型

Step1. 在 ▼ MOLD (模具) 菜单中选择 Mold Model (模具模型) ➞ Assemble (装配) 命令。

Step2. 在弹出的 ▼ MOLD MDL TYP (模具模型类型) 菜单中，选择 Ref Model (参照模型) 命令。

Step3. 系统弹出文件"打开"对话框，选取零件模型 handle.prt 作为参照零件模型，并将其打开。

Step4. 在该操控板中单击 放置 按钮，在"放置"界面的 约束类型 下拉列表中选择 ▣ 缺省

选项，将元件按默认设置放置，此时—状态—区域显示的信息为 完全约束；单击操控板中的 ✔ 按钮，完成装配件的放置。

Step5. 系统弹出"创建参照模型"对话框，选中 ◉ 按参照合并 单选按钮（系统默认选中该单选项），然后在 参照模型 区域的 名称 文本框中接受默认的名称 HANDLE_MOLD_REF；单击对话框中的 确定 按钮。参照模型装配后，模具的基准平面与参照模型的基准平面对齐。

Step6. 选择 Done/Return (完成/返回) ➡ Done/Return (完成/返回) 命令。

### Stage2. 定义坯料

Step1. 在 ▼ MOLD MODEL (模具模型) 菜单中选择 Create (创建) 命令。

Step2. 在弹出的 ▼ MOLD MDL TYP (模具模型类型) 菜单中选择 Workpiece (工件) 命令。

Step3. 在弹出的 ▼ CREATE WORKPIECE (创建工件) 菜单中选择 Manual (手动) 命令。

Step4. 在"元件创建"对话框中，选中 类型 区域中的 ◉ 零件 单选按钮，选中 子类型 区域中的 ◉ 实体 单选按钮，在 名称 文本框中输入坯料的名称 wp，然后再单击 确定 按钮。

Step5. 在系统弹出的"创建选项"对话框中，选中 ◉ 创建特征 单选按钮，然后再单击 确定 按钮。

Step6. 创建坯料特征。

（1）在菜单管理器中选择 Solid (实体) ➡ Protrusion (伸出项) 命令，在弹出的菜单中选择 Extrude (拉伸) ➡ Solid (实体) ➡ Done (完成) 命令，此时系统出现实体拉伸操控板。

（2）创建实体拉伸特征。

① 定义草绘截面放置属性：在绘图区中右击，从系统弹出的快捷菜单中选择 定义内部草绘... 命令。然后选择 MOLD_RIGHT 基准平面作为草绘平面，草绘平面的参照平面为 MAIN_PARTING_PLN 基准平面，方位为 顶，单击 草绘 按钮。至此，系统进入草绘环境。

② 进入截面草绘环境后，选取 MAIN_PARTING_PLN 基准平面和 MOLD_FRONT 基准平面为草绘参照，然后绘制图 6.3 所示的截面草图。完成截面草图的绘制后，单击工具栏中的"完成"按钮 ✔。

图 6.2　模具模型　　　　　　　　　　图 6.3　截面草图

③ 选取深度类型并输入深度值：在操控板中选取深度类型 ⊟，再在深度文本框中输入深度值 60.0，并按回车键。

④ 完成特征：在操控板中单击"预览"按钮 ☑ ∞，浏览所创建的拉伸特征；单击"完

成"按钮✅，完成特征的创建。

Step7. 选择 `Done/Return (完成/返回)` ➡ `Done/Return (完成/返回)` 命令。

## Task3．设置收缩率

将参照模型收缩率设置为 0.006。

## Task4．构建模具元件的体积块

### Stage1．创建图 6.4 所示的参照曲线

**说明：**此参照曲线是通过"侧面影像"命令来创建的。

Step1. 创建图 6.5 所示的侧面影像曲线。

（1）选择命令。在系统弹出的菜单中选择 `▼ MOLD (模具)` ➡ `Feature (特征)` ➡ `Cavity Assem (型腔组件)` ➡ `Silhouette (侧面影像)` 命令，此时系统弹出"侧面影像曲线"对话框。

（2）定义投影方向，接受系统默认投影方向（朝下）。

（3）定义投影曲线。

① 在"侧面影像曲线"对话框中双击 `Loop Selection (环选取)`，系统弹出"环选取"对话框。

② 选取投影曲线。对"环选取"对话框中的选项进行图 6.6 所示的设置。

③ 单击"环选项"对话框中的 `确定` 按钮。

（4）单击"侧面影像曲线"对话框中的 `确定` 按钮，完成侧面影像曲线的创建。

（5）选择 `Done/Return (完成/返回)` 命令。

图 6.4　参照曲线

图 6.5　侧面影像曲线

图 6.6　"环选取"对话框

Step2. 创建图 6.7 所示的基准点 APNT0。

（1）单击"点"按钮 ✕✕，系统弹出"基准点"对话框。

（2）按住 Ctrl 键，在模型中选取 Step1 创建的侧面影像曲线和 MOLD_RIGHT 基准平面为参照。

（3）单击对话框中的 确定 按钮。

Step3. 创建图 6.8 所示的修剪曲线。

（1）选中 Step1 创建的侧面影像曲线。

（2）选择下拉菜单 编辑(E) ➙ 修剪(T)... 命令，此时弹出"修剪"操控板。

（3）选择修剪对象。在模型中选择 Step2 创建的基准点 APNT0，修剪方向如图 6.9 所示。

图 6.7 基准点 APNT0     图 6.8 修剪曲线     图 6.9 定义修剪方向

### Stage2. 创建体积块

Step1. 选择下拉菜单 插入(I) ➙ 模具几何 ▶ ➙ 模具体积块(V)... 命令，系统进入创建体积块环境。

（1）选择下拉菜单 插入(I) ➙ 拉伸(E)... 命令，此时系统弹出"拉伸"操控板。

（2）定义草绘截面放置属性：在绘图区中右击，从弹出的菜单中选择 定义内部草绘... 命令；在系统 ⇨选取一个平面或曲面以定义草绘平面。的提示下，选取图 6.10 所示的坯料表面为草绘平面，选取图 6.10 所示的坯料表面为参照平面，方向为 右 ；单击 草绘 按钮，至此系统进入截面草绘环境。

（3）绘制截面草图。选取图 6.11 所示的坯料的边线为草绘参照；绘制图 6.11 所示的截面草图，完成截面的绘制后，单击工具栏中的"完成"按钮 ✓。

图 6.10 草绘平面和拉伸终止面     图 6.11 截面草图

（4）设置深度选项。

① 在操控板中选取深度类型 ⊥ （到选定的）。

② 将模型调整到合适位置，选取图 6.10 所示的坯料表面为拉伸终止面。

③ 在操控板中单击"完成"按钮 ✓，完成特征的创建。

Step2. 在工具栏中单击"确定"按钮 ✓，完成体积块的创建。

### Stage3. 分割上下模体积块

Step1. 选择下拉菜单 编辑(E) ➙ 分割... 命令（即用"分割"的方法构建上下模体块）。

Step2. 选择 ▼ SPLIT VOLUME (分割体积块) ➡ Two Volumes (两个体积块) ➡
All Wrkpcs (所有工件) ➡ Done (完成) 命令，此时系统弹出"分割"信息对话框。

Step3. 选取分型面。选取 面组:F10(MOLD_VOL_1) （用"列表选取"），然后单击"选取"对话框中的 确定 按钮。

Step4. 单击"分割"信息对话框中的 确定 按钮。

Step5. 系统弹出"属性"对话框，同时模型中的体积块的滑块变亮，在该对话框中单击 着色 按钮，着色后的体积块如图 6.12 所示。然后在对话框中输入名称 lower_vol，单击 确定 按钮。

Step6. 系统弹出"属性"对话框，同时模型中的体积块的剩余部分变亮，在该对话框中单击 着色 按钮，着色后的体积块如图 6.13 所示。然后在对话框中输入名称 UPPER_VOL，单击 确定 按钮。

图 6.12  着色后的下部分体积块          图 6.13  着色后的上部分体积块

**Stage4. 创建图 6.14 所示的第一个滑块体积块**

Step1. 选择下拉菜单 插入(I) ➡ 模具几何 ▶ ➡ 模具体积块(V)... 命令，系统进入创建体积块环境。

Step2. 创建拉伸特征。

（1）选择下拉菜单 插入(I) ➡ 拉伸(E)... 命令，此时系统弹出"拉伸"操控板。

（2）定义草绘截面放置属性：右击，从弹出的菜单中选择 定义内部草绘... 命令；在系统 ⇨选取一个平面或曲面以定义草绘平面。的提示下，选取图 6.15 所示的坯料表面为草绘平面，选取图 6.15 所示的坯料表面为参照平面，方向为 右 ；单击 草绘 按钮，至此系统进入截面草绘环境。

（3）绘制截面草图。选取 MAIN_PARTING_PLNT 基准平面为草绘参照；绘制图 6.16 所示的截面草图，完成截面的绘制后，单击工具栏中的"完成"按钮 ✓ 。

图 6.14  创建第一个滑块体积块          图 6.15  定义草绘平面          图 6.16  截面草图

（4）设置深度选项。

① 在操控板中选取深度类型 ⊥ （到选定的）。

② 选取图 6.17 所示的平面为拉伸终止面。

③ 在操控板中单击"完成"按钮 ☑，完成特征的创建。

（5）单击工具栏中的"确定"按钮 ☑，完成第一个滑块体积块的创建。

### Stage5. 创建图 6.18 所示的第二个滑块体积块

详细操作步骤参见 Stage4。

图 6.17　定义拉伸终止面　　　　　图 6.18　创建第二个滑块体积块

### Stage6. 分割第一个滑块体积块

Step1. 选择下拉菜单 编辑(E) ➡ 分割... 命令（即用"分割"的方法构建体积块）。

Step2. 选 择 ▼ SPLIT VOLUME (分割体积块) ➡ One Volume (一个体积块) ➡

Mold Volume (模具体积块) ➡ Done (完成) 命令，此时系统弹出"搜索工具"对话框。

Step3. 在系统弹出的"搜索工具"对话框中，单击列表中的 面组:F12(LOWER_VOL) 体积块，然后单击 >> 按钮，将其加入到已选取 0 个项目列表中，再单击 关闭 按钮。

Step4. 选取分型面。选取面组 面组:F12(MOLD_VOL) （用"列表选取"），然后单击"选取"对话框中的 确定 按钮，系统弹出 ▼ 岛列表 菜单。

Step5. 在"岛列表"菜单中选中 ☑岛2 复选框，选择 Done Sel (完成选取) 命令。

Step6. 单击"分割"信息对话框中的 确定 按钮。

Step7. 系统弹出"属性"对话框，同时模型中的体积块的滑块变亮，在该对话框中单击 着色 按钮，着色后的体积块如图 6.19 所示。然后在对话框中输入名称 SLIDE_VOL_01，单击 确定 按钮。

### Stage7. 分割第二个滑块体积块

详细操作步骤参见 Stage6；命名为 SLIDE_VOL_02；着色后的体积块如图 6.20 所示。

图 6.19　着色后的第一个滑块　　　　　图 6.20　着色后的第二个滑块

### Stage8. 创建第一个镶件体积块

Step1. 选择下拉菜单 插入(I) ➡ 模具几何 ▶ ➡ 模具体积块(V)... 命令，系统进入创建体积块环境。

（1）选择下拉菜单 插入(I) ➡ 拉伸(E)... 命令，此时系统弹出"拉伸"操控板。

（2）定义草绘截面放置属性：鼠标右击，从弹出的菜单中选择 定义内部草绘... 命令；在系统 选取一个平面或曲面以定义草绘平面 的提示下，选取图 6.21 所示的表面为草绘平面，选取图 6.21 所示的表面为参照平面，方向为 右；单击 草绘 按钮，至此系统进入截面草绘环境。

（3）绘制截面草图。绘制图 6.22 所示的截面草图，完成截面的绘制后，单击工具栏中的"完成"按钮 ✔。

图 6.21 定义草绘平面　　　　图 6.22 截面草图

（4）设置深度选项。

① 在操控板中选取深度类型 ⊥ （到选定的）。

② 将模型调整到合适位置，选取图 6.23 所示的模型表面为拉伸终止面。

③ 在操控板中单击"完成"按钮 ✔，完成特征的创建。

Step2. 在工具栏中单击"确定"按钮 ✔，完成第一个镶件体积块的创建。

### Stage9. 创建第二个镶件体积块

详细操作步骤参见 Stage8。

### Stage10. 分割第一个镶件体积块

Step1. 选择下拉菜单 编辑(E) ➡ 分割... 命令（即用"分割"的方法构建体积块）。

Step2. 选择 ▼ SPLIT VOLUME (分割体积块) ➡ One Volume (一个体积块) ➡ Mold Volume (模具体积块) ➡ Done (完成) 命令，此时系统弹出"搜索工具"对话框。

Step3. 在系统弹出的"搜索工具"对话框中，单击列表中的 面组:F12(MOLD_VOL 体积块，然后单击 >> 按钮，将其加入到已选取 0 个项目列表中，再单击 关闭 按钮。

Step4. 选取分型面。选取面组 面组:F16(MOLD_VOL (用"列表选取"），然后单击"选取"对话框中的 确定 按钮，系统弹出 ▼ 岛列表 菜单。

Step5. 在"岛列表"菜单中选中 ☑岛2 复选框，选择 Done Sel (完成选取) 命令。

Step6. 单击"分割"信息对话框中的 确定 按钮。

Step7. 系统弹出"属性"对话框,同时模型中的体积块的滑块变亮,在该对话框中单击 着色 按钮,着色后的体积块如图 6.24 所示。然后在对话框中输入名称 SLIDE_VOL_03,单击 确定 按钮。

图 6.23　定义拉伸终止面　　　　　　　　　　图 6.24　着色后的第一个镶件

### Stage11. 分割第二个镶件体积块

详细操作步骤参见 Stage10;命名为 SLIDE_VOL_04。

## Task5. 抽取模具元件

Step1. 在 菜单管理器 的 ▼ MOLD (模具) 菜单中先选择 Mold Comp (模具元件) 命令,然后在系统弹出的 ▼ MOLD COMP (模具元件) 菜单中选择 Extract (抽取) 命令。

Step2. 在系统弹出的"创建模具元件"对话框中,选择 LOWER_VOL、SLIDE_VOL_01、SLIDE_VOL_02、SLIDE_VOL_03、SLIDE_VOL_04 和 UPPER_VOL 体积块,然后单击 确定 按钮。

Step3. 选择 Done/Return (完成/返回) 命令。

## Task6. 生成浇注件

Step1. 在 ▼ MOLD (模具) 菜单中选择 Molding (制模) 命令,在 ▼ MOLDING (铸模) 菜单中选择 Create (创建) 命令。

Step2. 在系统提示文本框中,输入浇注零件名称 molding,并按两次回车键。

## Task7. 定义开模动作

### Stage1. 将参照零件、坯料和体积块遮蔽

### Stage2. 开模步骤 1:移动滑块和镶件

Step1. 移动滑块 1 和镶件 1。

(1)在 ▼ MOLD (模具) 菜单中选择 Mold Opening (模具开模) 命令,在 ▼ MOLD OPEN (模具开模) 菜单中选择 Define Step (定义间距) 命令。

(2)在 ▼ DEFINE STEP (定义间距) 菜单中选择 Define Move (定义移动) 命令。

(3)在系统的提示下,从模型树中选择滑块 1 SLIDE_VOL_01.PRT 和镶件 1

SLIDE_VOL_03_.PRT ，然后在"选取"对话框中单击 确定 按钮。

（4）在系统的提示下，选取图 6.25 所示的边线为移动方向，然后在系统的提示下，输入要移动的距离值 50。

Step2. 移动滑块 2 和镶件 2。

（1）在 DEFINE STEP (定义间距) 菜单中选择 Define Move (定义移动) 命令。

（2）在系统的提示下，从模型树中选择滑块 2 SLIDE_VOL_02_.PRT 和镶件 2 SLIDE_VOL_04_.PRT ，然后在"选取"对话框中单击 确定 按钮。

（3）在系统的提示下，选取图 6.25 所示的边线为移动方向，然后在系统的提示下，输入要移动的距离值-50。

（4）在 DEFINE STEP (定义间距) 菜单中选择 Done (完成) 命令，移出后的状态如图 6.25 所示。

图 6.25  移动滑块和镶件

### Stage3. 开模步骤 2：移动上模

Step1. 在 MOLD (模具) 菜单中选择 Mold Opening (模具开模) 命令，在 MOLD OPEN (模具开模) 菜单中选择 Define Step (定义间距) 命令。

Step2. 在 DEFINE STEP (定义间距) 菜单中选择 Define Move (定义移动) 命令。

Step3. 在系统的提示下，选取模型中的上模，然后在"选取"对话框中单击 确定 按钮。

Step4. 在系统的提示下，选取图 6.26 所示的边线为移动方向，然后在系统的提示下，输入要移动的距离值 100。

Step5. 在 DEFINE STEP (定义间距) 菜单中选择 Done (完成) 命令，移出后的状态如图 6.26 所示。

图 6.26  移动上模

### Stage4. 开模步骤 3：移动铸件

Step1. 参照 Stage3 的操作方法，在模型中选取铸件，选取图 6.27 所示的边线为移动方向，输入要移动的距离值 50，选择 `Done （完成）`命令，完成铸件的开模动作。

选取此边线
为移动方向

移动后

图 6.27　移动铸件

Step2. 保存设计结果。选择下拉菜单 文件 (F) ➡ 📙 保存 (S) 命令。

# 实例 7  用两种方法进行模具设计（一）

图 7.1 所示为一个笔帽的模型，在设计该笔帽的模具时，如果将模具的开模方向定义为竖直方向，那么笔帽中盲孔的轴线方向就与开模方向垂直。下面介绍该模具的两种设计方法：分型面法和体积块法。

图 7.1　零件模型

## 7.1　创建方法一（分型面法）

**方法简介：**

采用分型面方法进行该零件模具设计的主要思路：首先，通过旋转的方法来创建型心分型面；其次，通过"拉伸"命令创建主分型面；最后，通过"分割"命令创建型芯体积块，完成上下模的创建。

本例将介绍如何利用分型面方法进行模具设计的过程。图 7.2 为笔帽的模具开模图。

图 7.2　笔帽的模具设计

### Task1．新建一个模具制造模型文件，进入模具模块

Step1．选择下拉菜单 文件(F) ➡ 设置工作目录(W)... 命令，将工作目录设置至 D:\proewf5.6\work\ch07。

Step2．在工具栏中单击"新建文件"按钮 ▢ 。

Step3．在"新建"对话框中，选中 类型 区域中的 ⊙ ꟼ 制造 单选项，选中 子类型 区域中

的 ⦿ 模具型腔 单选项；在 名称 文本框中输入文件名 pen_cap_mold；取消 ☑ 使用缺省模板 复选框中的"√"号；单击对话框中的 确定 按钮。

Step4. 在"新文件选项"对话框中选取 mmns_mfg_mold 模板，单击 确定 按钮。

## Task2. 建立模具模型

模具模型主要包括参照模型（Ref Model）和坯料（Workpiece），如图 7.3 所示。

### Stage1. 引入参照模型

Step1. 在 菜单管理器 的 ▼ MOLD (模具) 菜单中选择 Mold Model (模具模型) 命令。

Step2. 在 ▼ MOLD MODEL (模具模型) 菜单中选择 Assemble (装配) 命令。

Step3. 在 ▼ MOLD MDL TYP (模具模型类型) 菜单中选择 Ref Model (参照模型) 命令。

Step4. 从弹出的文件"打开"对话框中，选取三维零件模型 pen_cap.prt 作为参照零件模型，并将其打开。

Step5. 定义约束参照模型的放置位置。

（1）指定第一个约束。在操控板中单击 放置 按钮，在"放置"界面的"约束类型"下拉列表中选择 🔧 配对 ，选取参照件的 RIGHT 基准平面为元件参照，选取装配体的 MAIN_PARTING_PLN 基准平面为组件参照。

（2）指定第二个约束。单击 ◆新建约束 字符，在"约束类型"下拉列表中选择 🔧 对齐 ，选取参照件的 TOP 基准平面为元件参照，选取装配体的 MOLD_RIGHT 基准平面为组件参照。

（3）指定第三个约束。单击 ◆新建约束 字符，在"约束类型"下拉列表中选择 🔧 对齐 ，选取参照件的 FRONT 基准平面为元件参照，选取装配体的 MOLD_FRONT 基准平面为组件参照。

（4）约束定义完成，在操控板中单击"完成"按钮 ✔ ，完成参照模型的放置；系统自动弹出"创建参照模型"对话框。

Step6. 在"创建参照模型"对话框中选中 ⦿ 按参照合并 ，然后在 参照模型 区域的 名称 文本框中接受默认的名称（或输入参照模型的名称）。单击 确定 按钮，完成参照模型的命名。

Step7. 选择 Done/Return (完成/返回) 命令，完成参照模型的放置。

### Stage2. 定义坯料

Step1. 在 ▼ MOLD MODEL (模具模型) 菜单中选择 Create (创建) 命令。

Step2. 在弹出的 ▼ MOLD MDL TYP (模具模型类型) 菜单中选择 Workpiece (工件) 命令。

Step3. 在系统弹出的 ▼ CREATE WORKPIECE (创建工件) 菜单中选择 Manual (手动) 命令。

Step4. 在弹出的"元件创建"对话框中，选中 类型 区域中的 ⦿ 零件 ，选中 子类型 区域中的 ⦿ 实体 ；在 名称 文本框中输入坯料的名称 pen_cap_mold_wp；单击 确定 按钮。

Step5. 在弹出的"创建选项"对话框中，选中 ⦿ 创建特征 单选按钮，然后单击 确定 按钮。

Step6. 创建坯料特征。

（1）在菜单中选择 `Solid (实体)` ➡ `Protrusion (伸出项)` 命令，在弹出的菜单中选择 `Extrude (拉伸)` ➡ `Solid (实体)` ➡ `Done (完成)` 命令，此时出现实体拉伸操控板。

（2）创建实体拉伸特征。

① 定义草绘截面放置属性：在绘图区中右击，从快捷菜单中选择 `定义内部草绘...` 命令。系统弹出"草绘"对话框，然后选择 MOLD_PARITING_PLN 基准平面作为草绘平面，草绘平面的参照平面为 MOLD_RIGHT 基准平面，方位为 `右`；单击 `草绘` 按钮，系统进入截面草绘环境。

② 绘制截面草图：进入截面草绘环境后，系统弹出"参照"对话框，选取 MOLD_FRONT 基准平面和 TOP 基准平面为草绘参照，绘制图 7.4 所示的截面草图。完成截面草图的绘制后，单击工具栏中的"完成"按钮 ✔。

③ 选取深度类型并输入深度值：在操控板中选取深度类型 `日`（即"对称"），再在深度文本框中输入深度值 30.0，并按回车键。

④ 完成特征：在操控板中单击"预览"按钮 `✔ ∞`，浏览所创建的拉伸特征；单击"完成"按钮 ✔，完成特征的创建。

Step7. 选择 `Done/Return (完成/返回)` ➡ `Done/Return (完成/返回)` 命令。

图 7.3　模具模型

图 7.4　截面草图

## Task3. 设置收缩率

将参照模型收缩率设置为 0.006。

## Task4. 创建模具分型曲面

### Stage1. 定义型芯分型面

下面的操作是创建零件 pen_cap.prt 模具的型芯分型曲面（图 7.5），以分离模具元件——型芯，其操作过程如下：

Step1. 选择下拉菜单 `插入(I)` ➡ `模具几何 ▶` ➡ `分型面(S)...` 命令。

Step2. 选择下拉菜单 `编辑(E)` ➡ `属性(R)` 命令，在图 7.6 所示的"属性"对话框中，输入分型面名称 core_ps；单击对话框中的 `确定` 按钮。

型芯分型面

图 7.5 创建型芯分型曲面

图 7.6 "属性"对话框

Step3. 通过"旋转"的方法创建曲面。

（1）选择下拉菜单 插入(I) ➡ ✱旋转(R)... 命令。

（2）在绘图区域右击，从弹出的菜单中选择 定义内部草绘... 命令；然后选择 MOLD_FRONT 基准平面作为草绘平面，草绘平面的参照平面为 MAIN_RIGHT 基准平面，方位为 左；单击 草绘 按钮，至此系统进入截面草绘环境。

（3）绘制截面草图。

① 进入截面草绘环境后，按下 按钮，将模型的显示状态切换到虚线线框显示方式。

② 选择下拉菜单 草绘(S) ➡ 参照(R)... 命令，选取 MOLO_RIGHT 基准平面和 MOLD_PARITING_PAL 基准平面为参照，单击 关闭(C) 按钮。

③ 绘制图 7.7 所示的截面草图（用"使用"的方法绘制截面草图；截面图形不封闭）。完成后，单击"完成"按钮 ✔。

（4）在操控板中选取深度类型 ⊥ （即"定值"拉伸），输入旋转角度值 360。

（5）在操控板中单击 ✔∞ 按钮，预览所创建的特征；单击"完成"按钮 ✔。

旋转中心线

与此边线对齐

图 7.7 截面草图

Step4. 在工具栏中单击"完成"按钮 ✔，完成分型面的创建。

Step5. 为了方便查看前面所创建的型芯分型面，将其着色显示。

（1）选择下拉菜单 视图(V) ➡ 可见性(V) ▶ ➡ 着色 命令。

（2）系统弹出图 7.8 所示的"搜索工具"对话框，系统在 找到1个项目: 列表中默认选择了 面组:F7(CORE_PS) 列表项，即型芯分型面；然后单击 ＞＞ 按钮，将其加入到 已选取 0 个项目列表中，再单击 关闭 按钮，着色后的型芯分型面如图 7.9 所示。

（3）在 ▼CntVolSel (继续体积块选取) 菜单中选择 Done/Return (完成/返回) 命令。

Step6. 在模型树中查看前面创建的型芯分型面特征。

（1）在模型树界面上选择 ⛾▾ ➡ ≣▾树过滤器(F)... 命令。

图7.8　"搜索工具"对话框　　　　　图7.9　着色后的型芯分型面

（2）在系统弹出的"模型树项目"对话框中，选中 ☑特征 复选框，然后单击该对话框中的 确定 按钮。此时，模型树中会显示型芯分型面的曲面特征：旋转曲面特征。通过在模型树上右击曲面特征，从弹出的快捷菜单中可以选择曲面的删除、编辑定义等命令。

### Stage2. 定义主分型面

下面的操作是创建零件 pen_cap.prt 模具的主分型面（图7.10），以分离模具的上模型腔和下模型腔。其操作过程如下：

Step1. 选择下拉菜单 插入(I) ➡ 模具几何▶ ➡ 🗋 分型面(S)... 命令。

Step2. 选择下拉菜单 编辑(E) ➡ 属性(R) 命令，在系统弹出的"属性"对话框中输入分型面名称 main_ps，单击对话框中的 确定 按钮。

Step3. 通过"拉伸"方法创建主分型面。

（1）选择下拉菜单 插入(I) ➡ 🗋 拉伸(E)... 命令，此时系统弹出"拉伸"操控板。

（2）定义草绘截面放置属性：鼠标右击，从弹出的菜单中选择 定义内部草绘... 命令；在系统 ⇨选取一个平面或曲面以定义草绘平面 的提示下，选取图7.11所示的坯料前表面为草绘平面，接受默认的箭头方向为草绘视图方向和参照平面，方向为 顶；单击 草绘 按钮，至此系统进入截面草绘环境。

图7.10　创建主分型面　　　　　　图7.11　草绘平面

（3）绘制截面草图。选取坯料的边线和 MOLD_RIGHT 基准平面为草绘参照；绘制图7.12所示的截面草图（截面草图为一条线段）；完成截面的绘制后，单击工具栏中的"完成"按钮✔。

（4）设置深度选项。

① 在操控板中选取深度类型 ⊥（到选定的）。

② 将模型调整到合适位置，选取图7.13所示的模型表面为拉伸终止面。

③ 在操控板中单击"完成"按钮✅，完成特征的创建。

Step4. 在工具栏中单击"确定"按钮✅，完成分型面的创建。

图 7.12　截面草图

拉伸终止面

图 7.13　选取拉伸终止面

## Task5．构建模具元件的体积块

### Stage1．用型芯分型面创建型芯元件的体积

下面的操作是在零件 pen_cap 的模具坯料中，用前面创建的型芯分型面——core_ps 来分割型芯元件的体积块，该体积块将来会抽取为模具的型芯元件。在该例子中，由于主分型面穿过型芯分型面，为了便于分割出各个模具元件，将先从整个坯料中分割出型芯体积块，然后从其余的体积块（即分离出型芯体积块后的坯料）中再分割出上、下型腔体积块。

Step1. 选择下拉菜单 编辑(E) ➡ 分割... 命令（即用"分割"的方法构建体积块）。

Step2. 在 系 统 弹 出 的 ▼ SPLIT VOLUME (分割体积块) 菜 单 中 ， 依 次 选 择 Two Volumes (两个体积块) ➡ All Wrkpcs (所有工件) ➡ Done (完成) 命令，此时系统弹出图 7.14 所示的"分割"对话框和图 7.15 所示的"选取"对话框。

Step3. 用"列表选取"的方法选取分型面。

（1）在系统 ➪ 为分割工件选取分型面。 的提示下，先将鼠标指针移至模型中的型芯分型面的位置右击，从快捷菜单中选取 从列表中拾取 命令。

（2）在图 7.16 所示的"从列表中拾取"对话框中，单击列表中的 面组:F7(CORE_PS) 分型面，然后单击 确定(0) 按钮。

图 7.14　"分割"对话框

图 7.15　"选取"对话框

图 7.16　"从列表中拾取"对话框

（3）单击"选取"对话框中的 确定 按钮。

Step4. 单击"分割"对话框中的 确定 按钮。

Step5. 此时，系统弹出图 7.17 所示的"属性"对话框，同时模型中的其余部分变亮，输入其余部分体积的名称 body_mold，单击 着色 按钮，可以预览图 7.18 所示分割创建的型腔，单击 确定 按钮，系统再次弹出"属性"对话框。

Step6. 在"属性"对话框中输入型芯模具元件体积的名称 core_mold，单击 着色 按钮，可以预览图 7.19 所示分割创建的型腔，单击 确定 按钮。

图 7.17　"属性"对话框

图 7.18　型腔

图 7.19　型芯

### Stage2. 用主分型面创建上下模腔的体积块

下面的操作是在零件 pen_cap 的模具坯料中，用前面创建的主分型面——main_ps 来将前面生成的体积块 body_mold 分成上下两个体积腔（块），这两个体积块将来会抽取为模具的上下模具型腔。

Step1. 选择下拉菜单 编辑(E) ➡ 分割... 命令。

Step2. 在系统弹出的 ▼ SPLIT VOLUME (分割体积块) 菜单中，选择 Two Volumes (两个体积块) ➡ Mold Volume (模具体积块) ➡ Done (完成) 命令。

Step3. 在系统弹出的"搜索工具"对话框中，单击列表中的 面组:F11 (BODY_MOLD) 体积块，然后单击 >> 按钮，将其加入到已选取 0 个项目列表中，再单击 关闭 按钮。

Step4. 用"列表选取"的方法选取分型面。

（1）在系统 ⇨为分割所选的模型量选取分型面。 的提示下，先将鼠标指针移至模型中主分型面的位置右击，从快捷菜单中选取 从列表中拾取 命令。

（2）在弹出的"从列表中拾取"对话框中，单击列表中的 面组:F9 (MAIN_PS) 分型面，然后单击 确定(0) 按钮。

（3）单击"选取"对话框中的 确定 按钮。

Step5. 单击"分割"信息对话框中的 确定 按钮。

Step6. 此时，系统弹出"属性"对话框，同时 BODY_MOLD 体积块的下半部分变亮，在该对话框中单击 着色 按钮，着色后的模型如图 7.20 所示。然后在对话框中输入名称 lower_mold，单击 确定 按钮。

Step7. 此时，系统弹出"属性"对话框，同时 BODY_MOLD 体积块的上半部分变亮，在该对话框中单击 着色 按钮，着色后的模型如图 7.21 所示。然后在对话框中输入名称 upper_mold，单击 确定 按钮。

图 7.20　下半部分体积块

图 7.21　上半部分体积块

## Task6. 抽取模具元件

Step1. 在 菜单管理器 的 ▼ MOLD（模具）菜单中，先选择 Mold Comp（模具元件）命令，然后在系统弹出的 ▼ MOLD COMP（模具元件）菜单中选择 Extract（抽取）命令。

Step2. 在系统弹出的图 7.22 所示的"创建模具元件"对话框中，单击 ▤ 按钮，选择所有体积块，然后单击 确定 按钮。

Step3. 选择 Done/Return（完成/返回）命令。

图 7.22 "创建模具元件"对话框

## Task7. 生成浇注件

Step1. 在 菜单管理器 的 ▼ MOLD（模具）菜单中选择 Molding（制模）命令，在系统弹出的 ▼ MOLDING（铸模）菜单中选择 Create（创建）命令。

Step2. 在系统 ⇨ 输入零件 名称 [PRT0001]: 的提示文本框中，输入浇注零件名称 molding，并按两次回车键，完成生成铸模。

## Task8. 定义模具开启

### Stage1. 将参照零件、坯料和分型面在模型中遮蔽起来

Step1. 遮蔽参照零件和坯料。在模型树中，按 Ctrl 键，选取 ▱ PEN_CAP_MOLD_REF.PRT 和 ▱ PEN_CAP_MOLD_WP.PRT，然后右击，从弹出的快捷菜单中选择 遮蔽 命令。

Step2. 遮蔽分型面。

（1）选择下拉菜单 视图(V) ➡ 可见性(V) ▶ ➡ 遮蔽 命令。

（2）在系统弹出 "搜索工具"对话框中，按住 Ctrl 键，选择所有项目，然后单击 >> 按钮，将其加入到 已选取 0 个项目列表中，再单击 关闭 按钮。

（3）在"选取"对话框中，单击 确定 按钮。

### Stage2. 开模步骤 1：移动型芯

Step1. 在 菜单管理器 的 ▼ MOLD（模具）菜单中选择 Mold Opening（模具开模）命令（注：此处应翻

译成"开启模具"），在系统弹出的 ▼ MOLD OPEN (模具开模) 菜单中，选择 Define Step (定义间距) 命令（注：此处应翻译成"定义开模步骤"）。

Step2. 在 ▼ DEFINE STEP (定义间距) 菜单中选择 Define Move (定义移动) 命令。

Step3. 用"列表选取"的方法选取要移动的模具元件。

（1）在系统 ⇨ 为迁移号码1 选取构件。 的提示下，先将鼠标移至模型上，并右击，选取快捷菜单中的 从列表中拾取 命令。

（2）在系统弹出的"从列表中拾取"对话框中，单击列表中的型芯模具零件 CORE_MOLD.PRT，然后单击 确定(0) 按钮。

（3）在"选取"对话框中单击 确定 按钮。

Step4. 在系统 ⇨ 通过选取边、轴或表面选取分解方向。 的提示下，选取图 7.23 所示的边线为移动方向，然后在系统的提示下，输入要移动的距离值 100，并按两次回车键确定。

Step5. 检查型芯与上模的干涉。

（1）在 ▼ DEFINE STEP (定义间距) 菜单中选择 Interference (干涉) 命令。

（2）在系统提示下，选取 移动1 命令。

（3）再选择 Static Part (静态零件) 命令，此时系统提示 ⇨ 选取统计零件。 （注：此处应翻译成"选择静止的模具零件"），从屏幕的模型中选取铸件，系统在信息区提示 ● 没有发现干扰。。

（4）选择 Done/Return (完成/返回) 命令，完成干涉检查。

Step6. 在 ▼ DEFINE STEP (定义间距) 菜单中选择 Done (完成) 命令，完成型芯的移动，移出后的型芯如图 7.24 所示。

图 7.23　选取移动方向　　　　　　　　　图 7.24　移出后的型芯

### Stage3．开模步骤 2：移动上模

Step1. 参照开模步骤 1 的操作方法，选取上模，选取图 7.25 所示的边线为移动方向，然后输入要移动的距离值 100。

Step2. 在 ▼ DEFINE STEP (定义间距) 菜单中选择 Done (完成) 命令，完成上模的移动。

图 7.25　移动上模

**Stage4．开模步骤 3：移动下模**

Step1．参考开模步骤 1 的操作方法，选取下模，选取图 7.26 所示的边线为移动方向，然后键入要移动的距离值-100。

Step2．在 ▼ DEFINE STEP（定义间距）菜单中选择 Done（完成）命令，完成下模的移动。

Step3．在 ▼ MOLD OPEN（模具开模）菜单中选择 Done/Return 完成/返回 命令，完成模具的开启。

移动后

选取此边线为移动方向

图 7.26　移动下模

Step4．保存设计结果。选择下拉菜单 文件(F) ➡ 📄 保存(S) 命令。

# 7.2　创建方法二（体积块法）

**方法简介：**

使用体积块法进行模具设计不需要设计分型面；采用体积块法进行该零件的模具设计思路主要是：首先，通过"聚集体积块"命令来收集出滑块体积块；其次，通过拉伸体积块来创建下模体积块；最后，通过"分割"命令来完成上下模的创建。

下面将介绍利用体积块方法进行模具设计的过程。图 7.27 所示为笔帽的模具开模图。

上模

浇注件

滑块体积块

下模

图 7.27　创建方法二

## Task1．新建一个模具制造模型，进入模具模块

Step1．将工作目录设置至 D:\proewf5.6\work\ch07。

Step2．新建一个模具型腔文件，命名为 pen_cap_mold；选取 mmns_mfg_mold 模板。

## Task2．建立模具模型

### Stage1．引入参照模型

Step1. 单击工具栏中的"模具型腔布局"按钮 ，系统弹出"打开"和"布局"对话框。

Step2. 从弹出的文件"打开"对话框中，选取三维零件模型笔帽——pen_cap.prt 作为参照零件模型，并将其打开，系统弹出"创建参照模型"对话框。

Step3. 在"创建参照模型"对话框中选中 ⊙ 按参照合并，然后在 参照模型 区域的 名称 文本框中接受默认的名称，再单击 确定 按钮。

Step4. 在"布局"对话框的 布局 区域中单击 ⊙ 单一 单选项，在"布局"对话框中单击 预览 按钮，结果如图 7.28 所示。

Step5. 调整模具坐标系。

（1）在"布局"对话框的 参照模型起点与定向 区域中单击 按钮，系统弹出"坐标系类型"菜单。

（2）定义坐标系类型。在"坐标系类型"菜单中选择 Dynamic (动态) 命令，系统弹出图 7.29 所示的"元件"窗口和"参考模型方向"对话框。

（3）旋转坐标系。在轴的区域中单击 Y 按钮，在"参考模型方向"对话框的 值 文本框中输入 90。

（4）在"参考模型方向"对话框中单击 确定 ；在"布局"对话框中单击 确定(0) 按钮；单击 Done/Return (完成/返回) 命令，完成坐标系的调整。结果如图 7.30 所示。

图 7.28　调整模具坐标系前

图 7.29　"元件"窗口

图 7.30　调整模具坐标系后

## Stage2. 创建坯料

自动创建图 7.31 所示的坯料，操作步骤如下：

Step1. 设置模型树的显示内容。在模型树界面中选择 🌳 ▼ ━━━➤ ≡ 树过滤器(F)... 命令；在弹出的"模型树项目"对话框中，选中 ☑ 特征 复选框，单击 确定 按钮。

Step2. 单击工具栏中的"自动工件"按钮 ▱ ，系统弹出"自动工件"对话框。

Step3. 在模型树中选择 ✖ MOLD_DEF_CSYS ，然后在"自动工件"对话框的 偏移 区域中的 统一偏移 文本框中输入数值 10，并按回车键。

图 7.31　模具模型

Step4. 单击 确定 按钮，完成坯料的创建。

## Task3. 设置收缩率

将参照模型收缩率设置为 0.006。

## Task4. 创建体积块

### Stage1. 创建图 7.32 所示的滑块体积块

Step1. 选择命令。在工具栏中单击"模具体积块"按钮 ，系统进入体积块创建模式。

Step2. 收集体积块。

（1）选择命令。选择下拉菜单 编辑(E) ➡️ 收集体积块... 命令，此时系统弹出"聚合步骤"菜单。

（2）定义选取步骤。在"聚合步骤"菜单在中选择 ☑ Select (选取) ➡️ ☑ Close (封闭) 复选框，单击 Done (完成) 命令，此时系统显示"聚合选取"菜单。

（3）定义聚合选取。

① 在"聚合选取"菜单中选择 Surf & Bnd (曲面和边界) ➡️ Done (完成) 命令。

② 定义种子曲面。在系统 选取一个种子曲面。 的提示下，先将鼠标指针移至模型中的目标位置并右击，在弹出的快捷菜单中选取 从列表中拾取 命令，系统弹出"从列表中拾取"对话框，在对话框中选择 曲面:F1(外部合并):PEN_CAP_MOLD_REF ，单击 确定(0) 按钮。

**说明：** 在列表框选项中选中 曲面:F1(外部合并):PEN_CAP_MOLD_REF 时，此时图 7.33 中的笔帽内部的底面会加亮，该底面就是所要选择的"种子面"。

图 7.32　滑块体积快　　　　　　　　图 7.33　定义种子面

③ 定义边界曲面。在系统 指定限制这些曲面的边界曲面。 的提示下，从列表中拾取图 7.34 所示的边界面。

图 7.34　定义边界面

④ 单击 确定(0) ━▶ Done Refs (完成参考) ━▶ Done/Return (完成/返回) 命令，此时系统显示"封合"菜单。

（4）定义封合类型。在"封合"菜单中选中 ☑ Cap Plane (顶平面) ━▶ ☑ All Loops (全部环) 复选框，单击 Done (完成) 命令，此时系统显示"封闭环"菜单。

（5）定义封闭环。根据系统 ⇨选取或创建一平面，盖住闭合的体积块。 的提示下，选取图 7.35 所示的平面为封闭面，此时系统显示"封合"菜单。

（6）在菜单栏中单击 Done (完成) ━▶ Done/Return (完成/返回) ━▶ Done (完成) 命令，完成收集体积块创建。

Step3. 在工具栏中单击"确定"按钮 ☑，完成下模体积块的创建。

### Stage2.　创建主体积块

Step1. 选择命令。在工具栏中单击"模具体积块"按钮 ⬛，系统进入体积块创建模式。

Step2. 选择命令。选择下拉菜单 插入(I) ━▶ ⬛拉伸(E)... 命令，此时系统弹出"拉伸"操控板。

Step3. 创建拉伸特征。

（1）定义草绘截面放置属性。在图形区右击，从弹出的菜单中选择 定义内部草绘... 命令；在系统 ⇨选取一个平面或曲面以定义草绘平面 的提示下，选取图 7.36 所示的坯料表面为草绘平面，接受默认的箭头方向为草绘视图方向，然后选取图 7.36 所示的坯料侧面为参照平面，方向为 右 。

图 7.35　定义封闭面

图 7.36　定义草绘平面

（2）截面草图。进入草绘环境后，选取图 7.37 所示的坯料边线和 MAIN_PARTING_PLN 基准平面为参考；绘制图 7.37 所示的截面草图（为一矩形），完成截面的绘制后，单击工具栏中的"完成"按钮 ☑。

（3）定义深度类型。在操控板中选取深度类型 ⊥（到选定的），选择图 7.38 所示的平面为拉伸终止面。

（4）在操控板中单击"完成"按钮 ✅，完成特征的创建。

Step4. 在工具栏中单击"确定"按钮 ✅，完成下模体积块的创建。

图 7.37 截面草图

图 7.38 拉伸终止面

## Task5. 分割模具体积块

### Stage1. 定义分割模具体积块

Step1. 选择命令。选择下拉菜单 编辑(E) ➡️ 分割... 命令，系统弹出"分割体积块"菜单。

Step2. 在系统弹出的 ▼ SPLIT VOLUME (分割体积块) 菜单中，选择 Two Volumes (两个体积块) ➡️ All Wrkpcs (所有工件) ➡️ Done (完成) 命令，此时系统弹出"分割"对话框和"选取"对话框。

Step3. 定义分割对象。选择 Task4 创建的滑块体积块为分割对象，单击"选取"对话框中的 确定(O) 按钮。

Step4. 单击"分割"对话框中的 确定 按钮。

Step5. 此时，系统弹出"属性"对话框，同时模型中的其余部分变亮，输入其余部分体积的名称 body_mold；单击 着色 按钮，可以预览图 7.39 所示分割创建的型腔；单击 确定 按钮，系统再次弹出"属性"对话框。

Step6. 在"属性"对话框中输入型芯模具元件体积的名称 slide_mold，单击 着色 按钮，可以预览图 7.40 所示的分割创建的滑块体积块，单击 确定 按钮。

图 7.39 型腔

图 7.40 滑块体积块

### Stage2. 用主体积块创建上下模腔的体积块

Step1. 选择下拉菜单 编辑(E) ➡️ 分割... 命令。

Step2. 在系统弹出的 ▼ SPLIT VOLUME (分割体积块) 菜单中，选择 Two Volumes (两个体积块)、Mold Volume (模具体积块) 和 Done (完成) 命令。

Step3. 在系统弹出的"搜索工具"对话框中，单击列表中的 面组:F10(BODY_MOLD) 体积块，

然后单击 >> 按钮，将其加入到已选取 0 个项目列表中，再单击 关闭 按钮。

Step4. 用"列表选取"的方法选取体积块。

（1）在系统 ⇨为分割所选的模型量选取分型面。 的提示下，先将鼠标指针移至模型中第一个镶块体积块的位置右击，从快捷菜单中选取 从列表中拾取 命令。

（2）在系统弹出的"从列表中拾取"对话框中，单击列表中的 面组:F8(MOLD_VOL_2)，然后单击 确定(O) 按钮，在"选取"对话框中单击 确定 按钮。

Step5. 单击"分割"对话框中的 确定 按钮。

Step6. 此时，系统弹出"属性"对话框，同时模型的上半部分变亮，在该对话框中单击 着色 按钮，在对话框中输入名称 upper_vol，单击 确定 按钮。

Step7. 此时，系统弹出"属性"对话框，同时模型的下半部分变亮，在该对话框中单击 着色 按钮，在对话框中输入名称 lower_vol，单击 确定 按钮。

## Task6.　抽取模具元件

Step1. 在 菜单管理器 的 ▼ MOLD (模具) 菜单中先选择 Mold Comp (模具元件) 命令，然后在系统弹出的 ▼ MOLD COMP (模具元件) 菜单中选择 Extract (抽取) 命令。

Step2. 在系统弹出的"创建模具元件"对话框中，选取体积块 LOWER_MOLD 、 UPPER_MOLD 和 SLIDE_MOLD，然后单击 确定 按钮。

Step3. 选择 Done/Return (完成/返回) 命令。

## Task7.　生成浇注件

浇注件的名称命名为 molding。

## Task8.　定义模具开启

步骤参照方法一。

# 实例 8  用两种方法进行模具设计（二）

图 8.1 所示为一个吹风机盖（BLOWER）的模型，该模型的表面有多个破孔，要使其能够顺利脱模，必须将破孔填补才能完成。本例将分别介绍采用分型面法和体积块法进行该模型的模具设计。通过对本实例的学习，读者将进一步熟悉模具设计的分型面法和体积块法。

图 8.1  零件模型

## 8.1  创建方法一（分型面法）

**方法简介：**

采用分型面方法进行该零件的模具设计思路：首先，通过种子面和边界面的选取方法复制出模型的内表面，并将模型中的破孔排除；其次，通过"拉伸"命令创建出分型面；然后，将两个曲面进行合并，并通过"延伸"命令来完成分型面的创建；最后，通过"分割"命令来完成上下模的创建。

下面将介绍利用分型面法进行模具设计的过程。图 8.2 为吹风机盖的模具开模图。

图 8.2  吹风机盖的模具开模图

## Task1. 新建一个模具制造模型文件，进入模具模块

Step1. 将工作目录设置至 D:\proewf5.6\work\ch08。

Step2. 新建一个模具型腔文件，命名为 blower_mold；选取 `mmns_mfg_mold` 模板。

## Task2．建立模具模型

在开始设计一个模具前，应先创建一个"模具模型"，模具模型包括参照模型（Ref Model）和坯料（Workpiece），如图 8.3 所示。

### Stage1．引入参照模型

Step1. 在 `▼ MOLD (模具)` 菜单中选择 `Mold Model (模具模型)` 命令。

Step2. 在 `▼ MOLD MODEL (模具模型)` 菜单中选择 `Assemble (装配)` 命令。

Step3. 在 `▼ MOLD MDL TYP (模具模型类型)` 菜单中选择 `Ref Model (参照模型)` 命令。

Step4. 从弹出的文件"打开"对话框中，选取三维零件模型 blower.prt 作为参照零件模型，并将其打开。

Step5. 在"元件放置"操控板的"约束"类型下拉列表框中选择 `■ 缺省`，将参照模型按默认放置，再在操控板中单击"完成"按钮 `✓`。

Step6. 在"创建参照模型"对话框中选中 `◎ 按参照合并`，然后在 `参照模型` 区域的 `名称` 文本框中接受默认的名称 BLOWER_MOLD_REF，再单击 `确定` 按钮。参照件组装完成后，模具的基准平面与参照模型的基准平面对齐，如图 8.4 所示。

图 8.3　参照模型和坯料

图 8.4　参照件组装完成后

### Stage2．创建坯料

Step1. 在 `▼ MOLD MODEL (模具模型)` 菜单中选择 `Create (创建)` 命令。

Step2. 在弹出的 `▼ MOLD MDL TYP (模具模型类型)` 菜单中选择 `Workpiece (工件)` 命令。

Step3. 在弹出的 `▼ CREATE WORKPIECE (创建工件)` 菜单中选择 `Manual (手动)` 命令。

Step4. 在"元件创建"对话框中，选中 `类型` 区域中的 `◎ 零件` 单选按钮，选中 `子类型` 区域中的 `◎ 实体` 单选按钮，在 `名称` 文本框中输入坯料的名称 wp，然后再单击 `确定` 按钮。

Step5. 在系统弹出的"创建选项"对话框中，选中 `◎ 创建特征` 单选按钮，然后再单击 `确定` 按钮。

Step6. 创建坯料特征。

（1）在菜单管理器中选择 `Solid (实体)` ➡ `Protrusion (伸出项)` 命令，在弹出的菜单中选择 `Extrude (拉伸)` ➡ `Solid (实体)` ➡ `Done (完成)` 命令，此时系统出现实体拉伸操控板。

（2）创建实体拉伸特征。

① 选取拉伸类型：在出现的操控板中，确认"实体"类型按钮 ▢ 被按下。

② 定义草绘截面放置属性：在绘图区中右击，从系统弹出的快捷菜单中选择 定义内部草绘... 命令。然后选择 MAIN_PARTING_PLN 基准平面作为草绘平面，草绘平面的参照平面为 MOLD_RIGHT 基准平面，方位为 右，单击 草绘 按钮。至此，系统进入截面草绘环境。

③ 进入截面草绘环境后，选取 MOLD_RIGHT 基准平面和 MOLD_ FRONT 基准平面为草绘参照，然后绘制截面草图（图 8.5）。完成特征截面的绘制后，单击工具栏中的"完成"按钮 ✔。

④ 选取深度类型并输入深度值。在操控板中单击 选项 按钮，从弹出的界面中选取 侧 1 的深度类型 ⯊，再在深度文本框中输入深度值 60.0，并按回车键；然后选取 侧 2 的深度类型 ⯊，再在深度文本框中输入深度值 30.0，并按回车键。

⑤ 完成特征。在操控板中单击"完成"按钮 ✔，完成特征的创建。

Step7. 选择 Done/Return (完成/返回) ➡ Done/Return (完成/返回) 命令。

## Task3. 设置收缩率

将参照模型收缩率设置为 0.006。

## Task4. 创建分型面

下面的操作是创建模具的分型曲面（图 8.6），其操作过程如下：

图 8.5　截面草图

图 8.6　创建分型曲面

Step1. 选择下拉菜单 插入(I) ➡ 模具几何 ▶ ➡ ▢ 分型面(S)... 命令。

Step2. 选择下拉菜单 编辑(E) ➡ 属性(R) 命令，在"属性"对话框中输入分型面名称 PT_SURF；单击对话框中的 确定 按钮。

**注意**：如果在下拉菜单 编辑(E) 不能选择 属性(R) 命令，需要先单击"重画"按钮 ▢，再选择下拉菜单 编辑(E) ➡ 属性(R) 命令，才能选中。

Step3. 为了方便选取图元，将坯料遮蔽。在模型树中右击 ▱ WP.PRT，从弹出的快捷菜单中选择 遮蔽 命令。

Step4. 通过曲面复制的方法，创建图 8.7 所示的复制曲面。

（1）采用"种子面与边界面"的方法选取所需要的曲面。用户分别选取种子面和边界面后，系统则会自动选取从种子曲面开始向四周延伸直到边界曲面的所有曲面（其中包括种子曲面，但不包括边界曲面）。在屏幕右下方的"智能选取栏"中选择"几何"选项。

（2）下面先选取"种子面"（Seed Surface），操作方法如下：

① 将模型调整到图 8.8 所示的视图方位，先将鼠标指针移至模型中的目标位置，即图 8.8 中的内表面（种子面）附近，右击，然后在弹出的快捷菜单中选取 从列表中拾取 命令。

图 8.7　创建复制曲面　　　　　　　图 8.8　定义种子面

② 在列表项中选取 曲面:F1(外部合并):BLOWER_MOLD_REF 项，此时图 8.8 中的内表面会加亮，该曲面就是所要选择的"种子面"。最后，在"从列表中拾取"对话框中单击 确定(0) 按钮。

（3）然后选取"边界面"（boundary surface），操作方法如下：

① 利用"模型显示"工具栏（一般位于软件界面的右上部）可以切换模型的显示状态。按下 ▢（隐藏线）按钮，将模型的显示状态切换到实线线框显示方式。

② 按住 Shift 键，选取图 8.9 中的三个曲面为边界面，此时图中所示的边界曲面会加亮。

图 8.9　定义边界面

③ 依次选取所有的边界面（全部加亮）后，松开 Shift 键，完成"边界面"的选取。操作完成后，整个模型内表面均被加亮，如图 8.10 所示。

（4）选择下拉菜单 编辑(E) ➡ 复制(C) 命令。

（5）选择下拉菜单 编辑(E) ➡ 粘贴(P) 命令。

（6）填补复制曲面上的破孔。在操控板中单击 选项 按钮，在"选项"界面中选中 ◉排除曲面并填充孔 单选按钮。

（7）在系统 选取要填充的任何数量的参照，如封闭轮廓(环)或曲面。 的提示下，选择图 8.11 中的破孔表面。

（8）单击操控板中的"完成"按钮 ✓。

图 8.10　加亮的曲面　　　　　　　　　图 8.11　选取破孔表面

**Step5.** 创建图 8.12 所示的延伸曲面 1。

（1）遮蔽参照件。在模型树中右击 <code>BLOWER_MOLD_MOLD_REF.PRT</code>，从弹出的快捷菜单中选择 <code>遮蔽</code> 命令。

（2）为了方便选取复制边线，在"模型显示"工具栏中按下 <code>□</code> 按钮，将模型的显示状态切换到实线线框显示方式。

（3）选取图 8.13 所示的边线为延伸边。

图 8.12　创建延伸曲面 1　　　　　　　图 8.13　选取延伸边

（4）选择下拉菜单 <code>编辑(E)</code> ➡ <code>□ 延伸(X)...</code> 命令，此时出现"延伸"操控板。

（5）将坯料取消遮蔽。

（6）选取延伸的终止面。

① 在操控板中按下按钮 <code>□</code>（延伸类型为将曲面延伸到参考平面）。

② 在系统 <code>➪选取曲面延伸所至的平面。</code> 的提示下，选取图 8.14 所示的坯料的表面为延伸的终止面。

③ 单击 <code>☑ ∞</code> 按钮，预览延伸后的面组；确认无误后，单击"完成"按钮 <code>☑</code>。完成后的延伸曲面如图 8.15 所示。

图 8.14　选取延伸的终止面　　　　　　图 8.15　完成后的延伸曲面

**Step6.** 创建延伸曲面 2。

（1）将坯料遮蔽。在模型树中右击 <code>WP.PRT</code>，从弹出的快捷菜单中选择 <code>遮蔽</code> 命令。

（2）选取图 8.16 所示的边线。

（3）选择下拉菜单 编辑(E) ➡ ⬛ 延伸(X)... 命令，此时出现"延伸"操控板。

图 8.16　选取延伸边

（4）将坯料取消遮蔽。

（5）选取延伸的终止面。

① 在操控板中按下按钮 ⬜（延伸类型为将曲面延伸到参考平面）。

② 在系统 ⬛选取曲面延伸所至的平面。 的提示下，选取图 8.17 所示的坯料的表面为延伸的终止面。

③ 单击"完成"按钮 ✔。完成后的延伸曲面如图 8.18 所示。

图 8.17　选取延伸的终止面　　　　图 8.18　完成后的延伸曲面

Step7. 创建图 8.19 所示的拉伸曲面 1。

图 8.19　创建拉伸曲面 1

（1）选择下拉菜单 插入(I) ➡ ⬛拉伸(E)... 命令，此时系统弹出"拉伸"操控板。

（2）定义草绘截面放置属性：右击，从弹出的菜单中选择 定义内部草绘... 命令；在系统 ⬛选取一个平面或曲面以定义草绘平面。 的提示下，选取图 8.20 所示的坯料前表面为草绘平面，接受图 8.20 中默认的箭头方向为草绘视图方向，然后选取图 8.20 所示的坯料底表面为参照平面，方向为 底部；单击 草绘 按钮，至此系统进入截面草绘环境。

（3）截面草图。选取图 8.21 所示的坯料的边线和复制曲面的边线为草绘参照；绘制如该图所示的截面草图（截面草图为一条线段）；完成截面的绘制后，单击工具栏中的"完成"按钮 ✔。

图 8.20　定义草绘平面　　　　　图 8.21　截面草图

（4）设置深度选项。

① 在操控板中选取深度类型 ⊥（到选定的）。

② 将模型调整到图 8.22 所示的视图方位，选取图中所示的坯料表面（背面）为拉伸终止面。

③ 在操控板中单击"完成"按钮 ✔，完成特征的创建。

图 8.22　选取拉伸终止面

Step8. 将图 8.23a 所示的复制面组（包含延伸部分）与 Step7 中创建的拉伸曲面进行合并。

（1）将坯料遮蔽。在模型树中右击 ⬛WP.PRT，从弹出的快捷菜单中选择 遮蔽 命令。

（2）按住 Ctrl 键，选取图 8.23a 所示的复制面组和拉伸曲面。

a）合并前　　　　　　　　　　　　　　　b）合并后

图 8.23　曲面合并

（3）选择下拉菜单 编辑(E) ➡ ⬛合并(G) 命令，此时系统弹出"合并"操控板。

（4）保留曲面的方向箭头，如图 8.24 所示。

图 8.24　选取保留曲面的方向

（5）在操控板中单击 选项 按钮，在"选项"界面中选中 ◉ 相交 单选按钮，单击"完成"按钮 ✔。

Step9. 在工具栏中单击"确定"按钮✔，完成分型面的创建。

Step10. 将坯料取消遮蔽。

## Task5．构建模具元件的体积块

Step1. 选择下拉菜单 编辑(E) ➡ 分割... 命令（即用"分割"的方法构建体积块）。

Step2. 在系统弹出的 ▼ SPLIT VOLUME (分割体积块) 菜单中，选择 Two Volumes (两个体积块)、All Wrkpcs (所有工件) 和 Done (完成) 命令，此时系统弹出"分割"信息对话框。

Step3. 选取分型面。在系统 ⇨为分割工件选取分型面。 的提示下，选取分型面 PT_SURF，然后单击"选取"对话框中的 确定 按钮。

Step4. 单击"分割"信息对话框中的 确定 按钮。

Step5. 系统弹出"属性"对话框，同时模型中的体积块的下半部分变亮，在该对话框中单击 着色 按钮，着色后的体积块如图 8.25 所示。然后在对话框中输入名称 lower_vol，单击 确定 按钮。

Step6. 系统弹出"属性"对话框，同时模型中的体积块的下半部分变亮，在该对话框中单击 着色 按钮，着色后的体积块如图 8.26 所示。然后在对话框中输入名称 upper_vol，单击 确定 按钮。

图 8.25　着色后的下半部分体积块

图 8.26　着色后的上半部分体积块

## Task6．抽取模具元件及生成浇注件

浇注件的名称命名为 BLOWER_MOLDING。

## Task7．定义开模动作

Step1. 将参照零件、坯料和分型面在模型中遮蔽起来，将模型切换到实体显示方式。

Step2. 开模步骤 1：移动上模，输入要移动的距离值 100，结果如图 8.27 所示。

选取此边线为移动方向

a）移动前　　　　　　　　　　　　b）移动后

图 8.27　移动上模

Step3. 开模步骤 2：移动下模，输入要移动的距离值-100，结果如图 8.28 所示。

选取此边线为移动方向
a）移动前　　　　　　　　　b）移动后

图 8.28　移动下模

Step4. 保存设计结果。选择下拉菜单 文件(F) ➡ 保存(S) 命令。

## 8.2　创建方法二（体积块法）

**方法简介：**

使用体积块法进行模具设计不需要设计分型面，直接通过零件建模的方式创建出体积块，即可抽取出模具元件，完成模具设计。使用该方法能够快捷地完成一些零件形状较为简单的模具设计。

采用体积块法进行该零件模具设计的主要思路：首先，通过"聚集体积块"命令来收集出下模体积块；其次，通过拉伸体积块来合并前面收集的下模体积块；最后，通过"分割"命令来完成上下模的创建。

下面将介绍利用体积块方法进行模具设计的过程。图 8.29 所示的为吹风机盖的模具开模图。

上模

浇注件

下模

图 8.29　创建方法二

**注意：** 操作前，务必拭除内存中的所有文件，否则可能会使后面的操作紊乱。其操作方法是：选择下拉菜单 文件(F) ➡ 关闭窗口(C) 命令，关闭所有窗口；选择下拉菜单 文件(F) ➡ 拭除(E)▶ ➡ 不显示(D)... 命令，拭除内存中的所有文件。

### Task1．新建一个模具制造模型，进入模具模块

Step1. 将工作目录设置至 D:\proewf5.6\work\ch08。

Step2. 新建一个模具型腔文件，命名为 blower_mold；选取 mmns_mfg_mold 模板。

### Task2. 建立模具模型

#### Stage1. 引入参照模型

Step1. 单击工具栏中的"模具型腔布局"按钮，系统弹出 "打开"和"布局"对话框。

Step2. 从弹出的文件"打开"对话框中，选取三维零件模型吹风机盖——blower.prt 作为参照零件模型，并将其打开，系统弹出"创建参照模型"对话框。

Step3. 在"创建参照模型"对话框中选中 ⊙ 按参照合并，然后在 参照模型名称 文本框中接受默认的名称，再单击 确定 按钮。

Step4. 在"布局"对话框的 布局 区域中单击 ⊙ 单一 单选项，在"布局"对话框中单击 预览 按钮，结果如图 8.30 所示。

Step5. 调整模具坐标系。

（1）在"布局"对话框中的 参照模型起点与定向 区域中单击 按钮，系统弹出"坐标系类型"菜单。

（2）定义坐标系类型。在"坐标系类型"菜单中选择 Dynamic （动态）命令，系统弹出图 8.31 所示的"元件"窗口和"参考模型方向"对话框，。

（3）旋转坐标系。在"参考模型方向"对话框的 值 文本框中输入 90。

**说明：** 在值文本框中输入 90 是绕着 X 轴旋转的。

（4）在"参考模型方向"对话框中单击 确定 ；在"布局"对话框中单击 确定 按钮；单击 Done/Return （完成/返回）命令，完成坐标系的调整。结果如图 8.32 所示。

图 8.30　调整模具坐标系前　　图 8.31　"元件"窗口　　图 8.32　调整模具坐标系后

#### Stage2. 创建坯料

自动创建图 8.33 所示的坯料，操作步骤如下：

图 8.33　模具模型

Step1. 设置模型树的显示内容。在模型树界面中选择 ···命令；在弹出的"模型树项目"对话框中选中 ☑ 特征 复选框，单击 确定 按钮。

Step2. 单击工具栏中的"自动工件"按钮 ▱，系统弹出"自动工件"对话框。

Step3. 在模型树中选择 ✗ MOLD_DEF_CSYS ，然后在"自动工件"对话框的 偏移 区域中的 统一偏移 文本框中输入数值 50，并按回车键。

Step4. 单击 确定 按钮，完成坯料的创建。

## Task3. 设置收缩率

将参照模型收缩率设置为 0.006。

## Task4. 创建体积块

Step1. 选择命令。在工具栏中单击"模具体积块"按钮 ◁，系统进入体积块创建模式。

Step2. 收集体积块。

（1）选择命令。选择下拉菜单 编辑(E) ➡ 收集体积块··· 命令，此时系统弹出"聚合步骤"菜单。

（2）定义选取步骤。在"聚合步骤"菜单在中选择 ☑ Select (选取) 、☑ Fill (填充) 和 ☑ Close (封闭) 复选框，单击 Done (完成) 命令，此时系统显示"聚合选取"菜单。

**说明：**为了方便在后面选取曲面，可以先将坯料遮蔽起来。

（3）定义聚合选取。

① 在"聚合选取"菜单中选择 Surfaces (曲面) ➡ Done (完成) 命令。然后在图形区选取模型的所有内表面，如图 8.34 所示的加亮曲面，单击 确定 按钮，单击 Done Refs (完成参考) 命令。

② 定义填充曲面。选取图 8.35 所示的模型内壁有破孔的一个面为填充面；单击 确定(O) ➡ Done Refs (完成参考) ➡ Done/Return (完成/返回) 命令，此时系统显示"封合"菜单。

图 8.34　定义选取面

③ 定义封合类型。在"封合"菜单中选中 ☑ Cap Plane（顶平面）➡ ☑ All Loops（全部环）复选框，单击 Done（完成）命令，此时系统显示"封闭环"菜单。

**说明：**此处需要将前面遮蔽坯料零件 ⬛ WF 去除遮蔽。

④ 定义封闭面。根据系统 ⇨选取或创建一平面，盖住闭合的体积块。 的提示下，选取图 8.36 所示的平面为封闭面，再次选取此封闭面，此时系统显示"封合"菜单。

⑤ 在菜单栏中单击 Done（完成）➡ Done/Return（完成/返回）➡ Done（完成）命令，完成收集体积块创建，结果如图 8.37 所示。

图 8.35　选取填充面　　　图 8.36　定义封闭环　　　图 8.37　收集体积块

**Step3.** 拉伸体积块。

（1）选择命令。选择下拉菜单 插入(I) ➡ 🔲 拉伸(E)... 命令，此时系统弹出"拉伸"操控板。

（2）定义草绘截面放置属性。在图形区右击，从弹出的菜单中选择 定义内部草绘... 命令；在系统 ⇨选取一个平面或曲面以定义草绘平面 的提示下，选取图 8.38 所示的坯料表面为草绘平面，接受默认的箭头方向为草绘视图方向，然后选取图 8.38 所示的坯料侧面为参照平面，方向为 右 。

（3）截面草图。进入草绘环境后，选取图 8.39 所示的坯料边线为参考；绘制图 8.39 所示的截面草图（为一矩形）；完成截面的绘制后，单击工具栏中的"完成"按钮 ✔。

图 8.38　定义草绘平面　　　　　图 8.39　截面草图

（4）定义深度类型。在操控板中选取深度类型 ⊥（到选定的），选择图 8.40 所示的面为拉伸终止面。

（5）在操控板中单击"完成"按钮 ✔，完成特征的创建。

**Step4.** 在工具栏中单击"确定"按钮 ✔，完成体积块的创建。结果如图 8.41 所示。

**说明：**在进入体积块模式下创建的所有特征都是属于同一个体积块，系统将自动将这些特征合并在一起。

图 8.40　拉伸终止面

图 8.41　体积块

## Task5．分割新的模具体积块

Step1. 选择命令。选择下拉菜单 编辑(E) ➡ 分割... 命令，系统弹出"分割体积块"菜单。

Step2. 在系统弹出的 ▼ SPLIT VOLUME (分割体积块) 菜单中，选择 Two Volumes (两个体积块) ➡
All Wrkpcs (所有工件) ➡ Done (完成) 命令，此时系统弹出"分割"对话框和"选取"对话框。

Step3. 定义分割对象。选择 Task4 创建的体积块为分割对象，单击"选取"对话框中的 确定(O) 按钮。

Step4. 在"分割"对话框中单击 确定 按钮。

Step5. 此时，系统弹出"属性"对话框，同时模型的下半部分变亮，在该对话框中单击 着色 按钮，着色后的模型如图 8.42 所示；然后在对话框中输入名称 lower_vol，单击 确定 按钮。

Step6. 此时，系统弹出"属性"对话框，同时模型的上半部分变亮，在该对话框中单击 着色 按钮，着色后的模型如图 8.43 所示；然后在对话框中输入名称 upper_vol，单击 确定 按钮。

图 8.42　着色后的下半部分体积块

图 8.43　着色后的上半部分体积块

## Task6．抽取模具元件

Step1. 选择命令。在 菜单管理器 的 ▼ MOLD (模具) 菜单中选择 Mold Comp (模具元件) 命令，在弹出的 ▼ MOLD COMP (模具元件) 菜单中选择 Extract (抽取) 命令。

Step2. 在系统弹出的"创建模具元件"对话框中，选取体积块 UPPER_VOL 和 LOWER_VOL，然后单击 确定 按钮。

Step3. 在系统提示文本框中单击 ✓ 按钮，接受系统默认名称；在 ▼ MOLD COMP (模具元件) 菜单栏中单击 Done/Return (完成/返回) 命令。

## Task7．生成浇注件

浇注件的名称命名为 molding。

## Task8．定义开模动作

步骤参照方法一。

# 实例 9　用两种方法进行模具设计（三）

在模具设计时，需要一些参照而参照模型中没有时，要对参照模型进行处理后，才能进行模具设计，在图 9.1 所示的打火机压盖（press）的模具设计中就涉及到这一点。本例将分别介绍采用分型面法和体积块法来进行该模型的模具设计。通过对本实例的学习，希望读者能够掌握分型面法和体积块法。

A 向

图 9.1　零件模型

## 9.1　创建方法一（分型面法）

**方法简介：**

采用分型面方法进行该零件模具设计的思路主要：首先，通过种子面和边界面的选取方法来复制出模型的外表面；其次，通过"拉伸"命令创建出分型面；再次，将前面创建的复制面和拉伸面进行合并；最后，通过"分割"命令来完成上下模的创建。

下面将介绍利用分型面法进行模具设计的过程。图 9.2 为打火机压盖的模具开模图。

下模（LOWER_VOL）

上模（UPPER_VOL）

浇注件（PRESS_MOLDING）

图 9.2　打火机压盖的模具设计

### Task1.　对参照模型进行处理

Step1.　选择下拉菜单 文件(F) ➡ 设置工作目录(W)... 命令，将工作目录设置至 D:\ proewf5.6\work\ch09。

Step2.　选择下拉菜单 文件(F) ➡ 打开(O)... 命令，打开文件 press.prt。

Step3. 单击  下拉菜单下的 **层树(L)**，出现模型的层，然后右击其中的 `⊞ ▭ :D1 PRT DEF DTM PLN`，在弹出的快捷菜单中选择 **取消隐藏**，最后单击 下拉菜单下的 **模型树(M)**。

Step4. 通过偏距平面的方法创建一个基准平面 DTM2，如图 9.3 所示。

（1）单击"平面"按钮 ▱。

（2）选取 FRONT 基准平面为参照平面，然后输入偏距的距离值 0.5（即 DTM2 平面在 FRONT 平面的下方），单击 **确定** 按钮。

Step5. 单击工具栏中的"保存"按钮 ▯。

Step6. 单击工具栏中的"关闭"按钮 ☒。

Step7. 单击工具栏中的"拭除不显示"按钮 ▱。

## Task2. 新建一个模具制造模型，进入模具模块

Step1. 在工具栏中单击"新建文件"按钮 ▯。

Step2. 在"新建"对话框中，选中 **类型** 区域中的 ⊙ 凷 **制造** 按钮，选中 **子类型** 区域中的 ⊙ **模具型腔** 按钮；在 **名称** 文本框中输入文件名 press_mold；取消 ☑ **使用缺省模板** 复选框中的"√"号；单击对话框中的 **确定** 按钮。

Step3. 在"新文件选项"对话框中选取 **mmns_mfg_mold** 模板，单击 **确定** 按钮。

## Task3. 建立模具模型

模具模型主要包括参照模型（Ref Model）和坯料（Workpiece），如图 9.4 所示。

图 9.3　创建 DTM2 基准平面　　　　　图 9.4　模具模型

### Stage1. 引入参照模型

Step1. 单击工具栏中的"模具型腔布局"按钮 ▱，系统弹出 "打开"和"布局"对话框。

Step2. 从弹出的文件"打开"对话框中，选取三维零件模型打火机压盖——**press.prt** 作为参照零件模型，并将其打开，系统弹出"创建参照模型"对话框。

Step3. 在"创建参照模型"对话框中选中 ⊙ **按参照合并**，然后在 **参照模型** 区域的 **名称** 文本框中接受默认的名称，再单击 **确定** 按钮。

Step4. 单击"布局"对话框中的 **预览** 按钮，可以观察到图 9.5a 所示的结果。

**说明**：此时图 9.5a 所示的拖动方向不是需要的结果，需要定义拖动方向。

Step5. 在"布局"对话框的 参照模型起点与定向 区域中单击 按钮，然后在 菜单管理器 菜单中选择 Dynamic (动态) 命令。

Step6. 在系统弹出的"参照模型方向"对话框的 值 文本框中输入数值 180，然后单击 确定 按钮。

Step7. 单击"布局"对话框中的 预览 按钮，定义后的拖动方向如图 9.5b 所示。

Step8. 单击 Done/Return (完成/返回) 命令。

a）定义前                                b）定义后

图 9.5   定义拖动方向

### Stage2. 定义坯料

Step1. 在 ▼ MOLD MODEL (模具模型) 菜单中选择 Create (创建) 命令。

Step2. 在弹出的 ▼ MOLD MDL TYP (模具模型类型) 菜单中选择 Workpiece (工件) 命令。

Step3. 在系统弹出的 ▼ CREATE WORKPIECE (创建工件) 菜单中选择 Manual (手动) 命令。

Step4. 在弹出的"元件创建"对话框中，选中 类型 区域中的 ⊙ 零件 ，选中 子类型 区域中的 ⊙ 实体 ；在 名称 文本框中输入坯料的名称 wp；单击 确定 按钮。

Step5. 在弹出的"创建选项"对话框中，选中 ⊙ 创建特征 单选按钮，然后单击 确定 按钮。

Step6. 创建坯料特征。

（1）在菜单中选择 Solid (实体) ➡ Protrusion (伸出项) 命令，在弹出的菜单中选择 Extrude (拉伸) ➡ Solid (实体) ➡ Done (完成) 命令，此时出现实体拉伸操控板。

（2）创建实体拉伸特征。

① 选取拉伸类型：在出现的操控板中，确认"实体"类型按钮 被按下。

② 定义草绘截面放置属性：在绘图区中右击，从快捷菜单中选择 定义内部草绘... 命令。系统弹出"草绘"对话框，然后选择参照模型 MOLD_FRONT 基准平面作为草绘平面，草绘平面的参照平面为 MAIN_PARTING_PLN 基准平面，方位为 左 ，单击 草绘 按钮，至此系统进入截面草绘环境。

③ 进入截面草绘环境后，系统弹出"参照"对话框，选取 MOLD_RIGHT 基准平面和 MAIN_PARTING_PLN 基准平面为草绘参照，然后单击 关闭(C) 按钮，绘制图 9.6 所示的截面草图。完成特征截面的绘制后，单击工具栏中的"完成"按钮 ✔ 。

④ 选取深度类型并输入深度值。在操控板中单击 选项 按钮，从弹出的界面中选取 侧 1 的深度类型 ⊔ ，再在深度文本框中输入深度值 15.0，并按回车键；然后选取 侧 2 的深度类型

![icon]，再在深度文本框中输入深度值 3.0，并按回车键。

图 9.6　截面草图

⑤ 完成特征。在操控板中单击"完成"按钮✔，完成特征的创建。

Step7. 选择 Done/Return (完成/返回) ➡ Done/Return (完成/返回) 命令。

## Task4．设置收缩率

将参照模型收缩率设置为 0.006。

## Task5．创建模具分型曲面

下面的操作是创建零件 press.prt 模具的主分型曲面（如图 9.7 所示），其操作过程如下：

Step1. 遮蔽坯料。在模型树中右击 📁 WP.PRT，从弹出的快捷菜单中选择 遮蔽 命令。

Step2. 选择下拉菜单 插入(I) ➡ 模具几何▶ ➡ 🔲 分型面(S)... 命令。

Step3. 选择下拉菜单 编辑(E) ➡ 属性(R) 命令，在"属性"对话框中输入分型面名称 ps_surf；单击对话框中的 确定 按钮。

A　　　　　　　　　　　A 向

图 9.7　创建分型曲面

Step4. 通过曲面"复制"的方法，复制参照模型的上表面，如图 9.8 所示。

（1）采用"种子面与边界面"的方法选取所需要的曲面。用户分别选取种子面和边界面后，系统则会自动选取从种子曲面开始向四周延伸直到边界曲面的所有曲面（其中包括种子曲面，但不包括边界曲面）。在屏幕右下方的"智能选取栏"中选择"几何"选项。

（2）下面先选取"种子面"（Seed Surface），操作方法如下：

① 将模型调整到图 9.9 所示的视图方位，先将鼠标指针移至模型中的目标位置，即图9.9 中的上表面（种子面）附近，右击，然后在弹出的快捷菜单中选取 从列表中拾取 命令。

图 9.8　创建复制曲面

种子面

图 9.9　定义种子面

② 选择 `曲面:F1(外部合并):PRESS_MOLD_REF` 元素，此时图 9.9 中的上表面会加亮，该底面就是所要选择的"种子面"。最后，在"从列表中拾取"对话框中单击 `确定(O)` 按钮。

（3）然后选取"边界面"（boundary surface），操作方法如下：

① 利用"模型显示"工具栏（一般位于软件界面的右上部）可以切换模型的显示状态。按下 `回`（隐藏线）按钮，将模型的显示状态切换到实线线框显示方式。

② 按住 Shift 键，选取图 9.10 所示的参照模型的四个曲面为边界面，此时图中所示的边界曲面会加亮。

③ 依次选取所有的边界面完毕（全部加亮）后，松开 Shift 键，然后按住 Ctrl 键选取图 9.11 所示的三个曲面，松开 Ctrl 键，完成"边界面"的选取。操作完成后，整个模型上表面均被加亮，如图 9.12 所示。

图 9.10　定义边界面　　　图 9.11　定义边界面　　　图 9.12　加亮的曲面

（4）选择下拉菜单 `编辑(E)` ➡ `复制(C)` 命令。

（5）选择下拉菜单 `编辑(E)` ➡ `粘贴(P)` 命令。

（6）单击操控板中的"完成"按钮 `✓`。

Step5. 通过"拉伸"的方法，创建图 9.13 所示的拉伸曲面。

（1）将坯料撤销遮蔽。在模型树中右击 `WP.PRT`，从弹出的快捷菜单中选择 `取消遮蔽` 命令。

（2）选择下拉菜单 `插入(I)` ➡ `拉伸(E)...` 命令，此时系统弹出"拉伸"操控板。

（3）定义草绘截面放置属性：右击，从弹出的菜单中选择 `定义内部草绘...` 命令；在系统 `选取一个平面或曲面以定义草绘平面。` 的提示下，选取图 9.14 所示的坯料表面 1 为草绘平面，接受默认的箭头方向为草绘视图方向，然后选取图 9.14 所示的坯料表面 2 为参照平面，方向为 `右`。

图 9.13　创建拉伸曲面

图 9.14　定义草绘平面

（4）截面草图。

① 选取图 9.15 所示的坯料的边线和 DTM2 为参照。

② 单击工具栏中的基准平面开/关按钮 ⬚，不显示基准平面。

③ 绘制图 9.15 所示的截面草图（截面草图为一条线段）；完成截面的绘制后，单击工具栏中的"完成"按钮 ✓。

（5）设置深度选项。

① 在操控板中选取深度类型 ⬓（到选定的）。

② 将模型调整到图 9.16 所示的视图方位，选取图中所示的坯料表面为拉伸终止面。

图 9.15　截面草图　　　　　　　　图 9.16　选取拉伸终止面

③ 在操控板中单击"完成"按钮 ✓，完成拉伸特征的创建。

Step6. 将复制面组与拉伸面组进行合并，如图 9.17 所示。

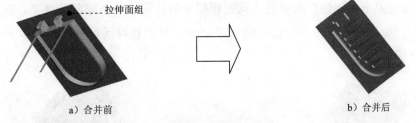

a）合并前　　　　　　　　　　　　b）合并后

图 9.17　合并面组

（1）遮蔽参照件和坯料。

（2）按住 Ctrl 键，选取复制面组和上一步创建的拉伸曲面。

（3）选择下拉菜单 编辑(E) ➡ 合并(G) 命令，系统"合并"操控板。

（4）在"合并"操控板中单击 ⟋，在模型中选取要合并的面组的侧。

（5）在操控板中单击 选项 按钮，在"选项"界面中选择 ◉ 相交 单选按钮，单击"完成"按钮 ✓。

Step7. 在工具栏中单击"确定"按钮 ✓，完成分型面的创建。

Step8. 在模型树中查看前面创建的分型面特征。

（1）在模型树界面中，选择 🔽 ➡ 树过滤器(F)... 命令。

（2）在系统弹出的"模型树项目"对话框中选中 ☑ 特征 复选框，然后单击该对话框中的 确定 按钮。此时，模型树中会显示分型面的三个曲面特征：复制曲面特征、拉伸曲面特征和合并曲面特征，通过在模型树上右击曲面特征，从弹出的快捷菜单中可以选择删除（Delete）、编辑定义（Edit Defintion）等命令进行相应的操作。

### Task6. 构建模具元件的体积块

Step1. 取消参照件和坯料遮蔽。

Step2. 选择下拉菜单 编辑(E) ➡️ 分割... 命令（即用"分割"方法构建体积块）。

Step3. 在系统弹出的 ▼ SPLIT VOLUME (分割体积块) 菜单中，依次选择 Two Volumes (两个体积块)、All Wrkpcs (所有工件) 和 Done (完成) 命令，此时系统弹出"分割"对话框和"选取"对话框。

Step4. 用"列表选取"的方法选取分型面。

（1）在系统 ⇨为分割工件选取分型面。 的提示下，先将鼠标指针移至模型中的分型面的位置右击，从快捷菜单中选取 从列表中拾取 命令。

（2）在"从列表中拾取"对话框中单击 面组:F7(PS_SURF) 分型面，然后单击 确定(0) 按钮。

（3）单击"选取"对话框中的 确定 按钮。

Step5. 单击"分割"信息对话框中的 确定 按钮。

Step6. 系统弹出"属性"对话框，同时模型中的体积块的上半部分变亮，在该对话框中单击 着色 按钮，着色后的体积块如图 9.18 所示。然后在对话框中输入名称 upper_vol，单击 确定 按钮。

Step7. 系统弹出"属性"对话框，同时模型中的体积块的下半部分变亮，在该对话框中单击 着色 按钮，着色后的体积块如图 9.19 所示。然后在对话框中输入名称 lower_vol，单击 确定 按钮。

图 9.18　着色后的上半部分体积块

图 9.19　着色后的下半部分体积块

### Task7. 抽取模具元件及生成浇注件

浇注件的名称命名为 press_molding。

### Task8. 定义开模动作

Step1. 将参照零件、坯料和分型面在模型中遮蔽起来，将模型的显示状态切换到实体显示方式。

Step2. 开模步骤 1: 移动上模。输入要移动的距离值–10，移出后的状态如图 9.20 所示。

图 9.20　移动上模

Step3. 开模步骤 2：移动下模。输入要移动的距离值 25，移出后的状态如图 9.21 所示。完成下模的开模动作。

图 9.21　移动下模

Step4. 选择下拉菜单 文件(F) ➡ 💾保存(S) 命令，保存设计结果。

## 9.2　创建方法二（体积块法）

**方法简介：**

　　采用体积块法进行该零件模具设计的主要思路：先创建出模具的主体积块；然后，通过"分割"及"抽取"命令来完成上下模体积块的创建。

　　下面将介绍利用体积块方法进行模具设计的过程。图 9.22 所示的为打火机压盖的模具开模图。

图 9.22　创建方法二

　　**注意**：操作前，务必拭除内存中的所有文件，否则可能会使后面的操作紊乱。其操作方法是：选择下拉菜单 文件(F) ➡ ✖关闭窗口(C) 命令，关闭所有窗口；选择下拉菜单 文件(F) ➡ 拭除(E) ▶ ➡ 🔖不显示(D)... 命令，拭除内存中的所有文件。

### Task1. 新建一个模具制造模型

Step1. 将工作目录设置至 D:\proewf5.6\work\ch09。

Step2. 新建一个模具型腔文件，命名为 press_mold；选取 mmns_mfg_mold 模板。

### Task2. 建立模具模型

#### Stage1. 引入参照模型

步骤参见方法一。

#### Stage2. 创建坯料

自动创建图 9.23 所示的坯料，操作步骤如下：

图 9.23　模具模型

Step1. 设置模型树的显示内容。在模型树界面中，选择 🎁▾ ➡ ▤ 树过滤器(F)... 命令；在弹出的"模型树项目"对话框中，选中 ☑ 特征 复选框，单击 确定 按钮。

Step2. 单击工具栏中的"自动工件"按钮 🔲，系统弹出"自动工件"对话框。

Step3. 在模型树中选择 ⚒ MOLD_DEF_CSYS ，然后在"自动工件"对话框的 偏移 区域的 统一偏移 文本框中输入数值 5。

Step4. 单击 确定 按钮，完成坯料的创建。

### Task3. 设置收缩率

将参照模型收缩率设置为 0.006。

### Task4. 创建体积块

Step1. 选择命令。在工具栏中单击"模具体积块"按钮 🖫，系统进入体积块创建模式。

Step2. 拉伸体积块。

（1）选择命令。选择下拉菜单 插入(I) ➡ 🔲 拉伸(E)... 命令，此时系统弹出"拉伸"操控板。

（2）定义草绘截面放置属性。在图形区右击，从弹出的菜单中选择 定义内部草绘... 命令；在系统 ⇨选取一个平面或曲面以定义草绘平面. 的提示下，选取图 9.24 所示的坯料表面为草绘平面，箭头方向为草绘视图方向，然后选取图 9.24 所示的坯料侧面为参照平面，方向为 **右** 。

（3）截面草图。进入草绘环境后，选取图 9.25 所示的边线为参考；绘制图 9.25 所示的截面草图（为一矩形），完成截面的绘制后，单击工具栏中的"完成"按钮 **✔** 。

（4）定义深度类型。在操控板中选取深度类型 **⊥**（到选定的），选择图 9.26 所示的面为拉伸终止面。

（5）在操控板中单击"完成"按钮 **✔**，完成特征的创建。

Step3. 在工具栏中单击"确定"按钮 **✔**，完成体积块的创建。

图 9.24　定义草绘平面　　　　　　　　图 9.25　截面草图

## Task5.　分割新的模具体积块

Step1. 选择命令。选择下拉菜单 **编辑(E)** ➡ **分割...** 命令，系统弹出"分割体积块"菜单。

Step2. 在系统弹出的 **▼ SPLIT VOLUME (分割体积块)** 菜单中，选择 **Two Volumes (两个体积块)** ➡ **All Wrkpcs (所有工件)** ➡ **Done (完成)** 命令，此时系统弹出"分割"对话框和"选取"对话框。

Step3. 定义分割对象。选择 Task4 创建的体积块为分割对象，单击"选取"对话框中的 **确定(O)** 按钮。

Step4. 在"分割"对话框中单击 **确定** 按钮。

Step5. 此时系统弹出"属性"对话框，同时模型的下半部分变亮，在该对话框中单击 **着色** 按钮，着色后的模型如图 9.27 所示；然后，在对话框中输入名称 lower_vol，单击 **确定** 按钮。

Step6. 此时系统弹出"属性"对话框，同时模型的上半部分变亮，在该对话框中单击 **着色** 按钮，着色后的模型如图 9.28 所示；然后，在对话框中输入名称 upper_vol，单击 **确定** 按钮。

图 9.26　拉伸终止面　　　　图 9.27　着色后的下半部分体积块　　　　图 9.28　着色后的上半部分体积块

## Task6. 抽取模具元件

Step1. 选择命令。在 菜单管理器 的 ▼ MOLD (模具) 菜单中选择 Mold Comp (模具元件) 命令，在弹出的 ▼ MOLD COMP (模具元件) 菜单中选择 Extract (抽取) 命令。

Step2. 在系统弹出的"创建模具元件"对话框中，选取体积块 UPPER_VOL 和 LOWER_VOL，然后单击 确定 按钮。

Step3. 在系统提示文本框中单击 ✓ 按钮，接受系统默认名称；在 ▼ MOLD COMP (模具元件) 菜单栏中单击 Done/Return (完成/返回) 命令

## Task7. 生成浇注件

浇注件的名称命名为 molding。

## Task8. 定义开模动作

步骤参见方法一。

# 实例 10 用两种方法进行模具设计（四）

本实例将讲述一个图 10.1 所示具有复杂外形的模具设计，对该模具的设计仍将介绍两种方法：分型面法和体积块法。通过对本实例的学习，希望读者能够体会出这两种方法的设计精髓之处，并能根据实际情况的不同，灵活地进行运用。

图 10.1　零件模型

## 10.1　创建方法一（分型面法）

**方法简介：**

采用分型面方法进行该零件模具的设计思路与前面的两个实例相类似，不同的是，使用种子面和边界面的选取方法较为复杂，希望读者从本实例中可以完全掌握这种快速选取面的方法，并可以灵活运用。

下面将介绍利用分型面法进行模具设计的过程。图 10.2 为模具零件的开模图。

图 10.2　具有复杂外形的模具设计

### Task1. 新建一个模具制造模型文件

Step1. 将工作目录设置至 D:\proewf5.6\work\ch10。

Step2. 新建一个模具型腔文件，命名为 handle-body_mold；选取 `mmns_mfg_mold` 模板。

## Task2. 建立模具模型

### Stage1. 引入参照模型

Step1. 在 `MOLD (模具)` 菜单中选择 `Mold Model (模具模型)` 命令，在 `MOLD MODEL (模具模型)` 菜单中选择 `Assemble (装配)` 命令，在 `MOLD MDL TYP (模具模型类型)` 菜单中选择 `Ref Model (参照模型)` 命令。

Step2. 从弹出的文件"打开"对话框中，选取三维零件——handle-body.prt 作为参照零件模型，并将其打开。

Step3. 在"元件放置"操控板的"约束"类型下拉列表框中选择 `缺省`，将参照模型按默认放置，再在操控板中单击"完成"按钮 `✓`。

Step4. 系统弹出"创建参照模型"对话框，在该对话框中选中 `按参照合并` 单选按钮，然后在 `参照模型` 区域的 `名称` 文本框中接受默认的名称 HANDLE-BODY_MOLD_REF，再单击 `确定` 按钮。

### Stage2. 创建坯料

手动创建图 10.3 所示的坯料，操作步骤如下：

Step1. 在 `MOLD MODEL (模具模型)` 菜单中选择 `Create (创建)` 命令。

Step2. 在弹出的 `MOLD MDL TYP (模具模型类型)` 菜单中选择 `Workpiece (工件)` 命令。

Step3. 在弹出的 `CREATE WORKPIECE (创建工件)` 菜单中选择 `Manual (手动)` 命令。

Step4. 在系统弹出的"元件创建"对话框的 `类型` 区域下选中 `零件` 单选按钮，在 `子类型` 区域下选中 `实体` 单选按钮，在 `名称` 文本框中输入坯料的名称 wp，然后再单击 `确定` 按钮。

Step5. 在系统弹出的"创建选项"对话框中，选中 `创建特征` 单选按钮，然后再单击 `确定` 按钮。

Step6. 创建坯料特征。

（1）在菜单管理器中选择 `Solid (实体)` ➡ `Protrusion (伸出项)` 命令，然后在弹出的菜单中选择 `Extrude (拉伸)` ➡ `Solid (实体)` ➡ `Done (完成)` 命令，此时系统出现实体拉伸操控板。

（2）创建实体拉伸特征。

① 选取拉伸类型。在出现的操控板中，确认"实体"类型按钮 `□` 被按下。

② 定义草绘截面放置属性。在绘图区中右击，从弹出的快捷菜单中，选择 `定义内部草绘...` 命令。选择 MOLD_FRONT 基准平面作为草绘平面，草绘平面的参照平面为 MOLD_RIGHT 基准平面，方位为 `右`；单击 `草绘` 按钮，至此系统进入截面草绘环境。

③ 绘制截面草图。进入截面草绘环境后，选取 MOLD_RIGHT 和 MAIN_PARTING_PLN

基准平面为草绘参照，截面草图如图 10.4 所示；完成特征截面的绘制后，单击工具栏中的
"完成"按钮 ✓ 。

图 10.3　模具模型　　　　　　　　　　图 10.4　截面草图

④ 选取深度类型并输入深度值。在操控板中单击 选项 按钮，从弹出的界面中选取 侧 1 的
深度类型 ⊔ ，再在深度文本框中输入深度值 35.0，并按回车键；然后选取 侧 2 的深度类型
⊔ ，再在深度文本框中输入深度值 12.0，并按回车键。

⑤ 完成特征。在操控板中单击"完成"按钮 ✓ ，完成特征的创建。

Step7. 选择 Done/Return (完成/返回) ➡ Done/Return (完成/返回) 命令。

## Task3. 设置收缩率

将参照模型收缩率设置为 0.006。

## Task4. 创建分型面

下面的操作是创建模具的分型曲面（图 10.5），其操作过程如下：

从 A 向查看

A 向

图 10.5　创建分型曲面

Step1. 选择下拉菜单 插入(I) ➡ 模具几何 ▶ ➡ 🗇 分型面(S)... 命令。

Step2. 选择下拉菜单 编辑(E) ➡ 属性(R) 命令，在"属性"对话框中输入分型面名
称 PS_SURF；单击对话框中的 确定 按钮。

Step3. 为了方便选取图元，将坯料遮蔽。在模型树中右击 🗇 WP.PRT ，从弹出的快捷菜
单中选择 遮蔽 命令。

Step4. 通过曲面复制的方法，复制参照模型上的外表面，如图 10.6 所示。

（1）采用"种子面与边界面"的方法选取所需要的曲面。用户分别选取种子面和边界
面后，系统会自动选取从种子曲面开始向四周延伸直到边界曲面的所有曲面（其中包括种

子曲面，但不包括边界曲面）。在屏幕右下方的"智能选取栏"中选择"几何"选项。

（2）下面先选取"种子面"，操作方法如下：

① 利用"模型显示"工具栏（一般位于软件界面的右上部）可以切换模型的显示状态。按下⬚按钮，将模型的显示状态切换到实线线框显示方式。

② 将模型调整到图 10.7 所示的视图方位，先将鼠标指针移至模型中的目标位置，即图 10.7 中 handle-body 伸出的长圆柱的外表面（种子面）附近，右击，然后在弹出的快捷菜单中选取 从列表中拾取 命令。

③ 选择目的曲面:F1(外部合并):HANDLE-BODY_MOLD_REF 元素，此时图 10.7 中的 handle-body 伸出的长圆柱的外表面会加亮，该圆柱表面就是所要选择的"种子面"。最后，在"从列表中拾取"对话框中单击 确定(0) 按钮。

图 10.6 创建复制曲面

图 10.7 定义种子面

（3）然后选取"边界面"（boundary surface），操作方法如下：

① 按住 Shift 键，选取图 10.8 中的 handle-body 整个端面为边界面，此时图中的整个端面会加亮。

② 依次选取所有的边界面（全部加亮）后，松开 Shift 键，完成"边界面"的选取。操作完成后，整个模型上表面均被加亮，如图 10.9 所示。

图 10.8 定义边界面

图 10.9 加亮的曲面

**注意**：在选取"边界面"的过程中，要保证 Shift 键始终被按下，直至所有"边界面"均选取完毕，否则不能达到预期的效果。

（4）选择下拉菜单 编辑(E) ➡ 复制(C) 命令。

（5）选择下拉菜单 编辑(E) ➡ 粘贴(P) 命令。

（6）单击操控板中的"完成"按钮✓。

Step5. 通过"拉伸"的方法，创建图 10.10 所示的拉伸曲面。

（1）将坯料撤销遮蔽。在模型树中右击 WP.PRT，从弹出的快捷菜单中选择 取消遮蔽 命令。

（2）选择下拉菜单 插入(I) ➡ 拉伸(E)... 命令，此时系统弹出"拉伸"操控板。

（3）定义草绘截面放置属性：右击，从弹出的菜单中选择 定义内部草绘... 命令；在系统 ⇨选取一个平面或曲面以定义草绘平面。 的提示下，选取图 10.11 所示的坯料表面 1 为草绘平面，接受图 10.11 中默认的箭头方向为草绘视图方向，然后选取图 10.11 所示的坯料表面 2 为参照平面，方向为 右 。

图 10.10　创建拉伸曲面

图 10.11　定义草绘平面

（4）绘制截面草图。

①　选取图 10.12 所示的坯料的边线。

②　单击 下拉菜单下的 层树(L)，然后单击 HANDLE-BODY_MOLD_REF.PRT，再单击 DATUM 前的加号，选择 DTM2:F1(外部合并) 为草绘参照；最后单击 下拉菜单下的 模型树(M)。

③　绘制图 10.12 所示的截面草图（截面草图为一条线段）；完成截面的绘制后，单击工具栏中的"完成"按钮 。

（5）设置深度选项。

①　在操控板中选取深度类型 （到选定的）。

②　将模型调整到图 10.13 所示的视图方位，选取图中所示的坯料表面为拉伸终止面。

③　在操控板中单击"完成"按钮 ，完成特征的创建。

图 10.12　截面草图　　　　　　　　图 10.13　选取拉伸终止面

Step6. 将复制面组与拉伸面组进行合并，如图 10.14 所示。

（1）遮蔽参照件和坯料。单击工具栏上的 按钮，系统弹出"遮蔽－取消遮蔽"对话框，在该对话框中按下 元件 按钮，单击对话框下方的"全选"按钮 ，此时 HANDLE-BODY_MOLD_REF 和 WP.PRT 被选中，再单击下方的 遮蔽 按钮，最后单击 关闭按钮。

a）合并前        b）合并后

图 10.14 合并面组

（2）按住 Ctrl 键，选取复制面组和上一步创建的拉伸曲面。

（3）选择下拉菜单 编辑(E) ➡ 合并(G) 命令，系统"合并"操控板。

（4）在"合并"操控板中单击 按钮，在模型中选取要合并的面组的侧。

（5）在操控板中单击 选项 按钮，在"选项"界面中选择 相交 单选按钮。

（6）单击 按钮，预览合并后的面组；确认无误后，单击"完成"按钮 。

Step7. 将合并后的表面延伸至坯料的表面。

（1）为了方便选取复制边线，利用"模型显示"工具栏（一般位于软件界面的右上部）可以切换模型的显示状态。按下 按钮，将模型的显示状态切换到实线线框显示方式。

（2）如图 10.15 所示，首先选取第一段边线。

放大图

整个加亮边线为延伸边

首先选取此边线

图 10.15 选取延伸边

**注意：** 必须随着选取的第一条线段，依次选取图 10.15 中所加亮的线段，线段之间不能间隔，否则无法选取加亮线段。

（3）选择下拉菜单 编辑(E) ➡ 延伸(X)... 命令，此时出现"延伸"操控板。

（4）在操控板中单击 参照 按钮，在"参照"界面中单击 细节.... 按钮，此时系统弹出"链"对话框。

（5）按住 Ctrl 键，选取图 10.15 中所加亮的线段。

（6）将坯料的遮蔽取消。

（7）选取延伸的终止面。

① 在操控板中按下按钮 （延伸类型为"将曲面延伸到参考平面"）。

② 在系统 选取曲面延伸所至的平面。 的提示下，选取图 10.16 所示的坯料的表面为延伸的

终止面。

③ 单击 ▣⚭ 按钮，预览延伸后的面组；确认无误后，单击"完成"按钮 ☑。完成后的延伸曲面如图 10.17 所示。

图 10.16　选取延伸的终止面

图 10.17　完成后的延伸曲面

**Step8.** 在工具栏中单击"确定"按钮 ☑，完成分型面的创建。

## Task5．构建模具元件的体积块

**Step1.** 选择下拉菜单 编辑(E) ➡ 分割... 命令（即用"分割"的方法构建体积块）。

**Step2.** 在系统弹出的 ▼SPLIT VOLUME (分割体积块) 菜单中，选择 Two Volumes (两个体积块)、All Wrkpcs (所有工件) 和 Done (完成) 命令，此时系统弹出"分割"信息对话框。

**Step3.** 选取分型面。在系统 ⇨为分割工件选取分型面。 的提示下，选取分型面 PS_SURF，然后单击"选取"对话框中的 确定 按钮。

**Step4.** 单击"分割"信息对话框中的 确定 按钮。

**Step5.** 系统弹出"属性"对话框，同时模型中的体积块的上半部分变亮，在该对话框中单击 着色 按钮，着色后的体积块如图 10.18 所示。然后在对话框中输入名称 upper_vol，单击 确定 按钮。

**Step6.** 系统弹出"属性"对话框，同时模型中的体积块的下半部分变亮，在该对话框中单击 着色 按钮，着色后的体积块如图 10.19 所示。然后在对话框中输入名称 lower_vol，单击 确定 按钮。

图 10.18　着色后的上半部分体积块

图 10.19　着色后的下半部分体积块

## Task6．抽取模具元件及生成浇注件

浇注件的名称命名为 handle-body_molding。

### Task7. 定义开模动作

Step1. 将参照零件、坯料和分型面在模型中遮蔽起来，将模型的显示状态切换到实体显示方式。

Step2. 开模步骤 1: 移动上模，输入要移动的距离值-30，结果如图 10.20 所示。

图 10.20　移动上模

Step3. 开模步骤 2：移动下模，输入要移动的距离值 25，结果如图 10.21 所示。

图 10.21　移动下模

## 10.2　创建方法二（体积块法）

**方法简介：**

采用体积块法进行该零件模具设计的思路：首先，通过"模具体积块"命令来创建出主体积块；其次，通过前面创建出的主体积块来完成上下模的创建；最后，进行模具的开模。

下面将介绍利用体积块方法进行模具设计的过程。图 10.22 为模具零件的开模图。

上模

下模

浇注件

图 10.22　创建方法二

**注意：** 操作前，务必拭除内存中的所有文件，否则可能会使后面的操作紊乱。其操作方法是：选择下拉菜单 文件(F) ➡ ✕ 关闭窗口(C) 命令，关闭所有窗口；选择下拉菜单 文件(F) ➡ 拭除(E)▶ ➡ 📄 不显示(D)... 命令，拭除内存中的所有文件。

## Task1. 新建一个模具制造模型，进入模具模块

Step1. 将工作目录设置至 D:\proewf5.6\work\ch10

Step2. 新建一个模具型腔文件，命名为 handle-body_mold；选取 mmns_mfg_mold 模板。

## Task2. 建立模具模型

### Stage1. 引入参照模型

Step1. 单击工具栏中的"模具型腔布局"按钮 ⬚，系统弹出"打开"和"布局"对话框。

Step2. 从弹出的文件"打开"对话框中，选取三维零件模型——handle-body.prt 作为参照零件模型，并将其打开，系统弹出"创建参照模型"对话框。

Step3. 在"创建参照模型"对话框中选中 ⦿ 按参照合并，然后在 参照模型 区域的 名称 文本框中接受默认的名称，再单击 确定 按钮。

Step4. 在"布局"对话框的 布局 区域中单击 ⦿ 单一 单选项，在"布局"对话框中单击 预览 按钮，结果如图 10.23 所示。

Step5. 调整模具坐标系。

（1）在"布局"对话框的 参照模型起点与定向 区域中单击 �k 按钮，系统弹出"坐标系类型"菜单。

（2）定义坐标系类型。在"坐标系类型"菜单中选择 Dynamic (动态) 命令，系统弹出"元件"窗口和"参考模型方向"对话框。

（3）旋转坐标系。在轴的区域中单击 Y 按钮，在"参考模型方向"对话框的 值 文本框中输入 90。

（4）在"参考模型方向"对话框中单击 确定；在"布局"对话框中单击 确定(O) 按钮；单击 Done/Return (完成/返回) 命令，完成坐标系的调整，结果如图 10.24 所示。

图 10.23　调整模具坐标系前　　　　图 10.24　调整模具坐标系后

### Stage2. 创建坯料

自动创建图 10.25 所示的坯料，操作步骤如下：

图 10.25　模具模型

Step1. 设置模型树的显示内容。在模型树界面中，选择 　　　 ▶ 　　树过滤器(F)... 命令；在弹出的"模型树项目"对话框中选中 ☑ 特征 复选框，单击 确定 按钮。

Step2. 单击工具栏中的"自动工件"按钮 　　，系统弹出"自动工件"对话框。

Step3. 在模型树中选择 MOLD_DEF_CSYS ，然后在"自动工件"对话框的 偏移 区域中的 统一偏移 文本框中输入数值 5。

Step4. 单击 确定 按钮，完成坯料的创建。

## Task3. 设置收缩率

将参照模型收缩率设置为 0.006。

## Task4. 创建主体积块

### Stage1. 创建一个基准平面

这里要创建的基准平面 ADTM1，将作为后面体积块的参照平面。ADTM1 位于坯料的中间位置。

Step1. 创建图 10.26 所示的基准点 APNT0。

① 单击创建"点"按钮 　　。

② 在图 8.26 中选取坯料的边线。

③ 在"基准点"对话框的下拉列表中选取 居中 选项。

④ 在"基准点"对话框中单击 确定 按钮。

图 10.26　创建基准点 APNT0

**Step2.** 穿过基准点 APNT0，创建图 10.27 所示的基准平面 ADTM1。操作过程如下：

① 单击工具栏中的创建"平面"按钮 ▱ 。

② 选取基准点 APNT0。

③ 按住 Ctrl 键，选择图 10.28 所示的基准平面。

④ 在"基准平面"对话框中单击 确定 按钮。

图 10.27　创建基准平面 DTM1　　　　图 10.28　选取面

### Stage2．创建第一个体积块

**Step1.** 选择命令。在工具栏中单击"模具体积块"按钮 ，系统进入体积块创建模式。

**Step2.** 拉伸主体积块。

（1）选择命令。选择下拉菜单 插入(I) ➡ 拉伸(E)... 命令，此时系统弹出"拉伸"操控板。

（2）定义草绘截面放置属性。在图形区右击，从弹出的菜单中选择 定义内部草绘... 命令；在系统 选取一个平面或曲面以定义草绘平面 的提示下，选取图 10.29 所示的坯料表面为草绘平面，接受默认的箭头方向为草绘视图方向，然后选取图 10.29 所示的坯料侧面为参照平面，方向为 右 。

图 10.29　定义草绘平面

（3）截面草图。进入草绘环境后，选取图 10.30 所示的坯料边线为参考；绘制图 10.30 所示的截面草图，完成截面的绘制后，单击工具栏中的"完成"按钮 ✔ 。

图 10.30    截面草图

（4）定义深度类型。在操控板中选取深度类型 ⊥（到选定的），选择图 10.31 所示的面为拉伸终止面。

（5）在操控板中单击"完成"按钮 ✓，完成特征的创建。

Step3. 在工具栏中单击"确定"按钮 ✓，完成体积块的创建，结果如图 10.32 所示。

图 10.31    拉伸终止面                    图 10.32    主体积块

### Stage3. 创建镶件体积块

Step1. 选择命令。在工具栏中单击"模具体积块"按钮 🔊，系统进入体积块创建模式。

Step2. 拉伸镶件体积块一。

（1）选择命令。选择下拉菜单 插入(I) ➡ 拉伸(E)... 命令，此时系统弹出"拉伸"操控板。

（2）定义草绘截面放置属性。在图形区右击，从弹出的菜单中选择 定义内部草绘... 命令；在系统 ⇨选取一个平面或曲面以定义草绘平面 的提示下，选取图 10.33 所示的坯料表面为草绘平面，接受默认的箭头方向为草绘视图方向，然后选取图 10.33 所示的坯料侧面为参照平面，方向为 顶。

（3）截面草图。进入草绘环境后，利用"使用"命令绘制图 10.34 所示的截面草图；完成截面的绘制后，单击工具栏中的"完成"按钮 ✓。

图 10.33    定义草绘平面                  图 10.34    截面草图

（4）定义深度类型。在操控板中选取深度类型 ⊥（到选定的），选择图 10.35 所示的面为拉伸终止面。

（5）在操控板中单击"完成"按钮✅，完成特征的创建，结果如图 10.36 所示。

图 10.35    拉伸终止面

图 10.36    镶件体积块一

**Step3.** 拉伸镶件体积块二。

（1）选择命令。选择下拉菜单 插入(I) ➡ 拉伸(E)... 命令，此时系统弹出"拉伸"操控板。

（2）定义草绘截面放置属性。在图形区右击，从弹出的菜单中选择 定义内部草绘... 命令；在系统 ➡选取一个平面或曲面以定义草绘平面。的提示下，选取图 10.37 所示的坯料表面为草绘平面，接受默认的箭头方向为草绘视图方向，然后选取图 10.37 所示的坯料侧面为参照平面，方向为 顶。

（3）截面草图。进入草绘环境后，选取图 10.38 所示的坯料边线为参考；绘制图 10.38 所示的截面草图，完成截面的绘制后，单击工具栏中的"完成"按钮✅。

图 10.37    定义草绘平面                                图 10.38    截面草图

（4）定义深度类型。在操控板中选取深度类型 ⊥，在深度文本框中输入深度值 5.0。

（5）在操控板中单击完成按钮✅，完成特征的创建。

**Step4.** 在工具栏中单击"确定"按钮✅，完成体积块的创建。

**说明：** 在进入体积块模式下创建的所有特征都是属于同一个体积块，系统将自动将这些特征合并在一起。

### Task5.  分割新的模具体积块

### Stage1.  用主体积块分割上、下模

**Step1.** 选择命令。选择下拉菜单 编辑(E) ➡ 分割... 命令，系统弹出"分割体积块"菜单。

**Step2.** 在系统弹出的 ▼ SPLIT VOLUME (分割体积块) 菜单中，选择 Two Volumes (两个体积块) ➡

`All Wrkpcs (所有工件)` ➡ `Done (完成)`命令，此时系统弹出"分割"对话框和"选取"对话框。

Step3. 定义分割对象。选择 Task4 中 Stage1 创建的主体积块为分割对象，单击"选取"对话框中的 `确定 (0)` 按钮。

Step4. 在"分割"对话框中单击 `确定` 按钮。

Step5. 此时，系统弹出"属性"对话框，同时模型的下半部分变亮，在该对话框中单击 `着色` 按钮，着色后的模型如图 10.39 所示；然后在对话框中输入名称 lower_vol，单击 `确定` 按钮。

Step6. 此时，系统弹出"属性"对话框，同时模型的上半部分变亮，在该对话框中单击 `着色` 按钮，着色后的模型如图 10.40 所示；然后在对话框中输入名称 upper_vol，单击 `确定` 按钮。

图 10.39　着色后的下半部分体积块　　　　图 10.40　着色后的上半部分体积块

**Stage2. 分割镶件**

Step1. 选择下拉菜单 `编辑 (E)` ➡ `分割...` 命令。

Step2. 在系统弹出的 `▼ SPLIT VOLUME (分割体积块)` 菜单中，选择 `One Volume (一个体积块)`、`Mold Volume (模具体积块)` 和 `Done. (完成)` 命令。

Step3. 在系统弹出的"搜索工具"对话框中，单击列表中的 `面组:F13(LOWER_VOL)` 体积块，然后单击 `>>` 按钮，将其加入到已选取 0 个项目列表中，再单击 `关闭` 按钮。

Step4. 用"列表选取"的方法选取分型面。

（1）在系统 `为分割所选的模型量选取分型面。` 的提示下，将鼠标指针移至模型中镶件的位置右击，从快捷菜单中选取 `从列表中拾取` 命令。

（2）在系统弹出的"从列表中拾取"对话框中，单击列表中的 `面组:F10(MOLD_VOL_2)`，然后单击 `确定 (0)` 按钮。

（3）在"选取"对话框中单击 `确定` 按钮，此时系统弹出 `▼ 岛列表` 菜单，在菜单中选中 `☑ 岛2` 复选框，然后选择 `Done Sel (完成选取)` 命令。

Step5. 在"分割"对话框中单击 `确定` 按钮。

Step6. 系统弹出"属性"对话框，同时镶件部分变亮，然后在对话框中输入名称 insert-vol，单击 `确定` 按钮。

### Task6.　抽取模具元件

Step1. 选择命令。在 菜单管理器 的 ▼ MOLD (模具) 菜单中，选择 Mold Comp (模具元件) 命令，在弹出的 ▼ MOLD COMP (模具元件) 菜单中，选择 Extract (抽取) 命令。

Step2. 在系统弹出的"创建模具元件"对话框中，选取体积块 UPPER_VOL 、 LOWER_VOL 和 INSERT_VOL，然后单击 确定 按钮。

Step3. 在系统提示文本框中单击 √ 按钮，接受系统默认名称；在 ▼ MOLD COMP (模具元件) 菜单栏中单击 Done/Return (完成/返回) 命令。

### Task7.　生成浇注件

将浇注件的名称命名为 molding。

### Task8.　定义开模动作

Step1. 将参照零件、坯料和分型面在模型中遮蔽起来，将模型的显示状态切换到实体显示方式。

Step2. 开模步骤 1：移动上模，参见方法一。

Step3. 开模步骤 2：移动镶件，输入要移动的距离值-30，结果如图 10.41 所示。

选取此边线
为移动方向
a）移动前　　　　　　　　　　　　　　　　　b）移动后

图 10.41　移动镶件

Step4. 开模步骤 3：移动下模，参见方法一。

Step5. 保存设计结果。

# 实例 11  用两种方法进行模具设计（五）

图 11.1 所示为一个微波炉旋钮开关，本例将分别介绍如何利用分型面法和组件法来进行模具设计。

A                    A向

图 11.1   零件模型

## 11.1   创建方法一（分型面法）

**方法简介：**

下面以图 11.2 所示的模具为例，说明采用阴影法设计分型面的操作过程。图 11.2 为微波炉开关旋钮（MICRO-OVEN_SWITCH）的模具开模图。

上模（UPPER MOLD VOL）

浇注件（MOLDING）

下模（LOWER MOLD VOL）

图 11.2   创建方法一

### Task1. 新建一个模具制造模型文件

Step1. 将工作目录设置至 D:\proewf5.6\work\ch11。

Step2. 新建一个模具型腔文件，命名为 micro-oven_switch_mold；选取 `mmns_mfg_mold` 模板。

### Task2. 建立模具模型

#### Stage1. 引入参照模型

Step1. 在 `▼ MOLD (模具)` 菜单中，依次选择 `Mold Model (模具模型)` ➡ `Assemble (装配)` ➡

`Ref Model (参照模型)`命令。

Step2. 从弹出的文件"打开"对话框中，选取三维零件模型——micro-oven_switch.prt 作为参照零件模型，并将其打开。

Step3. 在"元件放置"操控板的"约束"类型下拉列表框中选择 `缺省`，将参照模型按默认放置，再在操控板中单击"完成"按钮`✓`。

Step4. 在"创建参照模型"对话框中选中`⊙按参照合并`，然后在`参照模型`区域的`名称`文本框中接受默认的名称，再单击`确定`按钮。

## Stage2. 创建坯料

手动创建图 11.3 所示的坯料，操作步骤如下：

Step1. 在`▼ MOLD MODEL (模具模型)`菜单中选择`Create (创建)`命令。

Step2. 在弹出的`▼ MOLD MDL TYP (模具模型类型)`菜单中选择`Workpiece (工件)`命令。

Step3. 在弹出的`▼ CREATE WORKPIECE (创建工件)`菜单中选择`Manual (手动)`命令。

Step4. 在弹出的"元件创建"对话框中，选中`类型`区域中的`⊙ 零件`，选中`子类型`区域中的`⊙ 实体`；在`名称`文本框中输入坯料的名称 wp；单击`确定`按钮。

Step5. 在弹出的"创建选项"对话框中选中`⊙ 创建特征`单选按钮，然后单击`确定`按钮。

Step6. 创建坯料特征。

（1）在`▼ FEAT OPER (特征操作)`菜单中，选择`Solid (实体)` ➡ `Protrusion (伸出项)`命令；在弹出的`▼ SOLID OPTS (实体选项)`菜单中，选择`Extrude (拉伸)` ➡ `Solid (实体)` ➡ `Done (完成)`命令，此时系统显示实体拉伸操控板。

（2）创建实体拉伸特征。

① 选取拉伸类型。在出现的操控板中，确认"实体"类型按钮`□`被按下。

② 定义草绘截面放置属性。在绘图区中右击，从弹出的快捷菜单中，选择`定义内部草绘...`命令。选择 MAIN_PARTING_PLN 基准平面作为草绘平面，草绘平面的参照平面为 MOLD_RIGHT 基准平面，方位为`右`，单击`草绘`按钮，至此系统进入截面草绘环境。

③ 绘制截面草图。进入截面草绘环境后，选取 MOLD_RIGHT 基准平面和 MOLD_FRONT 基准平面为草绘参照，截面草图如图 11.4 所示；完成特征截面的绘制后，单击工具栏中的"完成"按钮`✓`。

坯料

参照模型

图 11.3　模具模型

100.0

图 11.4　截面草图

④ 选取深度类型并输入深度值。在系统弹出的操控板中单击 选项 按钮，从弹出的界面中选取 侧 1 的深度类型 ⊥，再在深度文本框中输入深度值 45.0，并按回车键；然后选取 侧 2 的深度类型 ⊥，再在深度文本框中输入深度值 20.0，并按回车键。

⑤ 在操控板中单击"完成"按钮 ✔，完成特征的创建。

Step7. 选择 Done/Return (完成/返回) ➡ Done/Return (完成/返回) 命令。

## Task3. 设置收缩率

将参照模型收缩率设置为 0.006。

## Task4. 用阴影法创建分型面

下面将创建图 11.5 所示的分型面，以分离模具的上模型腔和下模型腔。

图 11.5 创建分型面

Step1. 选择下拉菜单 插入(I) ➡ 模具几何 ▶ ➡ 分型面(S)... 命令。

Step2. 选择下拉菜单 编辑(E) ➡ 属性(R) 命令，在弹出的"属性"对话框中输入分型面名称 MAIN_PT_SURF；单击对话框中的 确定 按钮。

Step3. 选择下拉菜单 编辑(E) ➡ 阴影曲面(W) 命令，系统弹出"阴影曲面"对话框。

Step4. 定义光线投影的方向。如果用户已定义了模型的"拖动方向"，则默认的光线投影方向自动为"拖动方向"的相反方向；如果没有定义模型的"拖动方向"，则系统自动弹出图 11.6 所示的 ▼ GEN SEL DIR (一般选取方向) 菜单，用户可进行下面的操作来定义光线投影的方向。

(1) 在 ▼ GEN SEL DIR (一般选取方向) 菜单中选择 Plane (平面) 命令（系统默认选取该命令）。

(2) 在系统 ⇨ 选取将垂直于此方向的平面。 的提示下，选取图 11.7 所示的坯料表面。

(3) 选择 Okay (确定) 命令，确认图 11.7 中的箭头方向为光线投影的方向。

图 11.6 "选取方向"菜单

光线投影的方向箭头

选取坯料的此表面为光线方向的垂直表面

图 11.7 定义光线投影的方向

Step5. 单击"阴影曲面"对话框中的 预览 按钮，预览所创建的分型面，然后单击 确定 按钮完成操作。

Step6. 在工具栏中单击"确定"按钮 ✓，完成分型面的创建。

## Task5. 用分型面创建上下两个体积块

Step1. 选择下拉菜单 编辑(E) ➡ 分割... 命令。

Step2. 在系统弹出的 ▼ SPLIT VOLUME (分割体积块) 菜单中，选择 Two Volumes (两个体积块) ➡ All Wrkpcs (所有工件) ➡ Done (完成) 命令，此时系统弹出"分割"对话框。

Step3. 在系统 ⇨为分割工件选取分型面。 的提示下，选取 MAIN_PT_SURF 分型面，然后单击"选取"对话框中的 确定 按钮。

Step4. 在"分割"对话框中单击 确定 按钮。

Step5. 系统弹出"属性"对话框，同时模型中的体积块的下半部分变亮，在该对话框中单击 着色 按钮，着色后的体积块如图 11.8 所示。然后在对话框中输入名称 LOWER_MOLD_VOL，单击 确定 按钮。

Step6. 系统弹出"属性"对话框，同时模型中的体积块的下半部分变亮，在该对话框中单击 着色 按钮，着色后的体积块如图 11.9 所示。然后在对话框中输入名称 UPPER_MOLD_VOL，单击 确定 按钮。

图 11.8　着色后的外面部分体积块　　　　图 11.9　着色后的上半部分体积块

## Task6. 抽取模具元件及生成浇注件

将浇注件的名称命名为 micro-oven_switch_molding。

## Task7. 定义开模动作

### Stage1. 遮蔽参照零件、坯料和分型面

### Stage2. 开模步骤 1：移动上模

Step1. 在 ▼ MOLD (模具) 菜单中，选择 Mold Opening (模具开模) ➡ Define Step (定义间距) ➡ Define Move (定义移动) 命令。

Step2. 在系统 ⇨为迁移号码1 选取构件。 的提示下，选取上模，并单击"选取"对话框中的 确定 按钮。

Step3. 在系统 ⇨通过选取边、轴或表面选取分解方向。 的提示下，选取图 11.10 所示的边线，然后在 ⇨输入沿指定方向的位移 的提示下，输入上模的移动距离值 50。

Step4. 在 ▼ DEFINE STEP（定义间距） 菜单中选择 Done（完成）命令。移出后的上模如图 11.10 所示。

选取此边线以定义移动方向

移动后

图 11.10　移动上模

### Stage3．开模步骤 2：移动下模

参照开模步骤 1 的操作方法，选取下模 ➡ 选取图 11.11 所示的边线来定义移动方向 ➡ 输入下模的移动距离值–50 ➡ 选择 Done（完成）命令，完成下模的开模动作。

选取此边线以定义移动方向

移动后

图 11.11　移动下模

# 11.2　创建方法二（组件法）

**方法简介：**

"组件法"是以 Pro/ENGINEER 基本的组装方法为蓝本，配合一些基本的绘图工具来拆模的。这种方法需要有想象力，如果能想象出上模和下模的样子，就会很容易做。但是相对地，这也会比较繁琐，因为所有的面都要复制，这些面是上下模的表面。下面将介绍利用组件法进行模具设计的过程，如图 11.12 所示。

上模（UPPER MOLD VOL）

浇注件（MOLDING）

下模（LOWER MOLD VOL）

图 11.12　创建方法二

## Task1．新建一个模具组件模型文件

Step1. 将工作目录设置至 D:\proewf5.6\work\ch11。

Step2. 在"新建"对话框中，选中 类型 区域中的 ⊙ 🔲 组件 按钮，选中 子类型 区域中的 ⊙ 设计 按钮，在 名称 文本框中输入文件名 micro-oven_switch_mold；取消 ☑ 使用缺省模板 复选框中的"√"号，单击该对话框中的 确定 按钮。

Step3. 在系统弹出的"新文件选项"对话框中的模板区域，选取 mmns_asm_design 模板，然后在该对话框中单击 确定 按钮。

## Task2．建立模具模型

### Stage1．引入参照模型

Step1. 选择下拉菜单 插入(I) ➡ 元件(C) ➡ 🗗装配(A)... 命令。

Step2. 从弹出的文件"打开"对话框中，选取三维零件模型——micro-oven_switch.prt 作为参照零件模型，并将其打开。

Step3. 在"元件放置"操控板的"约束"类型下拉列表框中选择 🔲 缺省 ，将参照模型按默认放置，再在操控板中单击"完成"按钮 ☑ 。参照件组装完成后，组件的基准平面与参照模型的基准平面对齐，如图 11.13 所示。

### Stage2．创建坯料

手动创建图 11.14 所示的坯料，操作步骤如下：

图 11.13　参照件组装完成后　　　　图 11.14　模具模型

Step1. 选择下拉菜单 插入(I) ➡ 元件(C) ➡ 🗗创建(C)... 命令。

Step2. 在弹出的"元件创建"对话框中，选中 类型 区域中的 ⊙ 零件 ，选中 子类型 区域中的 ⊙ 实体 ；在 名称 文本框中输入坯料的名称 work_piece；单击 确定 按钮。

Step3. 在弹出的"创建选项"对话框中选中 ⊙ 创建特征 单选按钮，然后单击 确定 按钮。

Step4. 创建坯料特征。

（1）选择下拉菜单 插入(I) ➡ 🗗拉伸(E)... 命令。

（2）创建实体拉伸特征。

① 选取拉伸类型。在出现的操控板中，确认"实体"类型按钮 🔲 被按下。

② 定义草绘截面放置属性。在绘图区中右击，从弹出的快捷菜单中选择 定义内部草绘...

命令。选择 ASM_TOP 基准平面作为草绘平面，草绘平面的参照平面为 ASM_RIGHT 基准平面，方位为 右 ，单击 草绘 按钮，至此系统进入截面草绘环境。

③ 绘制截面草图。进入截面草绘环境后，选取 ASM_RIGHT 基准平面和 ASM_FRONT 基准平面为草绘参照，截面草图如图 11.15 所示；完成特征截面的绘制后，单击工具栏中的"完成"按钮 ✔ 。

④ 选取深度类型并输入深度值。在操控板中单击 选项 按钮，从弹出的界面中选取 侧 1 的深度类型 ⫫ ，再在深度文本框中输入深度值 45.0，并按回车键；然后选取 侧 2 的深度类型 ⫫ ，再在深度文本框中输入深度值 20.0，并按回车键。

⑤ 预览特征。在操控板中单击"预览"按钮 ☑ 60° ，可预览所创建的拉伸特征。

⑥ 完成特征。在操控板中单击"完成"按钮 ✔ ，完成特征的创建。

### Task3. 切出参照模型

Step1. 选择下拉菜单 插入(I) ➡ 共享数据(D) ➡ 合并/继承(M)... 命令。

Step2. 在弹出的操控板中，确认"移除材料"按钮 ⬚ 被按下。

Step3. 将模型调整到图 11.16 所示的视图方位，先将鼠标指针移至模型中的目标位置，即图 11.16 中的表面附近，右击，然后在弹出的快捷菜单中选取 从列表中拾取 命令。

图 11.15　截面草图

图 11.16　切出参照模型

Step4. 在弹出的对话框中选择 MICRO-OVEN_SWITCH.PRT 选项，此时图 11.16 中的参照模型会加亮。最后，在"从列表中拾取"对话框中单击 确定(O) 按钮。

Step5. 在操控板中单击"完成"按钮 ✔ ，完成参照模型的切出。

### Task4. 创建分型面

下面的操作是创建模具的分型曲面，其操作过程如下：

Step1. 在模型树中右击 ⊞ 🗋 WORK_PIECE.PRT 零件，在弹出的快捷菜单中选择 打开 命令。此时，Pro/ENGINEER 会打开此文件，出现 WORK_PIECE.PRT 零件的模型树。

Step2. 通过曲面复制的方法，复制参照模型上的内表面。

（1）采用"种子面与边界面"的方法选取所需要的曲面。在屏幕右下方的"智能选取栏"中选择"几何"选项。

（2）利用 "模型显示"工具栏切换模型的显示状态。按下 🖵 按钮，将模型的显示状态切换到隐藏线显示方式。

（3）选取"种子面"（Seed Surface），操作方法如下：

① 将模型调整到图 11.17 所示的视图方位，先将鼠标指针移至模型中的目标位置，即图 11.17 中的内表面（种子面）附近，右击，然后在弹出的快捷菜单中选取 从列表中拾取 命令。

图 11.17　定义种子面

② 在弹出的对话框中选择 曲面:F2(切出) 选项，此时图 11.17 中的上表面会加亮，该底面就是所要选择的"种子面"。最后，在"从列表中拾取"对话框中单击 确定(O) 按钮。

**注意**：在弹出的对话框中有两个曲面 F2 切出选项，选取的结果要如图 11.17 所示。

（4）选取"边界面"（boundary surface），操作方法如下：

① 将模型调整到图 11.18 所示的视图方位，先将鼠标指针移至模型中的目标位置，即图 11.18 中的表面（边界面）附近，右击，然后在弹出的快捷菜单中选取 从列表中拾取 命令。

图 11.18　定义边界面

② 按住 Shift 键，在"从列表中拾取"对话框中选择 曲面:F2(切出) 选项，此时图 11.18 中的端面会加亮，该端面就是所要选择的"边界面"；单击对话框的 确定(O) 按钮。选取完成后，整个模型内表面被加亮，如图 11.19 所示。

（5）选择下拉菜单 编辑(E) ➡ 复制(C) 命令。

（6）选择下拉菜单 编辑(E) ➡ 粘贴(P) 命令。

（7）单击复制曲面操控板中的"完成"按钮 ✓。

**Step3.** 创建拉伸曲面。

（1）选择下拉菜单 插入(I) ➡ 拉伸(E)... 命令，此时系统弹出"拉伸"操控板。

（2）在弹出的拉伸操控板中，确认"拉伸为曲面"按钮 □ 被按下。

（3）定义草绘截面放置属性。右击，从弹出的菜单中选择 定义内部草绘... 命令；在系统 ➪选取一个平面或曲面以定义草绘平面。 的提示下，选取图 11.20 所示的坯料表面 1 为草绘平面，接受

图 11.20 中默认的箭头方向为草绘视图方向,然后选取图 11.20 所示的坯料表面 2 为参照平面,方向为 <kbd>右</kbd>。

图 11.19　加亮的曲面　　　　　　图 11.20　定义草绘平面

(4)绘制截面草图。选取图 11.21 所示的坯料的边线和模型的下表面为草绘参照;绘制如该图所示的截面草图(截面草图为一条线段);完成特征截面的绘制后,单击工具栏中的"完成"按钮 <kbd>✔</kbd>。

(5)设置深度选项。

① 在操控板中选取深度类型 <kbd>⊥</kbd>(到选定的)。

② 将模型调整到图 11.22 所示的视图方位,选取图中所示的坯料表面(阴影面)为拉伸终止面。

图 11.21　截面草图　　　　　　　图 11.22　选取拉伸终止面

③ 在操控板中单击"完成"按钮 <kbd>✔</kbd>,完成特征的创建。

**Step4.** 将复制面组与 Step3 创建的拉伸曲面进行合并。

(1)按住 Ctrl 键,选取复制面组和 Step3 创建的拉伸曲面。

(2)选择下拉菜单 <kbd>编辑(E)</kbd> ➡ <kbd>合并(G)</kbd> 命令,此时系统弹出"合并"操控板。

(3)在操控板中单击 <kbd>选项</kbd> 按钮,在"选项"界面中选中 ⊙ <kbd>相交</kbd> 单选按钮。

(4)单击 <kbd>✔ 60</kbd> 按钮,预览合并后的面组;确认无误后,单击"完成"按钮 <kbd>✔</kbd>。

## Task5. 创建模具体积块

下面的操作是创建模具体积块,其操作过程如下:

**Step1.** 选择下拉菜单 <kbd>编辑(E)</kbd> ➡ <kbd>实体化(Y)...</kbd> 命令,在弹出的实体化操控板中,确认按钮 <kbd>▢</kbd> 被按下。

**Step2.** 接受图 11.23 所示的系统默认的实体化箭头方向,在操控板中单击"完成"按钮 <kbd>✔</kbd>,实体化后的面组如图 11.23 所示。

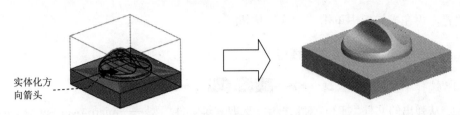

图 11.23　实体化创建下模

Step3. 单击工具栏中的保存活动对象的副本 [图标]，在"保存副本"对话框中的 新建名称 文本框中输入文件名 micro-oven_switch_lower_mold。

Step4. 右击模型树中的 🔲 实体化 1，在弹出的快捷菜单中选择 编辑定义 命令。

Step5. 在"实体化"操控板中单击 [图标]，改变实体化箭头的方向，在操控板中单击"完成"按钮 [图标]，实体化后的面组如图 11.24 所示。

图 11.24　实体化创建上模

Step6. 单击工具栏中的保存活动对象的副本 [图标]，在"保存副本"对话框中的 新建名称 文本框中输入文件名 micro-oven_switch_upper_mold。

Step7.单击工具栏中的"关闭"按钮 [图标]。

## Task6．开模阶段

现在已经拥有以下三个必要的文件：

- micro-oven_switch.prt.1（原始件当成品件）；
- micro-oven_switch_upper_mold.prt.1（上模）；
- micro-oven_switch_lower_mold.prt.1（下模）。

有了这三个文件就可以做开模的模拟了，这就是为什么"组件法"可以应付所有造型的原因。而模拟开模的手法，其实就是将上面三个文件拿来组装而已。

### Stage1．引入上模的三维零件模型

Step1. 在模型树中右击 🔲 WORK_PIECE.PRT，在弹出的快捷菜单中选择 隐藏 命令。

Step2. 选择下拉菜单 插入(I) ➡ 元件(C) ➡ 装配(A)... 命令。

Step3. 从弹出的文件"打开"对话框中，选取三维零件模型——micro-oven_switch_upper_mold.prt.1，并将其打开。

Step4. 在"元件放置"操控板的"约束"类型下拉列表框中选择 缺省，将参照模型

按默认放置，再在操控板中单击"完成"按钮✅。

### Stage2．引入下模的三维零件模型

Step1. 选择下拉菜单 插入(I) ➡ 元件(C) ➡ 🔩 装配(A)... 命令。

Step2. 从弹出的文件"打开"对话框中，选取三维零件模型——micro-oven_switch_lower_mold.prt.1，并将其打开。

Step3. 在"元件放置"操控板的"约束"类型下拉列表框中选择 ▣ 缺省 ，将参照模型按默认放置，再在操控板中单击"完成"按钮✅。完成装配后的效果如图 11.25 所示。

### Stage3．设置分解视图

Step1. 选择下拉菜单 视图(V) ➡ 分解(X) ➡ 🔩 编辑位置(E) 命令，弹出"分解位置"对话框。选取图 11.26 所示的边线为分解位置的运动参照。

图 11.25　模具装配图

图 11.26　选取运动参照

Step2. 选择上模，拖动到图 11.27 所示的位置。

Step3. 选择下模，拖动到图 11.27 所示的位置。

图 11.27　分解视图

Step4. 在"分解位置"对话框中单击 确定(O) 按钮，完成开模的模拟。

注意：可以通过选择下拉菜单 视图(V) ➡ 分解(X) ➡ 📕 取消分解视图(U) 命令来取消分解视图，也可以通过选择下拉菜单 视图(V) ➡ 分解(X) ➡ 📕 分解视图(X) 命令来观看开模模拟。

# 实例 12  用两种方法进行模具设计（六）

图 12.1 所示为一个抽油烟机接油盒（OIL-SHELL）的模型，该油壳的端面有一个突出的方块，要使油壳能顺利脱模，必须将漏洞填补或者借助滑块的帮助才能完成。本例将分别介绍如何利用这两种方法来设计模具。

图 12.1  零件模型

## 12.1  创建方法一（不做滑块）

**方法简介：**

本例将介绍如何利用延伸曲面填补漏洞的方法进行模具设计。图 12.2 为抽油烟机接油盒的模具开模图。

图 12.2  创建方法一

### Task1. 新建一个模具制造模型，进入模具模块

Step1. 将工作目录设置至 D:\proewf5.6\work\ch12。

Step2. 新建一个模具型腔文件，命名为 oil-shell_mold；选取 `mmns_mfg_mold` 模板。

### Task2. 建立模具模型

在开始设计一个模具前，应先创建一个"模具模型"，模具模型包括参照模型（Ref Model）和坯料（Workpiece），如图 12.3 所示。

### Stage1. 引入参照模型

Step1. 在 ▼ MOLD (模具) 菜单中选择 Mold Model (模具模型) 命令。

Step2. 在 ▼ MOLD MODEL (模具模型) 菜单中选择 Assemble (装配) 命令。

Step3. 在 ▼ MOLD MDL TYP (模具模型类型) 菜单中选择 Ref Model (参照模型) 命令。

Step4. 从弹出的文件"打开"对话框中，选取三维零件模型 oil-shell.prt 作为参照零件模型，并将其打开。

Step5. 定义约束参照模型的放置位置。

（1）指定第一个约束。在操控板中单击 放置 按钮，在"放置"界面的"约束类型"下拉列表中选择 对齐 ，选取参照件的 FRONT 基准平面为元件参照，选取装配体的 MAIN_PARTING_PLN 基准平面为组件参照。

（2）指定第二个约束。单击 ✦新建约束 字符，在"约束类型"下拉列表中选择 配对 ，选取参照件的 TOP 基准平面为元件参照，选取装配体的 MOLD_FRONT 基准平面为组件参照。

（3）指定第三个约束。单击 ✦新建约束 字符，在"约束类型"下拉列表中选择 对齐 ，选取参照件的 RIGHT 基准平面为元件参照，选取装配体的 MOLD_RIGHT 基准平面为组件参照。

（4）约束定义完成，在操控板中单击"完成"按钮 ✔ ，完成参照模型的放置；系统自动弹出"创建参照模型"对话框。

**说明**：在此进行参照模型的定位约束就是为了定义模具的开模方向。

Step6. 在"创建参照模型"对话框中选中 ⦿ 按参照合并 ，然后在 参照模型 区域的 名称 文本框中接受默认的名称（或输入参照模型的名称），单击 确定 按钮，完成参照模型的命名。

Step7. 选择 Done/Return (完成/返回) 命令，完成参照模型的放置。

## Stage2. 创建坯料

Step1. 在 ▼ MOLD MODEL (模具模型) 菜单中选择 Create (创建) 命令。

Step2. 在弹出的 ▼ MOLD MDL TYP (模具模型类型) 菜单中选择 Workpiece (工件) 命令。

Step3. 在弹出的 ▼ CREATE WORKPIECE (创建工件) 菜单中选择 Manual (手动) 命令。

Step4. 在"元件创建"对话框中，选中 类型 区域中的 ⦿ 零件 单选按钮，选中 子类型 区域中的 ⦿ 实体 单选按钮，在 名称 文本框中输入坯料的名称 wp，然后再单击 确定 按钮。

Step5. 在系统弹出的"创建选项"对话框中，选中 ⦿ 创建特征 单选按钮，然后再单击 确定 按钮。

Step6. 创建坯料特征。

（1）在菜单管理器中选择 Solid (实体) ➡ Protrusion (伸出项) 命令，在弹出的菜单中选择 Extrude (拉伸) ➡ Solid (实体) ➡ Done (完成) 命令，此时系统出现拉伸操控板。

（2）创建实体拉伸特征。

① 定义草绘截面放置属性：在绘图区中右击，从系统弹出的快捷菜单中，选择

定义内部草绘...命令。然后选择 MOLD_FRONT 基准平面作为草绘平面，草绘平面的参照平面为 MOLD_RIGHT 基准平面，方位为 右，单击 草绘 按钮。至此，系统进入截面草绘环境。

② 进入截面草绘环境后，选取 MOLD_RIGHT 基准平面和 MAIN_PARTING_PLN 基准平面为草绘参照，然后绘制图 12.4 所示的截面草图。完成截面草图的绘制后，单击工具栏中的"完成"按钮✔。

③ 选取深度类型并输入深度值：在操控板中选取深度类型 日 （即"对称"），再在深度文本框中输入深度值 70.0，并按回车键。

④ 完成特征：在操控板中单击"预览"按钮 ✔ 66，浏览所创建的拉伸特征；单击"完成"按钮✔，完成特征的创建。

Step7. 选择 Done/Return (完成/返回) ➡ Done/Return (完成/返回)命令。

图 12.3　参照模型和坯料　　　　图 12.4　截面草图

## Task3．设置收缩率

将参照模型收缩率设置为 0.006。

## Task4．创建分型面

创建图 12.5 所示模具的分型曲面，其操作过程如下：

Step1. 选择下拉菜单 插入(I) ➡ 模具几何 ▶ ➡ 分型面(S)...命令。

Step2. 选择下拉菜单 编辑(E) ➡ 属性(R)命令，在弹出的对话框中输入分型面名称 main_pt_surf；单击对话框中的 确定 按钮。

注意：如果在 编辑(E)下拉菜单中不能选择 属性(R)命令，需要先单击"重画"按钮，再选择下拉菜单 编辑(E) ➡ 属性(R)命令，才能选中。

Step3. 为了方便选取图元，将坯料遮蔽。在模型树中右击 WP.PRT，从弹出的快捷菜单中选择 遮蔽 命令。

Step4. 通过曲面复制的方法复制图 12.6 所示参照模型上的外表面。

图 12.5　创建分型曲面　　　　　图 12.6　创建复制曲面

（1）采用"种子面与边界面"的方法选取所需要的曲面。

（2）下面先选取"种子面"，操作方法如下：将模型调整到合适方位，选取图 12.7 所示的上表面，该底面就是所要选择的"种子面"。

（3）然后选取"边界面"，操作方法如下：按住 Shift 键，图 12.8 所示的表面为边界面，此时图中所示的边界曲面会加亮。

图 12.7　定义种子面　　　　　　　　　　　图 12.8　定义边界面

（4）依次选取所有的边界面完毕后，松开 Shift 键，然后按住 Ctrl 键选取图 12.9 所示的两个曲面，松开 Ctrl 键，完成"边界面"的选取。操作完成后，整个模型上表面均被加亮，如图 12.10 所示。

图 12.9　定义边界面　　　　　　　　　　　图 12.10　加亮的曲面

（5）选择下拉菜单 编辑(E) ➡ 复制(C) 命令。

（6）选择下拉菜单 编辑(E) ➡ 粘贴(P) 命令。

（7）单击操控板中的"完成"按钮 ✓，完成曲面的复制。

Step5. 创建延伸曲面 1，填补图 12.11 所示坯料的表面。

图 12.11　延伸曲面

（1）遮蔽参照件。

（2）为了方便选取复制边线，切换模型的显示状态到实线线框显示方式。

（3）如图 12.12 所示，首先选取第一段边线。

（4）选择下拉菜单 编辑(E) ➡ 延伸(X)... 命令，此时系统弹出"延伸"操控板。

（5）在操控板中单击 参照 按钮，在"参照"界面中单击 细节... 按钮，此时系统弹出"链"对话框。

（6）按住 shift 键，选取图 12.12 中所有的边线。

（7）在"链"对话框中单击 确定(0) 按钮。

图 12.12　选取延伸边线

（8）选取延伸的终止面。

① 在操控板中按下按钮 □（延伸类型为"将曲面延伸到参考平面"）。

② 在系统的提示下，选取图 12.13 所示的坯料的表面为延伸的终止面。

③ 单击 ☑ ∞ 按钮，预览延伸后的面组；确认无误后，单击"完成"按钮 ☑，完成延伸曲面。

图 12.13　选取延伸的终止面

Step6. 将复制表面的边线延伸至图 12.14 所示坯料的表面。

Step7. 创建延伸曲面 2。

（1）按住 shift 键，选取图 12.12 所示的边线为延伸参照边线。

图 12.14　延伸曲面　　　　　　图 12.15　选取延伸参照边线

（2）选择下拉菜单 编辑(E) ━━━➤ 延伸(X)... 命令，此时弹出"延伸"操控板。

（3）选取延伸的终止面。

① 在操控板中按下按钮 （延伸类型为"将曲面延伸到参考平面"）。

② 在系统的提示下，选取图 12.16 所示的坯料的表面为延伸的终止面。

③ 单击 按钮，预览延伸后的面组；确认无误后，单击"完成"按钮 ，完成延伸曲面 2 的创建。

Step8. 创建延伸曲面 3。

（1）按住 shift 键，选取图 12.17 所示的边线为延伸参照边线。

图 12.16　选取延伸的终止面　　　　　　　图 12.17　选取延伸边线

（2）选择下拉菜单 编辑(E) ━━━➤ 延伸(X)... 命令，此时出现"延伸"操控板。

（3）选取延伸的终止面。

① 在操控板中按下按钮 （延伸类型为"将曲面延伸到参考平面"）。

② 在系统的提示下，选取图 12.18 所示的坯料的表面为延伸的终止面。

③ 单击 按钮，预览延伸后的面组；确认无误后，单击"完成"按钮 ，完成延伸曲面 3 的创建。

Step9. 创建延伸曲面 4。

（1）按住 shift 键，选取图 12.19 所示的边线为延伸参照边线。

图 12.18　选取延伸的终止面　　　　　　　图 12.19　选取延伸边线

（2）选择下拉菜单 编辑(E) ━━━➤ 延伸(X)... 命令，此时出现"延伸"操控板。

（3）选取延伸的终止面。

① 在操控板中按下按钮 （延伸类型为"将曲面延伸到参考平面"）。

② 在系统的提示下，选取图 12.20 所示的坯料的表面为延伸的终止面。

③ 单击 ☑⁶⁶ 按钮，预览延伸后的面组；确认无误后，单击"完成"按钮☑，完成延伸曲面 4 的创建。

Step10. 创建延伸曲面 5。

（1）按住 shift 键，选取图 12.21 所示的边线为延伸参照边线。

（2）选择下拉菜单 编辑(E) ➡ ⊞延伸(X)... 命令，此时出现"延伸"操控板。

（3）选取延伸的终止面。

① 在操控板中按下按钮 ⬚ （延伸类型为"将曲面延伸到参考平面"）。

② 在系统的提示下，选取图 12.22 所示的坯料的表面为延伸的终止面。

③ 单击 ☑⁶⁶ 按钮，预览延伸后的面组；确认无误后，单击"完成"按钮☑，完成延伸曲面 5 的创建。

Step11. 在工具栏中单击"确定"按钮☑，完成分型面的创建。

图 12.20　选取延伸的终止面

图 12.21　选取延伸边线

图 12.22　选取延伸的终止面

## Task5．构建模具元件的体积块

Step1. 选择下拉菜单 编辑(E) ➡ 分割... 命令（即用"分割"的方法构建体积块）。

Step2. 在系统弹出的 ▼ SPLIT VOLUME (分割体积块) 菜单中，选择 Two Volumes (两个体积块)、All Wrkpcs (所有工件) 和 Done (完成) 命令，此时系统弹出"分割"信息对话框。

Step3. 选取分型面。在系统 ⬦为分割工件选取分型面. 的提示下，选取分型面 MAIN_PT_SURF，然后单击"选取"对话框中的 确定 按钮。

Step4. 单击"分割"信息对话框中的 确定 按钮。

Step5. 系统弹出"属性"对话框，同时模型中的体积块的下半部分变亮，在该对话框中单击 着色 按钮，着色后的体积块如图 12.23 所示。然后在对话框中输入名称 upper_vol，单击 确定 按钮。

Step6. 系统弹出"属性"对话框，同时模型中的体积块的下半部分变亮，在该对话框中单击 着色 按钮，着色后的体积块如图 12.24 所示。然后在对话框中输入名称 lower_vol，单击 确定 按钮。

图 12.23　着色后的上半部分体积块

图 12.24　着色后的下半部分体积块

## Task6．抽取模具元件及生成浇注件

浇注件的名称命名为 oil-shell_molding。

## Task7．定义开模动作

Step1. 将参照零件、坯料和分型面在模型中遮蔽起来，将模型的显示状态切换到实体显示方式。

Step2. 开模步骤 1: 移动上模。选取图 12.25 所示的边线为移动方向，然后在系统的提示下，输入要移动的距离值-100。

图 12.25　移动上模

Step3. 开模步骤 2：移动下模。参照开模步骤 1 的操作方法选取下模，选取图 12.26 所示的边线为移动方向，输入要移动的距离值 100，选择 **Done（完成）** 命令，完成下模的开模动作。

图 12.26　移动下模

Step4. 保存设计结果。选择下拉菜单 文件(F) ➡ 保存(S) 命令。

# 12.2　创建方法二（做滑块）

**方法简介：**

下面将介绍利用创建滑块的方法进行模具设计的过程。图 12.27 为抽油烟机接油盒的模具开模图。

图 12.27 创建方法二

## Task1. 新建一个模具制造模型，进入模具模块

Step1. 将工作目录设置至 D:\proewf5.6\work\ch12。

Step2. 新建一个模具型腔文件，命名为 oil-shell_mold；选取 mmns_mfg_mold 模板。

## Task2. 建立模具模型

步骤参见方法一。

## Task3. 设置收缩率

将参照模型收缩率设置为 0.006。

## Task4. 创建滑块分型面

下面的操作是创建模具的滑块分型曲面，以分离模具元件——滑块，其操作过程如下：

Step1. 选择下拉菜单 插入(I) ➡ 模具几何 ▶ ➡ 分型面(S)... 命令。

Step2. 选择下拉菜单 编辑(E) ➡ 属性(R) 命令，在"属性"对话框中输入分型面名称 SLIDE_PT_SURF，单击对话框中的 确定 按钮。

Step3. 创建拉伸曲面。

（1）选择下拉菜单 插入(I) ➡ 拉伸(E)... 命令，此时系统弹出"拉伸"操控板。

（2）定义草绘截面放置属性：右击，从弹出的菜单中选择 定义内部草绘... 命令；在系统 选取一个平面或曲面以定义草绘平面。的提示下，选择图 12.28 所示的坯料表面为草绘平面，然后选取图 12.28 所示的坯料表面为参照平面，方向为 顶。

（3）进入草绘环境后，选取图 12.29 所示的两条边线为草绘参照，单击"使用"按钮 口，选取作为草绘参照的两条边线，绘制图 12.29 所示的截面草图。完成特征截面的绘制后，单击工具栏中的"完成"按钮 ✓。

图 12.28 定义草绘平面

图 12.29 截面草图

（4）设置深度选项。

① 在操控板中选取深度类型 （到选定的）。

② 调整视图方位，将鼠标移动到图 12.30 所示的加亮平面处右击，弹出一个快捷菜单，选择 从列表中拾取 命令，在弹出的"从列表中拾取"对话框中选择 曲面:F1(外部合并):HANDLE-FORK_MOLD_REF 选项。在"从列表中拾取"对话框中单击 确定(O) 按钮。

③ 在操控板中单击 选项 按钮，在"选项"界面中选中 ☑ 封闭端 复选框。

（5）在操控板中单击"完成"按钮 ☑，完成特征的创建。

拉伸终止面

放大图

图 12.30　选取拉伸终止面

Step4. 通过曲面复制的方法，复制参照模型上的外表面。

（1）为了方便选取图元，将坯料遮蔽。

（2）利用"模型显示"工具栏切换模型的显示状态。按住 Ctrl 键选取图 12.31 所示的加亮曲面，松开 Ctrl 键，完成复制曲面的选取。

（3）选择下拉菜单 编辑(E) ➡ 复制(C) 命令。

（4）选择下拉菜单 编辑(E) ➡ 粘贴(P) 命令。

（5）单击曲面复制操控板中的"完成"按钮 ☑。

Step5. 将复制面组与 Step3 中创建的拉伸曲面进行合并。

（1）按住 Ctrl 键，选取复制面组和 Step3 中创建的拉伸曲面。

（2）选择下拉菜单 编辑(E) ➡ 合并(G) 命令，此时系统"合并"操控板。

（3）在"合并"操控板中单击 ☑，合并方向如图 12.32 所示。

放大图　　　复制参照面

图 12.31　选取复制曲面　　　图 12.32　合并方向

（4）单击 ☑ ∞ 按钮，预览合并面组，单击"完成"按钮 ☑。

## Task5. 创建主分型面

创建图 12.33 所示模具的分型曲面，其操作过程如下：

Step1. 选择下拉菜单 插入(I) ➡ 模具几何 ▶ ➡ 分型面(S)... 命令。

**Step2.** 选择下拉菜单 编辑(E) ➡ 属性(R) 命令，在弹出的属性对话框中，输入分型面名称 **MAIN_PT_SURF**；单击对话框中的 确定 按钮。

**Step3.** 通过曲面复制的方法，复制参照模型上的外表面。

（1）采用"种子面与边界面"的方法选取所需要的曲面。在屏幕右下方的"智能选取栏"中选择"几何"选项。

（2）利用"模型显示"工具栏切换模型的显示状态。按下 按钮，将模型的显示状态切换到实线线框显示方式。

（3）选取图 12.34 所示的参照模型内表面为"种子面"。

图 12.33　创建分型曲面

图 12.34　定义种子面

（4）选取图 12.35 所示的加亮曲面为"边界面"。选取完成后，整个模型内表面被加亮，如图 12.36 所示。

图 12.35　定义边界面

图 12.36　加亮的曲面

（5）选择下拉菜单 编辑(E) ➡ 复制(C) 命令。

（6）选择下拉菜单 编辑(E) ➡ 粘贴(P) 命令。

（7）单击复制曲面操控板中的"完成"按钮 。

**Step4.** 创建拉伸曲面。

（1）选择下拉菜单 插入(I) ➡ 拉伸(E)... 命令，此时系统弹出"拉伸"操控板。

（2）定义草绘截面放置属性：右击，从弹出的菜单中选择 定义内部草绘... 命令；在系统的提示下，选取图 12.37 所示的坯料表面为草绘平面，然后选取图 12.37 所示的坯料表面为参照平面，方向为 右 。

（3）截面草图。绘制图 12.38 所示的截面草图（截面草图为一条线段）；完成截面的绘制后，单击工具栏中的"完成"按钮 。

图 12.37　选取拉伸终止面

图 12.38　截面草图

（4）设置深度选项。

① 在操控板中选取深度类型 ⊥（到选定的）。

② 调整视图方位，选取图 12.37 所示的坯料表面为拉伸终止面。

③ 在操控板中单击"完成"按钮 ✓，完成特征的创建。

Step5. 将复制面组 2 与 Step4 中创建的拉伸曲面进行合并，如图 12.39 所示。

（1）按住 Ctrl 键，选取复制面组 2 和 Step4 中创建的拉伸曲面。

（2）选择下拉菜单 编辑(E) ➡ 合并(G) 命令，此时系统弹出 "合并"操控板。

（3）单击 ✓ ∞ 按钮，预览合并后的面组；确认无误后，单击"完成"按钮 ✓。

Step6. 创建延伸曲面。

（1）遮蔽参照模型。

（2）如图 12.40 所示，首先选取第一段边线，然后选择下拉菜单 编辑(E) ➡
延伸(X)... 命令，按住 Ctrl 键，再选择图 12.40 所示的加亮边线。

图 12.39　合并面组

图 12.40　选取延伸边

（3）取消坯料的遮蔽。

（4）选取延伸的终止面。

① 在操控板中按下按钮 ▢（延伸类型为"将曲面延伸到参考平面"）。

② 在系统 选取曲面延伸所至的平面。的提示下，选取图 12.41 所示的坯料的表面为延伸的
终止面。

③ 单击 ✓ ∞ 按钮，预览延伸后的面组；单击"完成"按钮 ✓，完成后的延伸曲面如
图 12.42 所示。

Step7. 在工具栏中单击"确定"按钮 ✓，完成分型面的创建。

图 12.41　选取延伸的终止面

图 12.42　完成后的延伸曲面

## Task6．构建模具元件的体积块

Step1. 选择下拉菜单 编辑(E) ➡️ 分割... 命令（即用"分割"的方法构建体积块）。

Step2. 在系统弹出的 ▼ SPLIT VOLUME (分割体积块) 菜单中，选择 Two Volumes (两个体积块) ➡️
All Wrkpcs (所有工件) ➡️ Done (完成) 命令，此时系统弹出"分割"信息对话框。

Step3. 选取分型面。在系统 ⇨ 为分割工件选取分型面。 的提示下，选取分型面 MAIN_PT_SURF，然后单击"选取"对话框中的 确定 按钮。

Step4. 单击"分割"信息对话框中的 确定 按钮。

Step5. 系统弹出"属性"对话框，同时模型中的体积块的下半部分变亮，在该对话框中单击 着色 按钮，着色后的体积块如图 12.43 所示。然后在对话框中输入名称 UPPER_MOLD_VOL，单击 确定 按钮。

Step6. 系统弹出"属性"对话框，同时模型中的体积块的下半部分变亮，在该对话框中单击 着色 按钮，着色后的体积块如图 12.44 所示。然后在对话框中输入名称 LOWER_BODY_VOL，单击 确定 按钮。

图 12.43　着色后的上半部分体积块　　　　图 12.44　着色后的下半部分体积块

Step7. 选择下拉菜单 编辑(E) ➡️ 分割... 命令。

Step8. 在系统弹出的 ▼ SPLIT VOLUME (分割体积块) 菜单中，选择 Two Volumes (两个体积块)
➡️ Mold Volume (模具体积块) ➡️ Done (完成) 命令。

Step9. 在系统弹出的"搜索工具"对话框中，单击列表中的下模体积块，然后单击 > > 按钮，将其加入到已选取 0 个项目列表中，再单击 关闭 按钮。

Step10. 用"列表选取"的方法选取分型面。

（1）在系统 ⇨ 为分割所选的模型量选取分型面。 的提示下，先将鼠标指针移至模型中滑块分型面的位置右击，从快捷菜单中选取 从列表中拾取 命令。

（2）在系统弹出的 "从列表中拾取"对话框中，单击列表中的 面组:F7(SLIDE_PT_SURF) 分型面，然后单击 确定(O) 按钮。

（3）单击"选取"对话框中的 确定 按钮。

Step11. 单击"分割"信息对话框中的 确定 按钮。

Step12. 系统弹出"属性"对话框，同时 LOWER_BODY_VOL 体积块的外面变亮，在该对话框中单击 着色 按钮，着色后的模型如图 12.45 所示。然后在对话框中输入名称 LOWER_MOLD_VOL，单击 确定 按钮。

Step13. 此时系统弹出"属性"对话框,同时 LOWER_BODY_VOL 体积块的里面部分变亮,在该对话框中单击 着色 按钮,着色后的模型如图 12.46 所示。然后在对话框中输入名称 SLIDE_MOLD_VOL,单击 确定 按钮。

图 12.45 着色后的外面部分体积块

图 12.46 着色后的滑块体积块

## Task7. 抽取模具元件及生成浇注件

浇注件的名称命名为 oil-shell_molding。

## Task8. 定义开模动作

Step1. 将参照零件、坯料和分型面在模型中遮蔽起来。

Step2. 开模步骤 1: 移动滑块。选取图 12.47 所示的边线为移动方向,移动的距离值为 −60,并按回车键,完成滑块的开模动作。

选取此边线为移动方向

移动后

图 12.47 移动滑块

Step3. 开模步骤 2: 移动上模。参照开模步骤 1 的操作方法,选取上模,选取图 12.48 所示的边线为移动方向,输入要移动的距离值 70,完成上模的开模动作。

选取此边线为移动方向

移动后

图 12.48 移动上模

Step4. 开模步骤 3: 移动下模。选中下模,选取图 12.49 所示的边线为移动方向,输入要移动的距离值−70,选择 **Done (完成)** 命令,完成下模的开模动作。

选取此边线为移动方向

移动后

图 12.49　移动下模

Step5. 选择下拉菜单 文件(F) ➡ 保存(S) 命令。保存设计结果。

# 实例 13  带滑块的模具设计 (一)

在图 13.1 所示的模具设计中,设计原件的侧面有缺口,这样在模具中必须设计滑块方能顺利脱模。另外,主分型面将采用"阴影法"来进行设计,通过对本实例的学习,读者会对"阴影法"设计分型面有进一步的认识。

图 13.1  带滑块的模具设计

## Task1.  新建一个模具制造模型文件,进入模具模块

Step1. 将工作目录设置至 D:\proewf5.6\work\ch13。

Step2. 新建一个模具型腔文件,命名为 cork_2_mold;选取 mmns_mfg_mold 模板。

## Task2.  建立模具模型

在开始设计一个模具前,应先创建一个"模具模型",模具模型包括参照模型(Ref Model)和坯料(Workpiece),如图 13.2 所示。

### Stage1.  引入参照模型

Step1. 在 ▼ MOLD (模具) 菜单中选择 Mold Model (模具模型) 命令。

Step2. 在 ▼ MOLD MODEL (模具模型) 菜单中选择 Assemble (装配) 命令。

Step3. 在 ▼ MOLD MDL TYP (模具模型类型) 菜单中选择 Ref Model (参照模型) 命令。

Step4. 从弹出的文件"打开"对话框中,选取三维零件模型 cork_2.prt 作为参照零件模型,并将其打开。

Step5. 定义约束参照模型的放置位置。

(1) 指定第一个约束。在操控板中单击 放置 按钮,在"放置"界面的"约束类型"下拉列表中选择 对齐 ,选取参照件的 RIGHT 基准平面为元件参照,选取装配体的 MAIN_PARTING_PLN 基准平面为组件参照。

（2）指定第二个约束。单击 ➔ 新建约束 字符，在"约束类型"下拉列表中选择 对齐，选取参照件的 TOP 基准平面为元件参照，选取装配体的 MOLD_RIGHT 基准平面为组件参照。

（3）指定第三个约束。单击 ➔ 新建约束 字符，在"约束类型"下拉列表中选择 配对，选取参照件的 FRONT 基准平面为元件参照，选取装配体的 MOLD_FRONT 基准平面为组件参照。

（4）至此，约束定义完成，在操控板中单击"完成"按钮，系统自动弹出"创建参照模型"对话框，单击 确定 按钮，完成后的结果如图 13.3 所示。

说明：在此进行参照模型的定位约束就是为了定义模具的开模方向。

Step6. 在"创建参照模型"对话框中选中 按参照合并，然后在 参照模型 区域的 名称 文本框中接受默认的名称，再单击 确定 按钮。

### Stage2. 创建坯料

Step1. 在 MOLD MODEL (模具模型) 菜单中选择 Create (创建) 命令。

Step2. 在弹出的 MOLD MDL TYP (模具模型类型) 菜单中选择 Workpiece (工件) 命令。

Step3. 在弹出的 CREATE WORKPIECE (创建工件) 菜单中选择 Manual (手动) 命令。

Step4. 在"元件创建"对话框中，选中 类型 区域中的 零件 单选按钮，选中 子类型 区域中的 实体 单选按钮，在 名称 文本框中输入坯料的名称 wp，然后再单击 确定 按钮。

Step5. 在系统弹出的"创建选项"对话框中，选中 创建特征 单选按钮，然后再单击 确定 按钮。

Step6. 创建坯料特征。

（1）在菜单管理器中选择 Solid (实体) ➡ Protrusion (伸出项) 命令，在弹出的菜单中选择 Extrude (拉伸) ➡ Solid (实体) ➡ Done (完成) 命令，此时系统出现实体拉伸操控板。

（2）创建实体拉伸特征。

① 选取拉伸类型。在出现的操控板中，确认"实体"类型按钮 被按下。

② 定义草绘截面放置属性。在绘图区右击，从系统弹出的快捷菜单中选择 定义内部草绘... 命令。然后选择 MOLD_FRONT 基准平面作为草绘平面，草绘平面的参照平面为 MOLD_RIGHT 基准平面，方位为 右，单击 草绘 按钮，系统至此进入截面草绘环境。

③ 进入截面草绘环境后，选取 MAIN_PARTING_PLN 基准平面和 MOLD_RIGHT 基准平面为草绘参照，然后绘制图 13.4 所示的截面草图；完成特征截面的绘制后，单击工具栏中的"完成"按钮。

④ 选取深度类型并输入深度值。在操控板中，选取深度类型（即"对称"），再在深度文本框中输入深度值 22.0，并按回车键。

⑤ 预览特征。在操控板中单击"预览"按钮，可浏览所创建的拉伸特征。

⑥ 完成特征。在操控板中单击"完成"按钮，完成特征的创建。

图 13.2　参照模型和坯料　　　　图 13.3　参照件组装完成后　　　　图 13.4　截面草图

Step7. 选择 **Done/Return (完成/返回)** ➡ **Done/Return (完成/返回)** 命令。

## Task3. 设置收缩率

将参照模型收缩率设置为 0.006。

## Task4. 建立浇注系统

在模具坯料中应创建注道（Sprue）和浇口（Gate），这里省略。

## Task5. 创建模具分型曲面

### Stage1. 定义主分型面

下面将创建模具的主分型面，以分离模具的上模型腔和下模型腔，其操作过程如下：

Step1. 选择下拉菜单 **插入(I)** ➡ **模具几何 ▶** ➡ **□ 分型面(S)...** 命令。

Step2. 选择下拉菜单 **编辑(E)** ➡ **属性(R)** 命令，在"属性"对话框中输入分型面名称 main_ps；单击 **确定** 按钮。

Step3. 通过"阴影曲面"的方法创建主分型面。

（1）选择下拉菜单 **编辑(E)** ➡ **阴影曲面(W)** 命令，此时系统弹出"阴影曲面"对话框。

（2）定义光线投影的方向。在"阴影曲面"对话框中双击 **Direction (方向)** 元素，系统弹出 **▼ GEN SEL DIR (一般选取方向)** 菜单，用户可进行下面的操作来定义光线投影的方向。

① 在 **▼ GEN SEL DIR (一般选取方向)** 菜单中选择 **Plane (平面)** 命令（系统默认选取该命令）。

② 在系统 **⇨ 选取将垂直于此方向的平面。** 的提示下，选取图 13.5 所示的坯料表面。

③ 选择 **Okay (确定)** 命令，确认图 13.5 中的箭头方向为光线投影的方向。

（3）在"阴影曲面"对话框中单击 **确定** 按钮。

Step4. 着色显示所创建的分型面。

（1）选择下拉菜单 **视图(V)** ➡ **可见性(V) ▶** ➡ **着色** 命令。

（2）系统自动将刚创建的分型面 main_ps 着色，着色后的滑块分型面如图 13.6 所示。

（3）在 **▼ CntVolSel (继续体积块选取)** 菜单中选择 **Done/Return (完成/返回)** 命令。

Step5. 在工具栏中单击"确定"按钮 ✓，完成主分型面的创建。

图 13.5　定义光线投影的方向

图 13.6　着色显示分型面

### Stage2. 定义滑块分型曲面

下面创建模具的滑块分型面（图 13.7），其操作过程如下：

Step1. 遮蔽坯料和分型曲面。

Step2. 选择下拉菜单 插入(I) ➡ 模具几何 ▶ ➡ 🔲 分型面(S)... 命令。

Step3. 选择下拉菜单 编辑(E) ➡ 属性(R) 命令，在"属性"对话框中输入分型面名称 slide_ps，单击对话框中的 确定 按钮。

Step4. 通过"拉伸"的方法建立图 13.8 所示的拉伸曲面。

图 13.7　创建滑块分型曲面

图 13.8　创建拉伸面组

（1）选择下拉菜单 插入(I) ➡ ⬛ 拉伸(E)... 命令，此时系统弹出"拉伸"操控板。

（2）定义草绘截面放置属性。右击，从弹出的菜单中选择 定义内部草绘... 命令；在系统 ◈选取一个平面或曲面以定义草绘平面. 的提示下，采用"列表选取"的方法，选择图 13.9 所示的内表面为草绘平面，接受图 13.9 中默认的箭头方向为草绘视图方向，然后选取图 13.9 所示的 MAIN_PARTING_PLN 基准平面为参照平面，方向为 顶。

（3）截面草图。进入草绘环境后，用"使用"的方法，绘制图 13.10 所示的封闭的截面草图。完成特征截面的绘制后，单击工具栏中的"完成"按钮 ✓。

图 13.9　定义草绘平面

图 13.10　截面草图

（4）设置拉伸属性。

① 在操控板中选取深度类型 ⊥ （到选定的）。

② 单击工具栏上的 按钮，在"遮蔽－取消遮蔽"对话框中选择 取消遮蔽 选项卡，在对话框中按下 元件 按钮，选取 WP ，单击下方的 取消遮蔽 按钮，再单击 关闭 按钮。

③ 将模型调整到图 13.11 所示的视图方位，选取图 13.11 所示的平面为拉伸终止面。

④ 在操控板中单击 选项 按钮，在"选项"界面中选中 ☑ 封闭端 复选框。

（5）在操控板中单击"完成"按钮 ✓ ，完成特征的创建。

**Step5.** 将坯料和分型面重新显示在画面上。

**Step6.** 着色显示所创建的分型面。

（1）选择下拉菜单 视图(V) ➡ 可见性(V) ▶ ➡ 着色 命令。

（2）系统自动将刚创建的分型面 slide_ps 着色，着色后的滑块分型曲面如图 13.12 所示。

（3）在 ▼ CntVolSel（继续体积块选取）菜单中选择 Done/Return（完成/返回）命令。

**Step7.** 在工具栏中单击"确定"按钮 ✓ ，完成分型面的创建。

选择此表面为拉伸终止面

图 13.11    选择拉伸终止面

图 13.12    着色后的滑块分型曲面

## Task6．构建模具元件的体积块

### Stage1．用滑块分型面创建滑块元件的体积

用前面创建的滑块分型面 slide_ps 来分离出滑块元件的体积块，该体积块将来会被抽取为模具的滑块元件。

**Step1.** 选择下拉菜单 编辑(E) ➡ 分割... 命令（即用"分割"的方法构建体积块）。

**Step2.** 在系统弹出的 ▼ SPLIT VOLUME（分割体积块）菜单中，依次选择 Two Volumes（两个体积块）、All Wrkpcs（所有工件）和 Done（完成）命令，此时系统弹出"分割"信息对话框。

**Step3.** 用"列表选取"的方法选取分型面。

（1）在系统 ⇨ 为分割工件选取分型面。 的提示下，在模型中滑块分型面的位置右击，从弹出的快捷菜单中选择 从列表中拾取 命令。

（2）在"从列表中拾取"对话框中选取 面组:F9(SLIDE_PS) 分型面，然后单击 确定(0) 按钮。

（3）在"选取"对话框中单击 确定 按钮。

**Step4.** 在"分割"信息对话框中单击 确定 按钮。

Step5. 系统弹出"属性"对话框，同时坯料中的大部分体积块变亮，在该对话框中单击 着色 按钮，着色后的模型如图 13.13 所示。然后在对话框中输入名称 body_vol，单击 确定 按钮。

Step6. 系统弹出"属性"对话框，同时坯料中的滑块部分变亮，在该对话框中单击 着色 按钮，着色后的模型如图 13.14 所示，然后在对话框中输入名称 slide_vol，单击 确定 按钮。

图 13.13　着色后的体积块　　　　　　　图 13.14　着色后的滑块体积块

### Stage2. 用主分型面创建上、下两个体积腔

用前面创建的主分型面 main_ps 来将前面生成的体积块 body_vol 分成上、下两个体积腔（块），这两个体积块将来会被抽取为模具的上、下模具型腔。

Step1. 选择下拉菜单 编辑(E) ➡ 分割... 命令。

Step2. 在系统弹出的 ▼ SPLIT VOLUME (分割体积块) 菜单中，选择 Two Volumes (两个体积块) 、 Mold Volume (模具体积块) 和 Done (完成) 命令。

Step3. 在系统弹出的"搜索工具"对话框中，单击列表中的 面组:F17(BODY_VOL) 体积块，然后单击 > > 按钮，将其加入到 已选取 0 个项目列表中，再单击 关闭 按钮。

Step4. 用"列表选取"的方法选取分型面。

（1）在系统 ➪ 为分割所选的模型量选取分型面。 的提示下，将鼠标指针移至模型中主分型面的位置右击，从系统弹出的快捷菜单中选取 从列表中拾取 命令。

（2）在系统弹出的"从列表中拾取"对话框中，单击列表中的 面组:F7(MAIN_PS) ，然后单击 确定(0) 按钮。

（3）单击"选取"对话框中的 确定 按钮。

Step5. 单击"分割"信息对话框中的 确定 按钮。

Step6. 系统弹出"属性"对话框，在该对话框中单击 着色 按钮，着色后的模型如图 13.15 所示。然后在对话框中输入名称 upper_vol，单击 确定 按钮。

Step7. 系统弹出"属性"对话框，在该对话框中单击 着色 按钮，着色后的模型如图 13.16 所示。然后在对话框中输入名称 lower_vol，单击 确定 按钮。

### Task7. 抽取模具元件及生成注射件

将注射件的名称命名为 molding。

图 13.15 着色后的上半部分体积块

图 13.16 着色后的下半部分体积块

## Task8. 定义开模动作

Step1. 将参照零件、坯料和分型面在模型中遮蔽起来。

Step2. 开模步骤 1：移动滑块，输入要移动的距离值-30，结果如图 13.17 所示。

Step3. 开模步骤 2：移动上模，输入要移动的距离值 60，结果如图 13.18 所示。

Step4. 开模步骤 3：移动注射件，输入要移动的距离值 30，结果如图 13.19 所示。

图 13.17 移动后的状态

图 13.18 移动后的状态

图 13.19 移动后的状态

Step5. 保存设计结果。选择下拉菜单 文件(F) ➡ 保存(S) 命令。

# 实例 14  带滑块的模具设计（二）

在图 14.1 所示的模具中，设计原件的底座面有破孔，这样在模具中必须设计滑块，开模时，先将滑块移出，上、下模具才能顺利脱模。

上模

滑块

浇注件

下模

A 向

A

图 14.1  带滑块的模具设计

## Task1.  新建一个模具制造模型文件

Step1. 将工作目录设置至 D:\proewf5.6\work\ch14。

Step2. 新建一个模具型腔文件，命名为 handle-fork_mold；选取 mmns_mfg_mold 模板。

## Task2.  建立模具模型

### Stage1.  引入参照模型

Step1. 单击工具栏中的"模具型腔布局"按钮 ，系统弹出 "打开"和"布局"对话框。

Step2. 从弹出的文件"打开"对话框中，选取三维零件模型——handle-fork.prt 作为参照零件模型，并将其打开，系统弹出"创建参照模型"对话框。

Step3. 在"创建参照模型"对话框中选中 按参照合并，然后在 参照模型 区域的 名称 文本框中接受默认的名称，再单击 确定 按钮。

Step4. 在"布局"对话框的 布局 区域中单击 单一 单选项，在"布局"对话框中单击 预览 按钮，结果如图 14.2 所示。

Step5. 调整模具坐标系。

（1）在"布局"对话框的 参照模型起点与定向 区域中单击 按钮，系统弹出"坐标系类型"菜单。

（2）定义坐标系类型。在"坐标系类型"菜单中选择 Dynamic (动态) 命令，系统弹出"元件"窗口和"参考模型方向"对话框。

（3）旋转坐标系。在"参考模型方向"对话框的 轴 区域中选择 Y 轴作为旋转轴。在 值 文本框中输入 90。

（4）在"参考模型方向"对话框中单击 确定；在"布局"对话框中单击 确定(0) 按钮；单击 Done/Return (完成/返回) 命令，完成坐标系的调整，结果如图 14.3 所示。

图 14.2　调整模具坐标系前　　　　图 14.3　调整模具坐标系后

**Stage2. 创建坯料**

手动创建图 14.4 所示的坯料，操作步骤如下：

Step1. 在 MOLD MODEL (模具模型) 菜单中选择 Create (创建) 命令。

Step2. 在弹出的 MOLD MDL TYP (模具模型类型) 菜单中选择 Workpiece (工件) 命令。

Step3. 在弹出的 CREATE WORKPIECE (创建工件) 菜单中选择 Manual (手动) 命令。

Step4. 在弹出的"元件创建"对话框中，选中 类型 区域中的 零件，选中 子类型 区域中的 实体；在 名称 文本框中输入坯料的名称 wp；单击 确定 按钮。

Step5. 在弹出的"创建选项"对话框中，选中 创建特征 单选按钮，然后单击 确定 按钮。

Step6. 创建坯料特征。

（1）在 FEAT OPER (特征操作) 菜单中，选择 Solid (实体) ➡ Protrusion (伸出项) 命令；在弹出的 SOLID OPTS (实体选项) 菜单中选择 Extrude (拉伸) ➡ Solid (实体) ➡ Done (完成) 命令，此时系统显示实体拉伸操控板。

（2）创建实体拉伸特征。

① 选取拉伸类型：在出现的操控板中，确认"实体"类型按钮 □ 被按下。

② 定义草绘截面放置属性：在绘图区中右击，从弹出的快捷菜单中选择 定义内部草绘... 命令。选择 MAIN_PARTING_PLN 基准平面作为草绘平面，草绘平面的参照平面为 MOLD_RIGHT 基准平面，方位为 底部，单击 草绘 按钮，系统至此进入截面草绘环境。

③ 绘制截面草图。进入截面草绘环境后，选取 MOLD_FRONT 基准平面和 MOLD_RIGHT 基准平面为草绘参照，截面草图如图 14.5 所示；完成特征截面的绘制后，单击工具栏中的"完成"按钮 ✓。

④ 选取深度类型并输入深度值。在操控板中单击 选项 按钮，从弹出的界面中选取 侧 1 的深度类型 ⊥，再在深度文本框中输入深度值 5.0，并按回车键；然后选取 侧 2 的深度类型 ⊥，再在深度文本框中输入深度值 15.0，并按回车键。

图 14.4 模具模型

图 14.5 截面草图

⑤ 完成特征。在操控板中单击"完成"按钮 ☑ ，完成特征的创建。

Step7. 选择 `Done/Return (完成/返回)` ━━▶ `Done/Return (完成/返回)` 命令。

## Task3. 设置收缩率

将参照模型收缩率设置为 0.006。

## Task4. 创建滑块分型面

下面的操作是创建图 14.6 所示的模具的滑块分型曲面，以分离模具元件——滑块，其操作过程如下：

Step1. 选择下拉菜单 `插入(I)` ━━▶ `模具几何 ▶` ━━▶ `分型面(S)...` 命令。

Step2. 选择下拉菜单 `编辑(E)` ━━▶ `属性(R)` 命令，在"属性"对话框中输入分型面名称 ps_surf，单击对话框中的 `确定` 按钮。

Step3. 创建图 14.7 所示的拉伸面组 1。

（1）选择下拉菜单 `插入(I)` ━━▶ `拉伸(E)...` 命令，此时系统弹出"拉伸"操控板。

图 14.6 创建滑块分型曲面

拉伸面组 1

图 14.7 创建拉伸面组 1

（2）定义草绘截面放置属性：在绘图区右击，从弹出的菜单中选择 `定义内部草绘...` 命令；在系统 `选取一个平面或曲面以定义草绘平面。` 的提示下，选择图 14.8 所示的坯料表面 1 为草绘平面，接受图 14.8 中默认的箭头方向为草绘视图方向，然后选取图 14.8 所示的坯料表面 2 为参照平面，方向为 `顶` 。

（3）进入草绘环境后，选取 MAIN_PARTING_PLN 基准平面和 MOLD_FRONT 基准平面为草绘参照，截面草图如图 14.9 所示。完成特征截面的绘制后，单击工具栏中的"完成"按钮 ☑ 。

选择坯料表面
1 为草绘平面

选择坯料表面 2
为参照平面

图 14.8　定义草绘平面

图 14.9　截面草图

（4）设置深度选项。

① 在操控板中选取深度类型 ⊥（到选定的）。

② 将模型调整到图 14.10 所示的视图方位，将鼠标移动到图 14.10 所示的加亮平面处右击，从弹出的快捷菜单选择 从列表中拾取 命令，在弹出的"从列表中拾取"对话框中选择 曲面:F1(外部合并):HANDLE-FORK_MOLD_REF 选项。在"从列表中拾取"对话框中单击 确定(0) 按钮。

③ 在操控板中单击 选项 按钮，在"选项"界面中选中 ☑ 封闭端 复选框。

（5）在操控板中单击"完成"按钮 ✓，完成特征的创建。

Step4. 创建图 14.11 所示的拉伸面组 2。

此平面为拉伸终止面

放大图

图 14.10　选取拉伸终止面

拉伸面组 2

图 14.11　创建拉伸面组 2

（1）选择下拉菜单 插入(I) ➡ 🗂 拉伸(E)... 命令，此时系统弹出"拉伸"操控板。

（2）定义草绘截面放置属性：右击，从弹出的菜单中选择 定义内部草绘... 命令；在系统 ⇨选取一个平面或曲面以定义草绘平面。 的提示下，选择图 14.12 所示的坯料表面 1 为草绘平面，接受图 14.12 中默认的箭头方向为草绘视图方向，然后选取图 14.12 所示的坯料表面 2 为参照平面，方向为 顶。

（3）进入草绘环境后，选取 MAIN_PARTING_PLN 基准平面和 MOLD_FRONT 基准平面为草绘参照，点击"使用"按钮 □，选择图 14.13 所示的三条边，然后绘制图 14.13 所示的截面草图。完成特征截面的绘制后，单击工具栏中的"完成"按钮 ✓。

选择坯料表面
1 为草绘平面

选择坯料表面 2
为参照平面

图 14.12　定义草绘平面

图 14.13　截面草图

（4）设置深度选项。

① 在操控板中选取深度类型 ⬜（到选定的）。

② 将模型调整到图 14.14 所示的视图方位，采用"列表选取"的方法，选择图 14.14 所示的平面为拉伸终止面，在"从列表中拾取"对话框中选择 `曲面:F1(外部合并):HANDLE-FORK_MOLD_REF` 选项，在"从列表中拾取"对话框中单击 `确定(0)` 按钮。

③ 在操控板中单击 `选项` 按钮，在"选项"界面中选中 `☑ 封闭端` 复选框。

（5）在操控板中单击"完成"按钮 ✓，完成特征的创建。

Step5. 将拉伸面组 1 与拉伸面组 2 进行合并，如图 14.15 所示。

（1）遮蔽参照件和坯料。在模型树中右击 `◻WP.PRT`，从弹出的快捷菜单中选择 `遮蔽` 命令，用同样的方法遮蔽 `◻HANDLE-FORK_MOLD_REF.PRT`。

（2）按住 Ctrl 键，选取拉伸面组 1 与拉伸面组 2。

（3）选择下拉菜单 `编辑(E)` ➡ `⬛合并(G)` 命令，系统弹出"合并"操控板。

（4）在"合并"操控板中单击 ⟋ 和 ⟍，在模型中选取要合并的面组的箭头方向，如图 14.15 所示。

（5）在操控板中单击 `选项` 按钮，在"选项"界面中选择 `◉ 相交` 单选按钮。

（6）单击 `☑∞` 按钮，预览合并后的面组；确认无误后，单击"完成"按钮 ✓。

图 14.14　选取拉伸终止面

图 14.15　合并面组

Step6. 通过曲面复制的方法，复制参照模型底座的下表面。

（1）将参照模型撤销遮蔽。

（2）遮蔽滑块分型曲面。

（3）采用"种子面与边界面"的方法选取所需要的曲面。用户分别选取种子面和边界面后，系统则会自动选取从种子曲面开始向四周延伸直到边界曲面的所有曲面（其中包括种子曲面，但不包括边界曲面）。在屏幕右下方的"智能选取栏"中选择"几何"选项。

（4）下面先选取"种子面"（Seed Surface），操作方法如下：

① 利用"模型显示"工具栏可以切换模型的显示状态。按下 ▣（隐藏线）按钮，将模型的显示状态切换到实线线框显示方式。

② 采用"从列表中选取"的方法选取图 14.16 所示的模型底面作为种子面。

（5）然后选取"边界面"（boundary surface），操作方法如下：

① 按住 Shift 键,选取图 14.17 中的 handle-forkd 的背面和底座的上表面以及底座的所有侧面为边界面,此时图中所选的边界面会加亮。

图 14.16  定义种子面　　　　　　　　图 14.17  定义边界面

② 依次选取所有的边界面完毕(全部加亮)后,松开 Shift 键,完成"边界面"的选取。操作完成后,整个模型底座的小表面和里面的圆孔的内表面被加亮,如图 14.18 所示。

**注意**:在选取"边界面"的过程中,要保证 Shift 键始终被按下,直至所有"边界面"均选取完毕,否则不能达到预期的效果。

(6) 选择下拉菜单 编辑(E) ➜ 复制(C) 命令。

(7) 选择下拉菜单 编辑(E) ➜ 粘贴(P) 命令。

(8) 单击操控板中的"完成"按钮 。

Step7. 将 Step5 合并的面组与复制面组进行合并,如图 14.19 所示。

图 14.18  加亮的曲面　　　　　　　　图 14.19  合并面组

(1) 遮蔽参照件。在模型树中右击 HANDLE-FORK_MOLD_REF.PRT,从弹出的快捷菜单中选择 遮蔽 命令。

(2) 将滑块分型面撤销遮蔽。在模型树中右击 拉伸 1 [PS SURF - 分型面],从弹出的快捷菜单中选择 取消遮蔽 命令。

(3) 按住 Ctrl 键,选取合并面组和上一步创建的复制面组。

(4) 选择下拉菜单 编辑(E) ➜ 合并(G) 命令,系统"合并"操控板。

(5) 在"合并"操控板中单击 和 ,在模型中调整要合并的面组的箭头方向,如图 14.19 所示。

(6) 在操控板中单击 选项 按钮,在"选项"界面中选择 ◉ 相交 单选按钮。

(7) 单击 按钮,预览合并后的面组;确认无误后,单击"完成"按钮 。

（8）在工具栏中单击"确定"按钮 ✓ ，完成主分型面的创建。

## Task5．创建主分型面

下面的操作是创建图 14.20 所示的模具的主分型曲面，其操作过程如下：

Step1．遮蔽滑块分型面，将参照件撤销遮蔽。

Step2．选择下拉菜单 插入(I) ➡ 模具几何 ▶ ➡ ▢ 分型面(S)... 命令。

Step3．选择下拉菜单 编辑(E) ➡ 属性(R) 命令，在"属性"对话框中输入分型面名称 main_pt_surf，单击对话框中的 确定 按钮。

Step4．通过曲面复制的方法，复制参照模型上的外表面，如图 14.21 所示。

（1）采用"种子面与边界面"的方法选取所需要的曲面。用户分别选取种子面和边界面后，系统会自动选取从种子曲面开始向四周延伸直到边界曲面的所有曲面（其中包括种子曲面，但不包括边界曲面）。在屏幕右下方的"智能选取栏"中选择"几何"选项。

（2）下面选取"种子面"（Seed Surface），操作方法如下：

① 利用"模型显示"工具栏可以切换模型的显示状态。按下 ⊡ （隐藏线）按钮，将模型的显示状态切换到实线线框显示方式。

② 将模型调整到图 14.21 所示的视图方位，采用"从列表中选取"的方法选取图 14.21 所示的模型表面作为种子面。

图 14.20 创建主分型曲面

图 14.21 定义种子面

（3）选取"边界面"（boundary surface），操作方法如下：

① 按住 Shift 键，选取图 14.22 中的 handle-fork 的背面和前面伸出圆柱的端面为边界面，此时选中曲面会加亮。

② 依次选取所有的边界面（全部加亮）后，松开 Shift 键，然后按住 Ctrl 键选取图 14.23 所示的模型表面（见下页），操作完成后，模型上表面被加亮，如图 14.24 所示。

图 14.22 定义边界面

图 14.24 加亮曲面（着色）

图 14.23　定义边界面

**注意**：在选取"边界面"的过程中，要保证 Shift 键始终被按下，直至所有"边界面"均选取完毕，否则不能达到预期的效果。

（4）选择下拉菜单 编辑(E) ➡ ▤ 复制(C) 命令。

（5）选择下拉菜单 编辑(E) ➡ ▤ 粘贴(P) 命令。

（6）单击操控板中的"完成"按钮 ✓ 。

Step5. 通过"拉伸"的方法，创建图 14.25 所示的拉伸曲面。

（1）将坯料撤销遮蔽。在模型树中右击 ⌐ WP.PRT ，从弹出的快捷菜单中选择 取消遮蔽 命令。

（2）选择下拉菜单 插入(I) ➡ ⚑ 拉伸(E)... 命令，此时系统弹出"拉伸"操控板。

（3）定义草绘截面放置属性：右击，从弹出的菜单中选择 定义内部草绘... 命令；在系统 ⬦选取一个平面或曲面以定义草绘平面. 的提示下，选取图 14.26 所示的坯料表面 1 为草绘平面，接受图 14.26 中默认的箭头方向为草绘视图方向，然后选取图 14.26 所示的坯料表面 2 为参照平面，方向为 顶 。

图 14.25　创建拉伸曲面

图 14.26　定义草绘平面

（4）绘制截面草图。

① 选取图 14.27 所示的边线为参照。

② 绘制图 14.27 所示的截面草图（截面草图为一条线段）；完成截面的绘制后，单击工具栏中的"完成"按钮 ✓ 。

（5）设置深度选项。

① 在操控板中选取深度类型 ⊥（到选定的）。

② 将模型调整到图 14.28 所示的视图方位，选取图中所示的坯料表面为拉伸终止面。

③ 在操控板中单击"完成"按钮 ✓，完成特征的创建。

图 14.27　截面草图　　　　　　　　　图 14.28　选取拉伸终止面

Step6. 将复制面组与拉伸面组进行合并，如图 14.29 所示。

图 14.29　合并面组

（1）遮蔽参照件和坯料。

（2）按住 Ctrl 键，选取复制面组和上一步创建的拉伸曲面。

（3）选择下拉菜单 编辑(E) ➡ 合并(G) 命令，系统弹出"合并"操控板。

（4）在"合并"操控板中单击 ✗，在模型中选取要合并的面组的侧。

（5）在操控板中单击 选项 按钮，在"选项"界面中选择 ◎ 相交 单选按钮。

（6）单击 ✓ ∞ 按钮，预览合并后的面组；确认无误后，单击"完成"按钮 ✓。

Step7. 将合并后的表面延伸至图 14.30 所示坯料的表面。

（1）为了方便选取复制边线，利用"模型显示"工具栏（一般位于软件界面的右上部），可以切换模型的显示状态。按下 □ 按钮，将模型的显示状态切换到实线线框显示方式。

（2）如图 14.31 所示，首先选取第一段边线。

图 14.30　延伸曲面　　　　　　　　　图 14.31　选取延伸边

**注意：** 必须随着选取的第一条线段，依次选取图 14.31 中加亮的线段，线段之间不能间隔，否则无法选取加亮线段。

（3）选择下拉菜单 编辑(E) ➡ ▢ 延伸(X)... 命令，此时出现"延伸"操控板。

（4）按住 Ctrl 键，选取图 14.31 中所加亮的线段。

（5）将坯料的遮蔽取消。

（6）选取延伸的终止面。

① 在操控板中按下按钮 ▢ （延伸类型为将曲面延伸到参考平面）。

② 在系统 ⇨选取曲面延伸所至的平面。 的提示下，选取图 14.32 所示的坯料的表面为延伸的终止面。

③ 单击 ✓ ∞ 按钮，预览延伸后的面组；确认无误后，单击"确定"按钮 ✓。完成后的延伸曲面如图 14.33 所示。

图 14.32  选取延伸的终止面

图 14.33  完成后的延伸曲面

Step8. 在工具栏中单击"确定"按钮 ✓，完成分型面的创建。

Step9. 将分型面 PS_SURF 重新显示。

## Task6．构建模具元件的体积块

### Stage1．用滑块分型面创建滑块元件的体积块

用前面创建的滑块分型面 PS_SURF 来分离出滑块元件的体积块，该体积块将来会抽取为模具的滑块元件。

Step1. 选择下拉菜单 编辑(E) ➡ 分割... 命令（即用"分割"的方法构建体积块）。

Step2. 在系统弹出的 ▼ SPLIT VOLUME (分割体积块) 菜单中，依次选择 Two Volumes (两个体积块)、All Wrkpcs (所有工件) 和 Done (完成) 命令，此时系统弹出"分割"对话框和"选取"对话框。

Step3. 用"列表选取"的方法选取分型面。

（1）在系统 ⇨为分割工件选取分型面。 的提示下，在模型中滑块分型面的位置右击，从弹出的快捷菜单中选择 从列表中拾取 （从列表中拾取）命令。

（2）在"从列表中拾取"对话框中选取 面组:F7(PS_SURF) 分型面，然后单击 确定(O) 按钮。

（3）在"选取"对话框中单击 确定 按钮。

Step4. 在"分割"信息对话框中单击 确定 按钮。

Step5. 系统弹出"属性"对话框，同时坯料中的大部分体积块变亮，然后在对话框中

输入名称 body_vol，单击 确定 按钮。

Step6. 系统弹出"属性"对话框，同时坯料中的滑块部分变亮，然后在对话框中输入名称 slide_vol，单击 确定 按钮。

图 14.34　着色后的上半部分体积块

图 14.35　着色后的下半部分体积块

### Stage2．用主分型面创建上、下两个体积腔

用前面创建的主分型面 main_pt_surf 来将前面生成的体积块 body_vol 分成上、下两个体积腔（块），这两个体积块将来会被抽取为模具的上、下模具型腔。

Step1. 选择下拉菜单 编辑(E) ➞ 分割... 命令。

Step2. 在系统弹出的 ▼ SPLIT VOLUME (分割体积块) 菜单中，选择 Two Volumes (两个体积块)、Mold Volume (模具体积块) 和 Done (完成) 命令。

Step3. 在系统弹出的"搜索工具"对话框中，单击列表中的 面组:F17(BODY_VOL) 体积块，然后单击 >> 按钮，将其加入到已选取 0 个项目列表中，再单击 关闭 按钮。

Step4. 用"列表选取"的方法选取分型面。

（1）在系统 ◇为分割所选的模型量选取分型面。 的提示下，先将鼠标指针移至模型中主分型面的位置右击，从快捷菜单中选取 从列表中拾取 命令。

（2）在系统弹出的"从列表中拾取"对话框中，单击列表中的 面组:F12(MAIN_PT_SURF)，然后单击 确定(O) 按钮。

（3）单击"选取"对话框中的 确定 按钮。

Step5. 单击"分割"信息对话框中的 确定 按钮。

Step6. 系统弹出"属性"对话框，同时 BODY_VOL 体积块的下半部分变亮，在该对话框中单击 着色 按钮，着色后的模型如图 14.34 所示。然后在对话框中输入名称 lower_vol，单击 确定 按钮。

Step7. 系统弹出"属性"对话框，同时 BODY_VOL 体积块的上半部分变亮，在该对话框中单击 着色 按钮，着色后的模型如图 14.35 所示。然后在对话框中输入名称 upper_vol，单击 确定 按钮。

### Task7．抽取模具元件及生成注射件

将注射件的名称命名为 handle-fork_molding。

## Task8. 定义开模动作

Step1. 将参照零件、坯料和分型面在模型中遮蔽起来

Step2. 开模步骤 1：移动滑块，输入要移动的距离值–20。结果如图 14.36 所示。

图 14.36　移动滑块

Step3. 开模步骤 2：移动上模，输入要移动的距离值 20。结果如图 14.37 所示。

图 14.37　移动上模

Step4. 开模步骤 3：移动下模，输入要移动的距离值-30。结果如图 14.38 所示。

图 14.38　移动下模

Step5. 保存设计结果。选择下拉菜单 文件(F) ➡ 保存(S) 命令。

# 实例 15　带滑块的模具设计（三）

本实例将介绍图 15.1 所示的三通管的模具设计。该模具的设计重点和难点在于分型面的设计，分型面设计得是否合理直接影响到模具是否能够顺利地开模。通过对本实例的学习，读者会对"分型面法"有进一步的认识。

图 15.1　三通管的模具设计

## Task1. 新建一个模具制造模型，进入模具模块

Step1. 将工作目录设置至 D:\proewf5.6\work\ch15。

Step2. 新建一个模具型腔文件，命名为 pipeline_mold；选取 mmns_mfg_mold 模板。

## Task2. 建立模具模型

在开始设计一个模具前，应先创建一个如图 15.2 所示的"模具模型"，模具模型包括参照模型和坯料。

### Stage1. 引入参照模型

Step1. 在 ▼ MOLD (模具) 菜单中选择 Mold Model (模具模型) 命令。

Step2. 在 ▼ MOLD MODEL (模具模型) 菜单中选择 Assemble (装配) 命令。

Step3. 在 ▼ MOLD MDL TYP (模具模型类型) 菜单中选择 Ref Model (参照模型) 命令。

Step4. 从弹出的文件"打开"对话框中，选取三维零件模型 pipeline.prt 作为参照零件模型，并将其打开。

Step5. 定义约束参照模型的放置位置。

（1）指定第一个约束。在操控板中单击 放置 按钮，在"放置"界面的"约束类型"下拉列表中选择 配对，选取参照件的 FRONT 基准平面为元件参照，选取装配体的 MAIN_PARTING_PLN 基准平面为组件参照。

（2）指定第二个约束。单击 ➔ 新建约束 字符，在"约束类型"下拉列表中选择 对齐，

选取参照件的 TOP 基准平面为元件参照，选取装配体的 MOLD_FRONT 基准平面为组件参照。

（3）指定第三个约束。单击 ➡ 新建约束 字符，在"约束类型"下拉列表中选择 ▮▮ 对齐 ，选取参照件的 RIGHT 基准平面为元件参照，选取装配体的 MOLD_RIGHT 基准平面为组件参照，将其设置为 ↑↑ 偏移 ，偏移值设为 60。

（4）约束定义完成，在操控板中单击"完成"按钮 ✓，完成参照模型的放置；系统自动弹出"创建参照模型"对话框。

Step6. 在"创建参照模型"对话框中选中 ◉ 按参照合并 ，然后在 参照模型 区域的 名称 文本框中接受默认的名称，再单击 确定 按钮，完成参照模型的命名。

Step7. 创建镜像参照模型。

（1）在 ▼ MOLD (模具) 菜单中选取 Mold Model (模具模型) ➡ Create (创建) ➡ Ref Model (参照模型) 命令，此时系统弹出"元件创建"对话框。

（2）在"元件创建"对话框中，选中 类型 区域中的 ◉ 零件 单选按钮，选中 子类型 区域中的 ◉ 镜像 单选按钮，在 名称 文本框中输入坯料的名称 pipeline_mold_ref_02，然后再单击 确定 按钮，此时系统弹出"镜像零件"对话框。

（3）在系统弹出的"创建选项"对话框中，选中 ◉ 仅镜像几何 单选按钮，然后在系统的提示下选取图 15.3 所示要镜像的零件参照和图 15.3 所示的镜像平面参照，完成选取后单击 确定 按钮。

（4）选择 Done/Return (完成/返回) 命令，完成参照零件的创建。

图 15.2　参照模型和坯料　　　　　图 15.3　　创建镜像参照模型

## Stage2. 创建坯料

Step1. 在 ▼ MOLD MODEL (模具模型) 菜单中选择 Create (创建) 命令。

Step2. 在弹出的 ▼ MOLD MDL TYP (模具模型类型) 菜单中选择 Workpiece (工件) 命令。

Step3. 在弹出的 ▼ CREATE WORKPIECE (创建工件) 菜单中选择 Manual (手动) 命令。

Step4. 在"元件创建"对话框中，选中 类型 区域中的 ◉ 零件 单选按钮，选中 子类型 区域中的 ◉ 实体 单选按钮，在 名称 文本框中输入坯料的名称 wp，然后再单击 确定 按钮。

Step5. 在系统弹出的"创建选项"对话框中，选中 ◉ 创建特征 单选按钮，然后再单击 确定 按钮。

Step6. 创建图 15.4 所示的坯料特征。

（1）在菜单管理器中选择 Solid（实体） ➡ Protrusion（伸出项）命令，在弹出的菜单中选择 Extrude（拉伸） ➡ Solid（实体） ➡ Done（完成）命令，此时系统出现实体拉伸操控板。

（2）创建实体拉伸特征。

① 定义草绘截面放置属性：在绘图区中右击，从系统弹出的快捷菜单中选择 定义内部草绘... 命令。然后选择 MAIN_PARTING_PLN 基准平面作为草绘平面，草绘平面的参照平面为 MOLD_RIGHT 基准平面，方位为 右，单击 草绘 按钮，系统至此进入截面草绘环境。

② 进入截面草绘环境后，选取 MOLD_RIGHT 基准平面和 MOLD_FRONT 基准平面为草绘参照，然后绘制图 15.5 所示的截面草图。完成截面草图的绘制后，单击工具栏中的"完成"按钮 ✔。

图 15.4 创建坯料

图 15.5 截面草图

③ 选取深度类型并输入深度值：在操控板中选取深度类型 日（即"对称"），再在深度文本框中输入深度值 180.0，并按回车键。

④ 完成特征：在操控板中单击"预览"按钮 ✔ 66，浏览所创建的拉伸特征，单击"完成"按钮 ✔，完成特征的创建。

Step7. 选择 Done/Return（完成/返回） ➡ Done/Return（完成/返回）命令。

## Task3. 设置收缩率

Step1. 在 ▼ MOLD（模具）菜单中选择 Shrinkage（收缩）命令，选择参照模型。

Step2. 在 ▼ SHRINKAGE（收缩）菜单中选择 By Dimension（按尺寸）命令。

Step3. 系统弹出"按尺寸收缩"对话框，在该对话框中确认 公式 区域中的 1+S 按钮被按下，在 收缩选项 区域中选中 ☑ 更改设计零件尺寸 复选框。在 收缩率 区域的 比率 栏中，输入收缩率 0.006，并按回车键，然后在该对话框中单击 ✔ 按钮。

Step4. 选择 Done/Return（完成/返回）命令。

## Task4. 创建浇注系统

### Stage1. 创建浇道

创建图 15.6 所示的浇道，其操作过程如下：

Step1. 在 ▼ MOLD（模具）菜单中选择 Feature（特征）命令，即可进入模具特征菜单；在弹出的

▼ MOLD MDL TYP (模具模型类型)菜单中选择 Cavity Assem (型腔组件)命令。

Step2. 在▼ FEAT OPER (特征操作)菜单中选择 Solid (实体) ➡ Cut (切减材料)命令，在弹出的
▼ SOLID OPTS (实体选项)菜单中选择 Revolve (旋转) ➡ Solid (实体) ➡ Done (完成)命令，此
时出现旋转特征操控板。

（1）定义草绘截面放置属性：右击，从快捷菜单中选择 定义内部草绘...命令。草绘平面
为 MOLD_FRONT 基准平面，草绘平面的参照平面为 MOLD_RIGHT 基准平面，草绘平面
的参照方位是 右 。单击 草绘 按钮，系统至此进入截面草绘环境。

（2）进入截面草绘环境后，选取图 15.7 所示的坯料边线为草绘参照，绘制图 15.7 所示
的截面草图。完成特征截面的绘制后，单击工具栏中的"完成"按钮 ✓ 。

（3）特征属性：旋转角度类型为 ⊥ ，旋转角度为 360°。

（4）单击操控板中的 ✓ 按钮，完成特征的创建。

（5）选择 Done/Return (完成/返回)命令。

图 15.6　创建浇道　　　　　　　　　图 15.7　截面草图

**Stage2. 创建图 15.8 所示的主流道**

Step1. 在▼ MOLD (模具)菜单中选择 Feature (特征)命令，在弹出的▼ MOLD MDL TYP (模具模型类型)
菜单中选择 Cavity Assem (型腔组件)命令。

Step2. 在▼ FEAT OPER (特征操作)菜单中选择 Mold (模具)命令，在▼ MOLD FEAT (模具特征)菜单
中选择 Runner (流道)命令，系统弹出"流道"信息对话框，在系统弹出的▼ Shape (形状)菜
单中选择 Round (倒圆角)命令。

Step3. 定义流道的直径。在系统 输入流道直径 的提示下，输入直径值 10，然后按回车键。

Step4. 在▼ FLOW PATH (流道)菜单中选择 Sketch Path (草绘流道)命令，在
▼ SETUP SK PLN (设置草绘平面)菜单中选择 Setup New (新设置)命令，系统弹出"选取"对话框。

Step5. 草绘平面。执行命令后，在系统 ⇨选取或创建一个草绘平面。的提示下，选择
MAIN_PARTING_PLN 基准平面为草绘平面。在▼ DIRECTION (方向)菜单中选择 Okay (确定)命
令，即接受系统默认草绘的方向。在▼ SKET VIEW (草绘视图)菜单中选择 Right (右)命令，选取
MOLD_RIGHT 基准平面为参照平面。

Step6. 绘制截面草图：进入草绘环境后，绘制图 15.9 所示的截面草图(即一条中间线
段)。完成特征截面的绘制后，单击工具栏中的"完成"按钮 ✓ 。

图 15.8　创建主流道

　　图 15.9　截面草图

**Step7.** 定义相交元件。在系统弹出的"相交元件"对话框中按下 自动添加 按钮，选中 ☑ 自动更新 复选框，然后单击 确定 按钮。

**Step8.** 单击"流道"信息对话框中的 预览 按钮，再单击"重画"按钮 🖾，预览所创建的"流道"特征，然后单击 确定 按钮完成操作。

**Step9.** 选择 Done/Return（完成/返回）命令。

### Stage3. 浇口的设计

创建图 15.10 所示的浇口，其操作过程如下：

**Step1.** 在 ▼ MOLD（模具）菜单中选择 Feature（特征）命令，在 ▼ MOLD MDL TYP（模具模型类型）菜单中选择 Cavity Assem（型腔组件）命令。

**Step2.** 在 ▼ FEAT OPER（特征操作）菜单中选择 Solid（实体）➡ Cut（切减材料）命令，在系统弹出的 ▼ SOLID OPTS（实体选项）菜单中选择 Extrude（拉伸）➡ Solid（实体）➡ Done（完成）命令，此时出现拉伸特征操控板。

**Step3.** 创建拉伸特征。

（1）定义草绘属性：右击，从快捷菜单中选择 定义内部草绘... 命令。草绘平面为 MOLD_RIGHT，草绘平面的参照平面为 MOLD_FRONT 基准平面，草绘平面的参照方位为 左。单击 草绘 按钮，至此系统进入截面草绘环境。

（2）进入截面草绘环境后，绘制图 15.11 所示的截面草图。完成特征截面后，单击工具栏中的"完成"按钮 ✔。

　　图 15.10　创建浇口　　　　　　　　图 15.11　截面草图

（3）在"拉伸"操控板中单击 选项 按钮，在弹出的界面中选取双侧的深度选项均为 ⊥（至曲面），然后选择图 15.12 所示的参照零件的表面为拉伸的终止面。

（4）单击操控板中的 ✔ 按钮，完成特征创建。

（5）选择 Done/Return （完成/返回） 命令。

## Task5. 创建主分型面

创建图 15.13 所示模具的分型曲面，其操作过程如下：

图 15.12　拉伸终止面

图 15.13　创建主分型面

Step1. 选择下拉菜单 插入(I) ➡ 模具几何 ▶ ➡ ⌃ 分型面(S)... 命令。

Step2. 选择下拉菜单 编辑(E) ➡ 属性(R) 命令，在"属性"对话框中输入分型面名称 main_ps；单击对话框中的 确定 按钮。

Step3. 通过"拉伸"的方法创建主分型面。

（1）选择下拉菜单 插入(I) ➡ 拉伸(E)... 命令，此时系统弹出"拉伸"操控板。

（2）定义草绘截面放置属性：使用鼠标右击，从弹出的菜单中选择 定义内部草绘... 命令；在系统 ⇨选取一个平面或曲面以定义草绘平面 的提示下，选取图 15.14 所示的坯料前表面为草绘平面，接受默认的箭头方向为草绘视图方向和参照平面，方向为 右；单击 草绘 按钮，系统至此进入截面草绘环境。

（3）绘制截面草图。选取图 15.15 所示的坯料的边线和 MAIN_PARTING_PLN 基准平面为草绘参照；绘制如该图所示的截面草图（截面草图为一条线段），完成截面的绘制后，单击工具栏中的"完成"按钮 ✓。

图 15.14　草绘平面和拉伸终止面

图 15.15　截面草图

（4）设置深度选项。

① 在操控板中选取深度类型 ⊥（到选定的）。

② 将模型调整到合适位置，选取图 15.14 所示的模型表面为拉伸终止面。

③ 在操控板中单击"完成"按钮 ✓，完成特征的创建。

Step4. 在工具栏中单击"确定"按钮 ✓，完成分型面的创建。

## Task6. 创建滑块分型面

创建图 15.16 所示模具的滑块分型面，其操作过程如下：

Step1. 选择下拉菜单 插入(I) ➡ 模具几何 ▶ ➡ 分型面(S)... 命令。

Step2. 选择下拉菜单 编辑(E) ➡ 属性(R) 命令，在"属性"对话框中输入分型面名称 slide_ps；单击对话框中的 确定 按钮。

Step3. 遮蔽坯料和主分型面，调整到几何状态。

Step4. 通过曲面复制的方法复制图 15.17 所示参照模型上的表面。

图 15.16　创建滑块分型面

图 15.17　创建复制曲面

（1）按住 Ctrl 键选取图 15.18 所示的两个曲面，

（2）选择下拉菜单 编辑(E) ➡ 复制(C) 命令。

（3）选择下拉菜单 编辑(E) ➡ 粘贴(P) 命令。

（4）单击"粘贴"操控板中的"完成"按钮 ✓。

图 15.18　选取复制曲面

Step5. 通过"拉伸"的方法创建图 15.19 所示的曲面。

（1）选择下拉菜单 插入(I) ➡ 拉伸(E)... 命令，此时系统弹出"拉伸"操控板。

（2）定义草绘截面放置属性：使用鼠标右击，从弹出的菜单中选择 定义内部草绘... 命令；选取 MOLD_FRONT 基准平面为草绘平面，MOLD_RIGHT 基准平面参照平面，方向为 左；单击 草绘 按钮，系统至此进入截面草绘环境。

（3）绘制截面草图。接受系统默认草绘参照；绘制图 15.20 所示的截面草图（使用选取边命令）；完成截面的绘制后，单击工具栏中的"完成"按钮 ✓。

图 15.19　拉伸曲面

图 15.20　截面草图

（4）设置深度选项。

① 在操控板中选取深度类型 ⊟（对称），在深度文本框中输入深度值 60.0。

② 在操控板中单击"完成"按钮 ，完成特征的创建。

Step6. 将坯料撤销遮蔽。

Step7. 创建图 15.21 所示的合并曲面。

（1）按住 Ctrl 键，选取复制面 1 与拉伸 3 的面。

（2）选择下拉菜单 编辑(E) ➡ ⊕合并(G) 命令，此时系统弹出"合并"操控板。

（3）单击 ✓∞ 按钮，预览合并后的面组；确认无误后，单击"完成"按钮 ✓。

Step8. 创建图 15.22 所示的延伸曲面。

图 15.21　合并曲面　　　　　　　　　　　　　　图 15.22　延伸曲面

（1）按住 Shift 键，选取图 15.23 所示的复制边线。

**注意**：选取延伸边线时，必须保证选取的是前面复制的曲面边线，否则将无法使用延伸命令。

（2）选择下拉菜单 编辑(E) ➡ ⊞延伸(X)... 命令，此时系统弹出"延伸"操控板。

（3）选取延伸的终止面。在操控板中按下按钮 ⬜。选取图 15.23 所示的坯料的表面为延伸的终止面。

（4）单击"完成"按钮 ✓，完成延伸曲面的创建。

图 15.23　选取延伸边

Step9. 创建图 15.24 所示的镜像面组。

（1）用"列表选取"的方法选取要镜像的面组。先将鼠标指针移至模型中滑块分型面的位置右击，从快捷菜单中选取 从列表中拾取 命令。单击列表中的 面组:F12(SLIDE_PS) 面组，然后单击 确定(O) 按钮。

（2）选择下拉菜单 编辑(E) ➡ ▮镜像(I)... 命令。

（3）定义镜像中心平面。选择基准平面 MOLD_RIGHT 为镜像中心平面。

（4）在操控板中单击"完成"按钮 ✓，完成镜像特征的创建。

a）镜像前

b）镜像后

图 15.24　镜像面组

Step10. 创建图 15.25 所示的拉伸 1。

（1）选择下拉菜单 插入(I) ➡ 拉伸(E)... 命令，此时系统弹出"拉伸"操控板。

（2）定义草绘截面放置属性：鼠标右击，从弹出的菜单中选择 定义内部草绘... 命令；选取 MOLD_FRONT 基准平面为草绘平面，MOLD_RIGHT 基准平面为参照平面，方向为 右；单击 草绘 按钮，至此系统进入截面草绘环境。

（3）绘制截面草图。接受系统默认参照；绘制图 15.26 所示的截面草图（使用选取边命令）；完成截面的绘制后，单击工具栏中的"完成"按钮 ✓。

（4）设置深度选项。

① 在操控板中选取深度类型 ⊥ （到选定的）。

② 将模型调整到合适位置，选取图 15.27 所示的模型表面为拉伸终止面。

③ 在操控板中单击 选项 按钮，在"选项"界面中选中 ☑ 封闭端 复选框。

（5）在操控板中单击"完成"按钮 ✓，完成特征的创建。

图 15.25　拉伸 1　　　　　图 15.26　截面草图　　　　　图 15.27　拉伸终止面

Step11. 创建图 15.28 所示的拉伸 2。

（1）选择下拉菜单 插入(I) ➡ 拉伸(E)... 命令，此时系统弹出"拉伸"操控板。

（2）定义草绘截面放置属性：鼠标右击，从弹出的菜单中选择 定义内部草绘... 命令；选取图 15.28 所示的坯料前表面为草绘平面， MOLD_RIGHT 基准平面为参照平面，方向为 右；单击 草绘 按钮，系统至此进入截面草绘环境。

（3）绘制截面草图。选取 MAIN_PARTING_PL 基准平面为参照平面，绘制图 15.29 所示的截面草图（使用选取边命令）；完成截面的绘制后，单击工具栏中的"完成"按钮 ✓。

（4）设置深度选项。

① 在操控板中选取深度类型 ⊥ （到选定的）。

② 将模型调整到合适位置，选取图 15.27 所示的模型表面为拉伸终止面。

③ 在操控板中单击 选项 按钮，在"选项"界面中选中 ☑ 封闭端 复选框。

（5）在操控板中单击"完成"按钮 ☑，完成特征的创建。

Step12. 创建图 15.30 所示的合并曲面特征。

（1）按住 Ctrl 键，选取拉伸 1 和拉伸 2 曲面。

（2）选择下拉菜单 编辑(E) ➡ 🔧 合并(G). 命令，此时系统弹出"合并"操控板。

（3）单击 ☑ ∞ 按钮，预览合并后的面组；确认无误后，单击"完成"按钮 ☑。

图 15.28　拉伸 2　　　　　图 15.29　截面草图　　　　　图 15.30　合并曲面

Step13. 将面组进行如图 15.31 所示的镜像。

（1）选取上步创建的合并 2 面组为要镜像的面组。

（2）选择下拉菜单 编辑(E) ➡ ▮◀ 镜像(I)... 命令。

（3）定义镜像中心平面。选择基准平面 MOLD_FRONT 为镜像中心平面。

（4）在操控板中单击"完成"按钮 ☑，完成镜像特征的创建。

Step14. 在工具栏中单击"确定"按钮 ☑，完成分型面的创建。

a）镜像前

b）镜像后

图 15.31　镜像面组

## Task7. 构建模具元件的体积块

### Stage1. 创建第一个滑块体积块

Step1. 选择下拉菜单 编辑(E) ➡ 分割... 命令（即用"分割"的方法构建体积块）。

Step2. 选 择 ▼ SPLIT VOLUME (分割体积块) ➡ Two Volumes (两个体积块) ➡ All Wrkpcs (所有工件) ➡ Done (完成) 命令，此时系统弹出"分割"信息对话框。

Step3. 选取分型面。选取面组 曲面:F18 （使用"列表选取"），然后单击"选取"对话框中的 确定 按钮，系统弹出 ▼ 岛列表 菜单。

Step4. 在"岛列表"菜单中选中 ☑ 岛2 和 ☑ 岛3 复选框，选择 Done Sel (完成选取) 命令。

Step5. 单击"分割"信息对话框中的 确定 按钮。

Step6. 系统弹出"属性"对话框，同时模型中的体积块的滑块变亮，在该对话框中单击 着色 按钮，着色后的体积块如图 15.32 所示。然后在对话框中输入名称 SLIDE_VOL_01，单击 确定 按钮。

Step7. 系统弹出"属性"对话框，同时模型中的体积块的剩余部分变亮，在该对话框中单击 着色 按钮，着色后的体积块如图 15.33 所示。然后在对话框中输入名称 BODY_VOL，单击 确定 按钮。

### Stage2. 创建第二个滑块体积块

Step1. 选择下拉菜单 编辑(E) ➡ 分割... 命令（即用"分割"方法构建体积块）。

Step2. 选择 ▼ SPLIT VOLUME (分割体积块) ➡ One Volume (一个体积块) ➡ Mold Volume (模具体积块) ➡ Done (完成) 命令，此时系统弹出"搜索工具"对话框。

Step3. 在系统弹出的"搜索工具"对话框中，单击列表中的 面组:F22(BODY_VOL) 体积块，然后单击 >> 按钮，将其加入到已选取 0 个项目列表中，再单击 关闭 按钮。

Step4. 选取分型面。选取面组 面组:F16 （使用"列表选取"），然后单击"选取"对话框中的 确定 按钮，系统弹出 ▼ 岛列表 菜单。

Step5. 在"岛列表"菜单中选中 ☑岛2 复选框，选择 Done Sel (完成选取) 命令。

Step6. 单击"分割"信息对话框中的 确定 按钮。

Step7. 系统弹出"属性"对话框，同时模型中的体积块的滑块变亮，在该对话框中单击 着色 按钮，着色后的体积块如图 15.34 所示。然后在对话框中输入名称 SLIDE_VOL_02，单击 确定 按钮。

图 15.32　着色后的滑块

图 15.33　着色后的部分体积块

图 15.34　着色后的滑块

### Stage3. 创建第三、四个滑块体积块。

参见 Stage2 完成第三、四个滑块的创建。分别命名为 SLIDE_VOL_03 、SLIDE_VOL_04。

### Stage4. 创建上下模板。

Step1. 选择下拉菜单 编辑(E) ➡ 分割... 命令（即用"分割"的方法构建体积块）。

Step2. 选择 ▼ SPLIT VOLUME (分割体积块) ➡ Two Volumes (两个体积块) ➡ Mold Volume (模具体积块) ➡ Done (完成) 命令，此时系统弹出"搜索工具"对话框。

Step3. 在系统弹出的"搜索工具"对话框中，单击列表中的 面组:F22(BODY_VOL) 体积块，然后单击 >> 按钮，将其加入到已选取 0 个项目列表中，再单击 关闭 按钮。

Step4. 选取分型面。选取面组 面组:F11(MAIN_PS) （用"列表选取"），然后单击"选取"对话框中的 确定 按钮，系统弹出"分割"对话框。

Step5. 单击"分割"信息对话框中的 确定 按钮。

Step6. 系统弹出"属性"对话框，同时模型中的体积块的滑块变亮，在该对话框中单击 着色 按钮，着色后的下部体积块如图 15.35 所示。然后在对话框中输入名称 LOWER_VOL，单击 确定 按钮。

Step7. 系统弹出"属性"对话框，同时模型中的体积块的剩余部分变亮，在该对话框中单击 着色 按钮，着色后的上部体积块如图 15.36 所示。然后在对话框中输入名称 UPPER_VOL，单击 确定 按钮。

图 15.35　着色后的下部分体积块　　　　　　图 15.36　着色后的上部分体积块

## Task8. 抽取模具元件及生成注射件

将注射件的名称命名为 molding。

## Task9. 定义开模动作

Step1. 将参照零件、坯料和分型面在模型中遮蔽起来。

Step2. 移动第一个滑块。

（1）在 ▼ MOLD (模具) 菜单中选择 Mold Opening (模具开模) 命令，在 ▼ MOLD OPEN (模具开模) 菜单中选择 Define Step (定义间距) 命令（注：此处应翻译成"定义开模步骤"）。

（2）在 ▼ DEFINE STEP (定义间距) 菜单中选择 Define Move (定义移动) 命令。

（3）在系统 ⇨为迁移号码1 选取构件。 的提示下，在模型树上选取第一滑块，然后在"选取"对话框中单击 确定 按钮。

（4）在系统 ⇨通过选取边、轴或表面选取分解方向。 的提示下，选取图 15.37 所示的边线为移动方向，输入要移动的距离值 200。

（5）在 ▼ DEFINE STEP (定义间距) 菜单中选择 Done (完成) 命令，移动后的状态如图 15.37 所示。

选取此边线为移动方向

图 15.37 移动滑块

Step3. 参见 Step2 移动其他滑块。

Step4. 移动上模。

（1）在 ▼ MOLD（模具）菜单中选择 Mold Opening（模具开模）命令，在 ▼ MOLD OPEN（模具开模）菜单中选择 Define Step（定义间距）命令。

（2）在 ▼ DEFINE STEP（定义间距）菜单中选择 Define Move（定义移动）命令。

（3）在系统 ⇨ 为迁移号码1 选取构件。的提示下，在模型中选取上模零件，然后在"选取"对话框中单击 确定 按钮。

（4）在系统 ⇨ 通过选取边、轴或表面选取分解方向。的提示下，选取图 15.38 所示的边线为移动方向，输入要移动的距离值 200。

（5）在 ▼ DEFINE STEP（定义间距）菜单中选择 Done（完成）命令，移动后的状态如图 15.38 所示。

选取此边线为移动方向

图 15.38 移动上模

Step5. 移动下模。参照 Step4 的操作方法，在模型中选取下模，选取图 15.98 所示的边线为移动方向，输入要移动的距离值-200，选择 Done（完成）命令，完成下模的开模动作。

选取此边线为移动方向

图 15.39 移动下模

Step6. 保存设计结果。

# 实例 16　带滑块的模具设计（四）

本实例介绍图 16.1 所示的塑料筐的模具设计。该模具设计同时采用了体积块法和分型面法，其灵活性和适用性很强，希望读者通过对本实例的学习，能够灵活地运用各种方法来进行模具的设计。

图 16.1　塑料筐的模具设计

## Task1．新建一个模具制造模型文件，进入模具模块

Step1. 将工作目录设置至 D:\proewf5.6\work\ch16。

Step2. 新建一个模具型腔文件，命名为 case_mold；选取 `mmns_mfg_mold` 模板。

## Task2．建立模具模型

在开始设计一个模具前，应先创建一个"模具模型"，模具模型包括参照模型（Ref Model）和坯料（Workpiece），如图 16.2 所示。

图 16.2　参照模型和坯料

### Stage1．引入参照模型

Step1. 单击工具栏中的"模具型腔布局"按钮 🖳，系统弹出"打开"和"布局"对话框。

Step2. 从弹出的文件"打开"对话框中，选取三维零件模型塑料筐——case.prt 作为参

照零件模型，并将其打开，系统弹出"创建参照模型"对话框。

　　Step3. 在"创建参照模型"对话框中选中 ⦿ 按参照合并，然后在 参照模型 区域的 名称 文本框中接受默认的名称，再单击 确定 按钮。

　　Step4. 在"布局"对话框的 布局 区域中单击 ⦿ 单一 单选项，在"布局"对话框中单击 预览 按钮，结果如图 16.3 所示。

　　Step5. 调整模具坐标系。

　　（1）在"布局"对话框的 参照模型起点与定向 区域中单击 ▶ 按钮，系统弹出"坐标系类型"菜单。

　　（2）定义坐标系类型。在"坐标系类型"菜单中选择 Dynamic (动态) 命令，系统弹出"元件"窗口和"参考模型方向"对话框。

　　（3）旋转坐标系。在"参考模型方向"对话框的 值 文本框中输入-90。

　　**说明**：在值文本框中输入-90是绕着 X 轴旋转的。

　　（4）在"参考模型方向"对话框中单击 确定 ；在"布局"对话框中单击 确定 按钮；单击 Done/Return (完成/返回) 命令，完成坐标系的调整。结果如图 16.4 所示。

图 16.3　引入参照件　　　　图 16.4　调整模具坐标系后

### Stage2. 创建坯料

　　Step1. 在 ▼ MOLD MODEL (模具模型) 菜单中选择 Create (创建) 命令。
　　Step2. 在弹出的 ▼ MOLD MDL TYP (模具模型类型) 菜单中选择 Workpiece (工件) 命令。
　　Step3. 在弹出的 ▼ CREATE WORKPIECE (创建工件) 菜单中选择 Manual (手动) 命令。
　　Step4. 在"元件创建"对话框中，选中 类型 区域中的 ⦿ 零件 单选按钮，选中 子类型 区域中的 ⦿ 实体 单选按钮，在 名称 文本框中输入坯料的名称 wp，然后再单击 确定 按钮。
　　Step5. 在系统弹出的"创建选项"对话框中，选中 ⦿ 创建特征 单选按钮，然后再单击 确定 按钮。
　　Step6. 创建坯料特征。
　　（1）在菜单管理器中选择 Solid (实体) ➡ Protrusion (伸出项) 命令，在弹出的菜单中选择 Extrude (拉伸) ➡ Solid (实体) ➡ Done (完成) 命令，此时系统出现实体拉伸操控板。
　　（2）创建实体拉伸特征。
　　① 选取拉伸类型：在出现的操控板中，确认"实体"类型按钮 ▢ 被按下。
　　② 定义草绘截面放置属性：在绘图区中右击，从快捷菜单中选择 定义内部草绘... 命令。

系统弹出"草绘"对话框，然后选择 MOLD_FRONT 基准平面作为草绘平面，接受系统默认的箭头方向为草绘视图方向，然后选取 MOLD_RIGHT 基准平面为参照平面，方位为 右 ，单击 草绘 按钮，至此系统进入截面草绘环境。

③ 进入截面草绘环境后，选取 MOLD_RIGHT 基准平面和 MAIN_PARTING_PLN 基准平面为草绘参照，然后绘制图 16.5 所示的截面草图。完成特征截面的绘制后，单击工具栏中的"完成"按钮 ✓ 。

④ 选取深度类型并输入深度值：在操控板中选取深度类型 日 （即"对称"），再在深度文本框中输入深度值 800.0，并按回车键。

⑤ 完成特征：在操控板中单击"完成"按钮 ✓ ，完成特征的创建。

Step7. 选择 Done/Return (完成/返回) ➡ Done/Return (完成/返回) 命令。

图 16.5　截面草图

## Task3. 设置收缩率

将参照模型收缩率设置为 0.006。

## Task4. 创建下模体积块

Step1. 选择命令。在工具栏中单击"模具体积块"按钮 ，系统进入体积块创建模式。

Step2. 收集第一个体积块。

（1）选择命令。选择下拉菜单 编辑(E) ➡ 收集体积块... 命令，此时系统弹出"聚合步骤"菜单。

（2）定义选取步骤。在"聚合步骤"菜单在中选择 ☑ Select (选取) 、 ☑ Fill (填充) 和 ☑ Close (封闭) 复选框，单击 Done (完成) 命令，此时系统显示"聚合选取"菜单。

**说明**：为了方便在后面选取曲面，可以先将坯料遮蔽起来。

（3）定义聚合选取。

① 在"聚合选取"菜单中选择 Surfaces (曲面) ➡ Done (完成) 命令，然后在图形区选取模型内壁所有面，如图 16.6 所示，单击 确定 按钮，单击 Done Refs (完成参考) 命令。

② 定义填充曲面。选取图 16.7 所示的模型内壁有破孔的五个面为填充面；单击 确定(O) ➡ Done Refs (完成参考) ➡ Done/Return (完成/返回) 命令，此时系统显示"封合"菜单。

③ 定义封合类型。在"封合"菜单中选中 ☑ Cap Plane (顶平面) ➡ ☑ All Loops (全部环)

复选框，单击 Done （完成）命令，此时系统显示"封闭环"菜单。

　　**说明：** 此处需要将前面遮蔽的坯料零件 WF 去除遮蔽。

图 16.6　选取连续面

选取这五个有破孔的面
图 16.7　选取连续面

　　④ 定义封闭面。根据系统 ⇨ 选取或创建一平面，盖住闭合的体积块。 的提示下，选取图 16.8 所示的平面为封闭面，再次选取此封闭面，此时系统显示"封合"菜单。

　　⑤ 在菜单栏中单击 Done （完成） ➡ Done/Return （完成/返回） ➡ Done （完成）命令，完成收集体积块的创建，结果如图 16.9 所示。

选取该平面
图 16.8　定义封闭环

收集的体积块
图 16.9　收集第一个体积块

**Step3.** 拉伸体积块。

　　（1）选择命令。选择下拉菜单 插入(I) ➡ 拉伸(E)... 命令，此时系统弹出"拉伸"操控板。

　　（2）定义草绘截面放置属性。在图形区右击，从弹出的菜单中选择 定义内部草绘... 命令；在系统 ⇨ 选取一个平面或曲面以定义草绘平面。 的提示下，选取图 16.10 所示的毛坯表面为草绘平面，接受默认的箭头方向为草绘视图方向，然后选取图 16.10 所示的毛坯侧面为参照平面，方向为 右 。

　　（3）截面草图。进入草绘环境后，选取图 16.11 所示的坯料边线为参考；绘制图 16.11 所示的截面草图（为一矩形），完成截面的绘制后，单击工具栏中的"完成"按钮 ✔ 。

选取此表面为草绘平面　　选取此表面为参照平面　　参考边线　　参考边线

图 16.10　定义草绘平面　　　　　　　图 16.11　截面草图

（4）定义深度类型。在操控板中选取深度类型 ⊥（到选定的），选择图 16.12 所示的面为拉伸终止面。

（5）在操控板中单击"完成"按钮 ✅，完成特征的创建。

Step4. 在工具栏中单击"确定"按钮 ✅，完成体积块的创建。

说明：在进入体积块模式下创建的所有特征都是属于同一个体积块，系统将自动将这些特征合并在一起。

选取该平面

图 16.12　拉伸终止面

## Task5．构建模具元件的体积块

Step1. 选择下拉菜单 编辑(E) ➡ 分割... 命令。

Step2. 在系统弹出的 ▼ SPLIT VOLUME (分割体积块) 菜单中，选择 Two Volumes (两个体积块) ➡ All Wrkpcs (所有工件) ➡ Done (完成) 命令，此时系统弹出"分割"对话框和"选取"对话框。

Step3. 用"列表选取"的方法选取分型面。

（1）在系统 ⇨为分割所选的模型量选取分型面。 的提示下，先将鼠标指针移至模型中下模体积块的位置右击，从快捷菜单中选取 从列表中拾取 命令。

（2）在系统弹出的"从列表中拾取"对话框中，单击列表中的 面组:F7(MOLD_VOL_1)，然后单击 确定(O) 按钮。

（3）单击"选取"对话框中的 确定 按钮。

Step4. 单击"分割"信息对话框中的 确定 按钮。

Step5. 系统弹出"属性"对话框，模型的上半部分变亮，在该对话框中单击 着色 按钮，着色后的模型如图 16.13 所示。然后在对话框中输入名称 UPPER_VOL，单击 确定 按钮。

Step6. 系统弹出"属性"对话框，模型的下半部分变亮，在该对话框中单击 着色 按钮，着色后的模型如图 16.14 所示。然后在对话框中输入名称 LOWER_VOL，单击 确定 按钮。

图 16.13　着色后的上半部分体积块　　　　图 16.14　着色后的下半部分体积块

## Task6. 构建滑块分型面

Step1. 选择下拉菜单 插入(I) ➡ 模具几何▶ ➡ 🔲 分型面(S)... 命令。

Step2. 选择下拉菜单 编辑(E) ➡ 属性(R) 命令，在弹出的"属性"对话框中输入分型面名称 slide_ps，单击对话框中的 确定 按钮。

Step3. 为了方便选取图元，将参考模型、坯料和下模体积块遮蔽。

（1）在模型树界面中，选择 🍷 ➡ ▒▒树过滤器(F)... 命令。

（2）在系统弹出的"模型树项目"对话框中，选中 ☑ 特征 复选框，然后单击该对话框中的 确定 按钮。

（3）在模型树中选中 ⊞ 📁 CASE_MOLD_REF.PRT 、 ⊞ 📁 WP.PRT 、 📁 聚集 标识41 [MOLD_VOL_1 - 模具体积块] 和 📁 分割 标识7894 [LOWER_VOL - 模具体积块] 并右击，从弹出的快捷菜单中选择 遮蔽 命令。

Step4. 通过拉伸的方法创建图 16.15 所示的曲面 1。

（1）选择下拉菜单 插入(I) ➡ 🗗 拉伸(E)... 命令，此时系统弹出"拉伸"操控板。

（2）定义草绘截面放置属性：右击，从弹出的菜单中选择 定义内部草绘... 命令；在系统 ⇨选取一个平面或曲面以定义草绘平面。 的提示下，选择图 16.16 所示的表面 1 为草绘平面，接受默认的草绘视图方向，然后选取图 16.16 所示的表面 2 为参照平面，方向为 顶。

图 16.15　创建拉伸曲面　　　　　图 16.16　定义草绘平面

（3）进入草绘环境后，选取如图 16.17 所示的坯料边线和模型边线为草绘参照，然后绘制截面草图，如图 16.17 所示。完成特征截面的绘制后，单击工具栏中的"完成"按钮 ✔。

（4）设置深度选项。

① 在操控板中选取深度类型 ⊥（到选定的）。

② 将模型调整到图 16.18 所示的视图方位，使用"从列表选取"的方法，在"从列表选取"对话框中选择 曲面:F9(参照零件切除) 元素，如图 16.18 所示。

图 16.17　截面草图　　　　　图 16.18　定义拉伸终止面

③ 在操控板中单击 选项 按钮，在"选项"界面中选中 ☑ 封闭端 复选框。

（5）在操控板中单击"完成"按钮 ✓，完成特征的创建。

Step5. 参照 Step4.创建图 16.19 所示的拉伸曲面 2。

Step6. 参照 Step4.创建图 16.20 所示的拉伸曲面 3。

Step7. 参照 Step4.创建图 16.21 所示的拉伸曲面 4。

图 16.19　创建拉伸曲面 2　　　图 16.20　创建拉伸曲面 3　　　图 16.21　创建拉伸曲面 4

Step8. 在工具栏中单击"确定"按钮 ✓，完成分型面的创建。

## Task7. 构建模具元件的体积块

### Stage1. 创建第一个滑块体积块

Step1. 选择下拉菜单 编辑(E) ➡ 分割... 命令。

Step2. 在系统弹出的 ▼ SPLIT VOLUME (分割体积块) 菜单中，选择 One Volume (一个体积块) ➡ Mold Volume (模具体积块) ➡ Done (完成) 命令。

Step3. 在系统弹出的"搜索工具"对话框中，单击列表中的 面组:F10(UPPER_VOL) 体积块，然后单击 >> 按钮，将其加入到已选取 0 个项目列表中，再单击 关闭 按钮。

Step4. 在模型中选取拉伸曲面 1 为分割对象，单击"选取"对话框中的 确定 按钮，在弹出的菜单管理器中的"岛列表"区域选中 ☑ 岛2 复选框，然后单击 Done Sel (完成选取) 命令。

Step5. 单击"分割"对话框中的 确定 按钮。

Step6. 系统弹出"属性"对话框，同时坯料中的一部分体积块变亮，在该对话框中单击 着色 按钮，着色后的模型如图 16.22 所示，然后在对话框中输入名称 SLIDE_VOL_1，单击 确定 按钮。

### Stage2. 创建第二个滑块体积块

参照 Stage1，选取拉伸曲面 2 为分割对象；在"岛列表"区域选中 ☑ 岛2 复选框；将体积块命名为 SLIDE_VOL_2，如图 16.23 所示。

Stage3．创建第三个滑块体积块

参照 Stage1，选取拉伸曲面 3 为分割对象；在"岛列表"区域选中☑ 岛2 复选框；将体积块命名为 SLIDE_VOL_3，如图 16.24 所示。

Stage4．创建第四个滑块体积块

参照 Stage1，选取拉伸曲面 4 为分割对象；在"岛列表"区域选中☑ 岛2 复选框；将体积块命名为 SLIDE_VOL_3，如图 16.25 所示。

图 16.22　滑块体积块 1　　图 16.23　滑块体积块 2　　图 16.24　滑块体积块 3　　图 16.25　滑块体积块 4

## Task8．抽取模具元件

Step1. 在 菜单管理器 的 ▼ MOLD（模具）菜单中，先选择 Mold Comp（模具元件）命令，然后在系统弹出的 ▼ MOLD COMP（模具元件）菜单中选择 Extract（抽取）命令。

Step2. 在系统弹出的"创建模具元件"对话框中，选取除 MOLD_VOL_1 以外的所有体积块，然后单击 确定 按钮。

Step3. 选择 Done/Return（完成/返回）命令。

## Task9．生成注射件

将注射件的名称命名为 molding。

## Task10．定义开模动作

Step1. 将分型面遮蔽。

Step2. 开模步骤 1：移动滑块 1，选取图 16.26 所示的边线为移动方向，输入要移动的距离值-200，移出后的模型如图 16.27 所示。

Step3. 参照 Step2，移动其他三个滑块，结果如图 16.28 所示。

选取此边线为移动方向

图 16.26　选取移动方向　　　　图 16.27　移动后的状态　　　　图 16.28　移动后的状态

Step4. 开模步骤 2：移动上模，选取图 16.29 所示的边线为移动方向，输入要移动的距离值 1000，移出后的模型如图 16.30 所示。

选取此边线为移动方向

图 16.29　选取移动方向　　　　　　　　　图 16.30　移动后的状态

Step5. 开模步骤 3：移动浇注件，选取图 16.31 所示的边线为移动方向，输入要移动的距离值 500，移出后的模型如图 16.32 所示。

选取此边线为移动方向

图 16.31　选取移动方向　　　　　　　　　图 16.32　移动后的状态

Step6. 保存设计结果。选择下拉菜单 文件(F) ➡ 保存(S) 命令。

# 实例 17　带滑块的模具设计（五）

本实例将介绍图 17.1 所示的一款电热壶主体的模具设计，其中包括滑块的设计和上、下模具的设计。通过对本实例的学习，读者能够熟练掌握带滑块模具的设计方法和技巧。下面介绍该模具的详细设计过程。

图 17.1　带滑块的模具设计

## Task1.　新建一个模具制造模型文件，进入模具模块

Step1. 将工作目录设置至 D:\proewf5.6\work\ch17。

Step2. 新建一个模具型腔文件，命名为 body_mold；选取 `mmns_mfg_mold` 模板。

## Task2.　建立模具模型

在开始设计一个模具前，应先创建一个"模具模型"，模具模型包括图 17.2 所示的参照模型和坯料。

### Stage1.　引入参照模型

Step1. 单击工具栏中的"模具型腔布局"按钮 🖾，系统弹出 "打开"和"布局"对话框。

Step2. 从弹出的文件"打开"对话框中，选取三维零件模型电热壶主体——body.prt 作为参照零件模型，并将其打开，系统弹出"创建参照模型"对话框。

Step3. 在"创建参照模型"对话框中选中 `◉ 按参照合并`，然后在 `参照模型` 区域的 `名称` 文本框中接受默认的名称，再单击 `确定` 按钮。

Step4. 在"布局"对话框的 参照模型起点与定向 区域中单击 按钮，然后在 菜单管理器 菜单中选择 Dynamic (动态) 命令。

Step5. 在系统弹出的"参照模型方向"对话框的 值 文本框中输入数值 180，然后单击 确定 按钮。

Step6. 单击布局对话框中的 预览 按钮，定义后的拖动方向如图 17.2 所示。

Step7. 单击 Done/Return (完成/返回) 命令。

## Stage2. 创建坯料

Step1. 在 ▼ MOLD MODEL (模具模型) 菜单中选择 Create (创建) ➡ Workpiece (工件) ➡ Manual (手动) 命令，系统弹出"元件创建"对话框。

Step2. 在"元件创建"对话框中，选中 类型 区域中的 ⦿ 零件 单选按钮和 子类型 区域中的 ⦿ 实体 单选按钮，在 名称 文本框中输入坯料的名称 wp，然后再单击 确定 按钮。

Step3. 在系统弹出的"创建选项"对话框中，选中 ⦿ 创建特征 单选按钮，然后再单击 确定 按钮。

Step4. 创建坯料特征。

（1）在菜单管理器中选择 Solid (实体) ➡ Protrusion (伸出项) 命令，在弹出的菜单中选择 Extrude (拉伸) ➡ Solid (实体) ➡ Done (完成) 命令，此时系统弹出拉伸操控板。

（2）创建实体拉伸特征。

① 定义草绘截面放置属性：在绘图区中右击，选择快捷菜单中的 定义内部草绘... 命令。系统弹出"草绘"对话框，然后选择 MOLD_FRONT 基准平面作为草绘平面，草绘平面的参照平面为 MOLD_RIGHT 基准平面，方位为 右 ，单击 草绘 按钮，系统进入截面草绘环境。

② 进入截面草绘环境后，选取 MOLD_RIGHTT 基准平面和 MAIN_PARTING_PLN 基准平面为草绘参照，然后绘制图 17.3 所示的截面草图；完成截面草图的绘制后，单击"完成"按钮 ✓。

③ 选取深度类型并输入深度值：在操控板中，选取深度类型 ⊟，再在深度文本框中输入深度值 300.0，并按回车键。

④ 完成特征的创建：在操控板中单击"预览"按钮 ✓ ∞，可浏览所创建的特征。单击"完成"按钮 ✓，完成特征的创建。

Step5. 选择 Done/Return (完成/返回) ➡ Done/Return (完成/返回) 命令，完成坯料的创建。

图 17.2  参照模型和坯料

图 17.3  截面草图

## Task3. 设置收缩率

将参照模型收缩率设置为 0.006。

## Task4. 创建模具分型面

创建模具的分型曲面，下面介绍其操作过程。

### Stage1. 创建复制曲面

Step1. 选择下拉菜单 插入(I) ➡ 模具几何 ▶ ➡ 🖉 分型面(S)... 命令。

Step2. 选择下拉菜单 编辑(E) ➡ 属性(R) 命令，在"属性"对话框中输入分型面名称 MAIN_PS，单击对话框中的 确定 按钮。

Step3. 为了方便选取图元，将坯料遮蔽。

（1）在模型树界面中选择 🏠▾ ➡ 🔲树过滤器(F)... 命令。

（2）在系统弹出的"模型树项目"对话框中，选中 ☑ 特征 复选框，然后单击该对话框中的 确定 按钮。

（3）将坯料遮蔽。

Step4. 通过曲面复制的方法，复制参照模型上的内表面。

（1）按住 Ctrl 键，依次选取图 17.4 中的模型内表面为复制参照面（建议读者参照随书光盘中的视频录像选取）。

（2）选择下拉菜单 编辑(E) ➡ 🗐 复制(C) 命令。

（3）选择下拉菜单 编辑(E) ➡ 🗐 粘贴(P) 命令，系统弹出"曲面复制"操控板。

（4）填补复制曲面上的破孔。在操控板中单击 选项 按钮，在"选项"界面选中 ⊙ 排除曲面并填充孔 单选项，在 填充孔/曲面 区域中单击"单击此处添加项目"，在系统的提示下，选择图 17.5 所示的边线为参照边线。

（5）单击操控板中的"完成"按钮 ☑。

图 17.4 复制面　　　　　　　　　　　图 17.5 填充破孔边

Step5. 创建图 17.6 所示的基准平面 ADTM1。选择下拉菜单 插入(I) ➡ 模型基准(D) ▶ ➡ 🖉 平面(L)... 命令；选取图 17.6 所示的模型边线为参照，定义约束类型为 穿过，单击"基准平面"对话框中的 确定 按钮。

Step6. 创建图 17.7 所示的交截 1。按住 Ctrl 键，在模型树中选取复制 1 和 ADTM1 特征，再选择下拉菜单 编辑(E) ➡ ● 相交(I)...命令，单击操控板中的"完成"按钮 ✔。

图 17.6　基准平面 ADTM1

图 17.7　交截 1

Step7. 创建图 17.8 所示的平整曲面。

（1）选择下拉菜单 编辑(E) ➡ ▩ 填充(L)...命令，此时系统弹出填充操控板。

（2）在绘图区中右击，从弹出的快捷菜单中选择 定义内部草绘...命令，选取 ADTM1 基准平面为草绘截面。进入草绘环境，绘制图 17.9 所示的截面草图（使用"使用"命令绘制截面草图），完成后单击按钮 ✔ 。

（3）在操控板中单击"完成"按钮 ✔，完成平整曲面特征的创建。

图 17.8　平整曲面　　　　　　　　　　图 17.9　截面草图

Step8. 将创建的复制曲面 1 与创建的填充曲面 1 进行合并（为了便于查看合并曲面，遮蔽参照模型）。

**注意**：选择曲面的顺序不能错。

（1）按住 Ctrl 键，依次选取上步创建的复制曲面 1 与创建的填充曲面 1。

（2）选择下拉菜单 编辑(E) ➡ ● 合并(G)命令，此时系统弹出"合并"操控板。

（3）在模型中选取要合并的面组的侧，结果如图 17.10 所示。

（4）单击 ✅ 𝟞𝟨 按钮，预览合并后的面组；确认无误后，单击"完成"按钮 ✔。

a）合并前

b）合并后

图 17.10　合并特征

Step9. 创建图 17.11 所示的延伸曲面 1。

（1）选取图 17.12 所示的复制曲面的边线（为了方便选取复制边线和创建延伸特征，遮蔽参照模型并取消遮蔽坯料）。

（2）选择下拉菜单 编辑(E) ➡ 延伸(X)... 命令，此时系统弹出"延伸"操控板。

（3）选取延伸的终止面。在操控板中按下按钮 。选取图 17.12 所示的坯料表面为延伸的终止面。

（4）单击 按钮，预览延伸后的面组；单击"完成"按钮 ，完成延伸曲面的创建。

图 17.11 延伸曲面 1

图 17.12 延伸参照边线

Step10. 创建图 17.13 所示的延伸曲面 2。

（1）选取图 17.14 所示的复制曲面的边线。

（2）选择下拉菜单 编辑(E) ➡ 延伸(X)... 命令，此时系统弹出"延伸"操控板。

（3）选取延伸的终止面。在操控板中按下按钮 。选取图 17.14 所示的坯料表面为延伸的终止面。

（4）单击 按钮，预览延伸后的面组；单击"完成"按钮 ，完成延伸曲面的创建。

图 17.13 延伸曲面 2

图 17.14 延伸参照边线

Step11. 创建图 17.15 所示的延伸曲面 3。

（1）选取图 17.16 所示的复制曲面的边线。

（2）选择下拉菜单 编辑(E) ➡ 延伸(X)... 命令，此时系统弹出"延伸"操控板。

（3）选取延伸的终止面。在操控板中按下按钮 。选取图 17.16 所示的坯料表面为延伸的终止面。

（4）单击 按钮，预览延伸后的面组；单击"完成"按钮 ，完成延伸曲面的创建。

图 17.15　延伸曲面 3

图 17.16　延伸参照边线

Step12. 创建图 17.17 所示的延伸曲面 4。

（1）选取图 17.18 所示的复制曲面的边线。

（2）选择下拉菜单 编辑(E) ➡ ▣ 延伸(X)... 命令，此时系统弹出"延伸"操控板。

（3）选取延伸的终止面。在操控板中按下按钮 ▢。选取图 17.18 所示的坯料表面为延伸的终止面。

（4）单击 ☑ 6° 按钮，预览延伸后的面组；单击"完成"按钮 ☑，完成延伸曲面的创建。

（5）单击分型面工具栏中的"完成"按钮 ☑，完成复制延伸分型面的创建。

图 17.17　延伸曲面 4

图 17.18　延伸参照边线

**Stage2. 创建拉伸曲面**

Step1. 选择下拉菜单 插入(I) ➡ 模具几何 ▶ ➡ ⬜ 分型面(S)... 命令。

Step2. 选择下拉菜单 编辑(E) ➡ 属性(R) 命令，在"属性"对话框中输入分型面名称 SLIDE_PS，单击对话框中的 确定 按钮。

Step3. 通过拉伸的方法创建图 17.19 所示的曲面。

（1）选择下拉菜单 插入(I) ➡ ▣拉伸(E)... 命令，此时系统弹出"拉伸"操控板。

（2）定义草绘截面放置属性：右击，选择菜单中 定义内部草绘... 命令；选择 MOLD_FRONT 基准平面为草绘平面，然后选取 MOLD_RIGHT 基准平面为参照平面，方向为 右 。

（3）进入草绘环境后，利用"使用"命令绘制图 17.20 所示的截面草图。完成特征截面的绘制，单击工具栏中的"完成"按钮 ☑。

（4）设置深度选项。

① 在操控板中选取深度类型 ⬒ （到选定的）。

② 将模型调整到合适视图方位，选择图 17.19 所示的坯料表面为拉伸终止面。

③ 单击操控板中的 选项 按钮，在选项界面中选中 ☑封闭端 复选框。

（5）在操控板中单击"完成"按钮 ☑，完成特征的创建。

（6）单击分型面工具栏中的"确定"按钮 ☑，完成拉伸分型面的创建。

图 17.19　创建拉伸曲面

图 17.20　截面草图

### Stage3．创建拉伸曲面

Step1. 选择下拉菜单 插入(I) ➡ 模具几何▶ ➡ 🗀 分型面(S)... 命令。

Step2. 选择下拉菜单 编辑(E) ➡ 属性(R) 命令，在"属性"对话框中输入分型面名称 SLIDE_PS_01，单击对话框中的 确定 按钮。

Step3. 通过拉伸的方法创建图 17.21 所示的曲面。

（1）选择下拉菜单 插入(I) ➡ 🗗 拉伸(E)... 命令，此时系统弹出"拉伸"操控板。

（2）定义草绘截面放置属性：右击，选择菜单中 定义内部草绘... 命令；选择 MOLD_FRONT 基准平面为草绘平面，然后选取 MOLD_RIGHT 基准平面为参照平面，方向为 右 。

（3）进入草绘环境后，利用"使用"命令绘制图 17.22 所示的截面草图。完成特征截面的绘制，单击工具栏中的"完成"按钮 ☑ 。

（4）设置深度选项。

① 在操控板中选取深度类型 ⊥ （到选定的）。

② 将模型调整到合适视图方位，选择图 17.21 所示的坯料表面为拉伸终止面。

③ 单击操控板中的 选项 按钮，在选项界面中选中 ☑封闭端 复选框。

（5）在操控板中单击"完成"按钮 ☑，完成特征的创建。

（6）单击分型面工具栏中的"确定"按钮 ☑，完成拉伸分型面的创建

图 17.21　创建拉伸曲面

图 17.22　截面草图

### Task5. 构建模具元件的体积块

### Stage1. 用分型面创建上、下两个体积腔

Step1. 选择下拉菜单 编辑(E) ➡️ 分割... 命令。

Step2. 在系统弹出的 ▼ SPLIT VOLUME (分割体积块) 菜单中，选择 Two Volumes (两个体积块) ➡️ All Wrkpcs (所有工件) ➡️ Done (完成) 命令。

Step3. 选取分型面。

（1）选取分型面 面组:F7(MAIN_PS) （使用"列表选取"的方法选取），然后单击 确定(O) 按钮。

（2）在"选取"对话框中单击 确定 按钮。

Step4. 单击"分割"信息对话框中的 确定 按钮。

Step5. 系统弹出"属性"对话框，在该对话框中单击 着色 按钮，着色后的模型如图 17.23 所示。然后在对话框中输入名称 LOWER_MOLD，单击 确定 按钮。

Step6. 系统弹出"属性"对话框，在该对话框中单击 着色 按钮，着色后的模型如图 17.24 所示。然后在对话框中输入名称 UPPER_MOLD，单击 确定 按钮。

图 17.23　着色后的下半部分体积块　　　　图 17.24　着色后的上半部分体积块

### Stage2. 创建第一个滑块体积块

Step1. 选择下拉菜单 编辑(E) ➡️ 分割... 命令。

Step2. 在系统弹出的 ▼ SPLIT VOLUME (分割体积块) 菜单中，选择 One Volume (一个体积块) ➡️ Mold Volume (模具体积块) ➡️ Done (完成) 命令。

Step3. 在系统弹出的"搜索工具"对话框中，单击列表中的 面组:F20(UPPER_VOL_1) 体积块，然后单击 >> 按钮，将其加入到已选取 0 个项目列表中，再单击 关闭 按钮。

Step4. 选取分型面。

（1）选取分型面 面组:F16(SLIDE_PS) （用"列表选取"的方法选取），然后单击 确定(O) 按钮。系统弹出 ▼ 岛列表 菜单。

（2）在"岛列表"菜单中选中 ☑ 岛2 与 ☑ 岛4 复选框，选择 Done Sel (完成选取) 命令。

（3）在"选取"对话框中单击 确定 按钮。

Step5. 在"分割"对话框中单击 确定 按钮，系统弹出"属性"对话框。

Step6.在"属性"对话框中单击 着色 按钮，着色后的模型如图 17.25 所示。然后在对话框中输入名称 SLIDE_VOL_1，单击 确定 按钮。

### Stage3．创建第二个滑块体积块

Step1．选择下拉菜单 编辑(E) ➡ 分割... 命令。

Step2．在系统弹出的 ▼ SPLIT VOLUME（分割体积块）菜单中，选择 One Volume（一个体积块）
➡ Mold Volume（模具体积块）➡ Done（完成）命令。

Step3．在系统弹出的"搜索工具"对话框中，单击列表中的 面组:F20(UPPER_VOL_1) 体积块，然后单击 > > 按钮，将其加入到 已选取 0 个项目列表中，再单击 关闭 按钮。

Step4．选取分型面。

（1）选取分型面 面组:F7(MAIN_PS) （使用"列表选取"的方法选取），然后单击 确定(O) 按钮，系统弹出 ▼ 岛列表 菜单。

（2）在"岛列表"菜单中选中 ☑岛2 ，选择 Done Sel（完成选取）命令。

（3）在"选取"对话框中单击 确定 按钮。

Step5．在"分割"对话框中单击 确定 按钮，系统弹出"属性"对话框。

Step6．在"属性"对话框中单击 着色 按钮，着色后的模型如图 17.26 所示。然后在对话框中输入名称 SLIDE_VOL_2，单击 确定 按钮。

图 17.25　着色后的体积块

图 17.26　着色后的体积块

## Task6．抽取模具元件及生成注射件

将浇注件的名称命名为 MOLDING。

## Task7．定义开模动作

### Stage1．开模步骤 1：移动两滑块

Step1．将参照零件、坯料和分型面在模型中遮蔽起来，将模型的显示状态切换到实体显示方式。

Step2．移动两滑块。

（1）在 ▼ MOLD（模具）菜单中选择 Mold Opening（模具开模）命令，在 ▼ MOLD OPEN（模具开模）菜单中选择 Define Step（定义间距）命令（注：此处应翻译成"定义开模步骤"）。

（2）在 ▼ DEFINE STEP（定义间距）菜单中选择 Define Move（定义移动）命令。

（3）选取要移动的滑块 1。

（4）在系统的提示下，选取图 17.27 所示的边线为移动方向，然后在系统的提示下输入要移动的距离值 250。

（5）在 ▼ DEFINE STEP（定义间距）菜单中选择 Define Move（定义移动）命令。

（6）选取要移动的另一个滑块。

（7）在系统的提示下，选取图 17.27 所示的边线为移动方向，然后在系统的提示下输入要移动的距离值-250。

（8）在 ▼ DEFINE STEP（定义间距）菜单中，选择 Done（完成）命令，移出后的状态如图 17.27b 所示。

a）移动前　　　　　　　　　　　　　　　　　b）移动后

图 17.27　移动滑块

### Stage2. 开模步骤 2：移动上模

Step1. 移动上模和两滑块。

（1）在 ▼ MOLD（模具）菜单中选择 Mold Opening（模具开模）命令，在 ▼ MOLD OPEN（模具开模）菜单中选择 Define Step（定义间距）命令（注：此处应翻译成"定义开模步骤"）。

（2）在 ▼ DEFINE STEP（定义间距）菜单中选择 Define Move（定义移动）命令。

（3）选取要移动的上模和两滑块。

（4）在系统的提示下，选取图 17.28a 所示的边线为移动方向，然后在系统的提示下输入要移动的距离值-500。

（5）在 ▼ DEFINE STEP（定义间距）菜单中选择 Done（完成）命令，移出后的状态如图 17.28b 所示。

a）移动前　　　　　　　　　　　　　　　　　b）移动后

图 17.28　移动上模

### Stage3．开模步骤 3：移动注射件

Step1. 移动注射件。参照 Stage2 的操作方法选取注射件，选取图 17.29 所示的边线为移动方向，输入要移动的距离值 200，选择 Done （完成）命令，完成注射件的开模动作。

　　　　a）移动前　　　　　　　图 17.29　移动注射件　　　　　　　b）移动后

选取此方向为移动方向

Step2. 保存设计结果。

# 实例 18  带镶块的模具设计（一）

本实例通过脚垫的模具设计来介绍镶块体积块在模具设计中的应用。下面介绍计算机机箱底部护垫的模具设计，如图 18.1 所示。

图 18.1  带镶块的模具设计

## Task1. 新建一个模具制造模型文件，进入模具模块

Step1. 将工作目录设置至 D:\proewf5.6\work\ch18。

Step2. 新建一个模具型腔文件，命名为 foot_pad_mold；选取 mmns_mfg_mold 模板。

## Task2. 建立模具模型

在开始设计一个模具前，应先创建一个"模具模型"，模具模型包括参照模型和坯料，如图 18.2 所示。

### Stage1. 引入参照模型

Step1. 单击工具栏中的"模具型腔布局"按钮 🗖，系统弹出 "打开"和"布局"对话框。

Step2. 从弹出的文件"打开"对话框中，选取三维零件模型塑料杯盖 foot_pad.prt 作为参照零件模型，并将其打开，系统弹出"创建参照模型"对话框。

Step3. 在"创建参照模型"对话框中选中 ⊙ 按参照合并，然后在 参照模型 区域的 名称 文本框中接受默认的名称，再单击 确定 按钮。

Step4. 在"布局"对话框的 布局 区域中单击 ⊙ 单一 单选项，在"布局"对话框中单击 预览 按钮，单击 确定 按钮；单击 Done/Return 完成/返回 命令，结果如图 18.3 所示。

### Stage2. 创建坯料

Step1. 在 ▼ MOLD MODEL (模具模型) 菜单中选择 Create (创建) 命令。

Step2. 在弹出的  菜单中选择 Workpiece (工件) 命令。

参照模型

坯料

图 18.2　参照模型和坯料

图 18.3　参照件组装完成后

Step3. 在弹出的 ▼ CREATE WORKPIECE (创建工件) 菜单中选择 Manual (手动) 命令。

Step4. 在"元件创建"对话框中，选中 类型 区域中的 ⊙ 零件 单选按钮，选中 子类型 区域中的 ⊙ 实体 单选按钮，在 名称 文本框中输入坯料的名称 foot_pad_wp，然后再单击 确定 按钮。

Step5. 在系统弹出的"创建选项"对话框中，选中 ⊙ 创建特征 单选按钮，然后再单击 确定 按钮。

Step6. 创建坯料特征。

（1）在菜单管理器中选择 Solid (实体) ➡ Protrusion (伸出项) 命令，在弹出的菜单中选择 Extrude (拉伸) ➡ Solid (实体) ➡ Done (完成) 命令，此时系统出现实体拉伸操控板。

（2）创建实体拉伸特征。

① 选取拉伸类型：在出现的操控板中，确认"实体"类型按钮 □ 被按下。

② 定义草绘截面放置属性：在绘图区中右击，从快捷菜单中选择 定义内部草绘... 命令。系统弹出"草绘"对话框，然后选择 MOLD_FRONT 基准平面作为草绘平面，接受系统默认的箭头方向为草绘视图方向，然后选取 MAIN_PARTING_PLN 基准平面为参照平面，方位为 顶，单击 草绘 按钮，系统至此进入截面草绘环境。

③ 进入截面草绘环境后，选取 MOLD_RIGHT 基准平面和 MAIN_PARTING_PLN 基准平面为草绘参照，然后绘制图 18.4 所示的截面草图。完成特征截面的绘制后，单击工具栏中的"完成"按钮 ✔。

④ 选取深度类型并输入深度值：在操控板中选取深度类型 □ （即"对称"），再在深度文本框中输入深度值 35.0，并按回车键。

⑤ 完成特征：在操控板中单击"完成"按钮 ✔，完成特征的创建。

Step7. 选择 Done/Return (完成/返回) ➡ Done/Return (完成/返回) 命令。

## Task3．设置收缩率

将参照模型收缩率设置为 0.006。

## Task4．创建模具分型面

以下操作为创建 foot_pad.prt 模具的分型曲面，如图 18.5 所示。

## Stage1. 创建复制曲面

Step1. 选择下拉菜单 插入(I) ➡ 模具几何▶ ➡ 🗋 分型面(S)... 命令。

Step2. 选择下拉菜单 编辑(E) ➡ 属性(R) 命令，在弹出的"属性"对话框中输入分型面名称 PS，单击对话框中的 确定 按钮。

图 18.4　截面草图　　　　　图 18.5　创建分型曲面

Step3. 为了方便选取图元，将坯料遮蔽。

（1）在模型树界面中，选择 🕅▼ ➡ ▦≡树过滤器(F)... 命令。

（2）在系统弹出的"模型树项目"对话框中，选中 ☑ 特征 复选框，然后单击该对话框中的 确定 按钮。

（3）在模型树中右击 📄 FOOT_PAD_WP.PRT，从弹出的快捷菜单中选择 遮蔽 命令。

Step4. 通过曲面复制的方法，复制参照模型上的外表面。

（1）在屏幕右下方的"智能选取栏"中选择"几何"选项。

（2）选取要复制的面组，操作方法如下：

① 利用"模型显示"工具栏（一般位于软件界面的右上部），可以切换模型的显示状态，按下 🗖 （隐藏线）按钮，将模型的显示状态切换到虚线线框显示方式。

② 将模型调整到图 18.6 所示的视图方位，采用"从列表中拾取"的方法选取图 18.6 所示的模型表面（A），按住 Ctrl 键，采用同样的方法选取模型表面（B）和模型表面（C）。

（3）选择下拉菜单 编辑(E) ➡ 🖺 复制(C) 命令。

（4）选择下拉菜单 编辑(E) ➡ 📋 粘贴(P) 命令，系统弹出"曲面复制"操控板。

（5）填补复制曲面上的破孔。在操控板中单击 选项 按钮，在"选项"界面选中 ⊙ 排除曲面并填充孔 单选按钮，选择图 18.6 中的模型表面（C）。

（6）单击操控板中的"完成"按钮 ✓。

## Stage2. 创建拉伸曲面

Step1. 将坯料的遮蔽取消。

Step2. 通过拉伸的方法创建图 18.7 所示的曲面。

（1）选择下拉菜单 插入(I) ➡ 🗗 拉伸(E)... 命令，此时系统弹出"拉伸"操控板。

图 18.6　定义复制曲面

图 18.7　创建拉伸曲面

（2）定义草绘截面放置属性：右击，从弹出的菜单中选择 定义内部草绘... 命令；选择图 18.8 所示的坯料表面 1 为草绘平面，接受默认的草绘视图方向，然后选取图 18.8 所示的坯料表面 2 为参照平面，方向为 顶。

（3）进入草绘环境后，选取图 18.9 所示的坯料边线和模型边线为草绘参照，然后绘制截面草图，如图 18.9 所示。完成特征截面的绘制后，单击工具栏中的"完成"按钮 ✓。

图 18.8　定义草绘平面　　　　　　　图 18.9　截面草图

（4）设置深度选项。

① 在操控板中选取深度类型 ⊥ （到选定的）。

② 将模型调整到图 18.10 所示的视图方位，选择图 18.10 所示的平面为拉伸终止面。

（5）在操控板中单击"完成"按钮 ✓，完成特征的创建。

### Stage3．曲面合并

Step1. 遮蔽坯料和参照零件。

Step2. 将 Stage1 创建的复制曲面与 Stage2 创建的拉伸曲面进行合并。

（1）按住 Ctrl 键，选取 Stage1 创建的复制曲面和 Stage2 创建的拉伸曲面，如图 18.11 所示。

（2）选择下拉菜单 编辑(E) ➡ 合并(G) 命令，此时系统弹出"合并"操控板。

图 18.10　选取拉伸终止面　　　　图 18.11　将复制面组与拉伸面组进行合并

（3）在模型中选取要合并的面组的侧，如图 18.12 所示。

（4）在操控板中单击 选项 按钮，在"选项"界面中选中 ◉ 相交 单选按钮，单击"完成"按钮 ✓。

Step3. 着色显示所创建的分型面。

（1）选择下拉菜单 视图(V) ➡ 可见性(V) ▶ ➡ 着色 命令。

（2）系统自动将刚创建的分型面 PS 着色，着色后的分型曲面如图 18.13 所示。

（3）在  菜单中选择 **Done/Return （完成/返回）** 命令。

Step4. 在工具栏中单击"确定"按钮 ☑，完成分型面的创建。

图 18.12 　 "合并面组"的侧 　　　　　 图 18.13 　 着色后的分型曲面

## Task5. 创建模具体积块

### Stage1. 定义镶块体积块 1

下面的操作是创建零件 foot_pad.prt 模具的镶块体积块 insert_01（图 18.14），其操作过程如下：

Step1. 为了使屏幕简洁，将分型面遮蔽起来，同时撤销对坯料、参照零件的遮蔽。

Step2. 选择下拉菜单 **插入(I)** ➡ **模具几何 ▶** ➡ **🔲 模具体积块(V)...** 命令。

Step3. 选择下拉菜单 **编辑(E)** ➡ **属性(R)** 命令，在"属性"对话框中输入体积块名称 INSERT_01；单击对话框中的 **确定** 按钮。

Step4. 通过拉伸的方法创建图 18.15 所示的曲面。

（1）选择下拉菜单 **插入(I)** ➡ **🔲 拉伸(E)...** 命令，此时系统弹出"拉伸"操控板。

（2）切换模型的显示状态。按下 🔲 按钮，将模型的显示状态切换到虚线线框显示方式。

（3）定义草绘截面放置属性：在绘图区空白处右击，从弹出的菜单中选择 **定义内部草绘...** 命令；选取图 18.16 所示的坯料表面 1 为草绘平面，接受图 18.16 中默认的箭头方向为草绘视图方向，然后选取图 18.16 所示的坯料表面 2 为参照平面，方向为 **顶** 。

图 18.14 　 创建镶块体积块 　　　　　 图 18.15 　 创建拉伸曲面

图 18.16 　 定义草绘平面

（4）进入草绘环境后，选取 MOLD_RIGHT 基准平面和 MAIN_FRONT 基准平面为草绘参照，利用"使用"命令绘制图 18.17 所示的截面草图。完成特征截面的绘制后，单击工具栏中的"完成"按钮 ✔ 。

图 18.17　截面草图

（5）设置深度选项。

① 在操控板中选取深度类型 ⊥（到选定的）。

② 调整视图方位，选择图 18.18 所示的平面为拉伸终止面。

图 18.18　选取拉伸终止面

（6）在操控板中单击"完成"按钮 ✔ ，完成特征的创建。

Step5. 创建拉伸曲面。

（1）选择下拉菜单 插入(I) ➡ 拉伸(E)... 命令，此时系统弹出"拉伸"操控板。

（2）定义草绘截面放置属性：右击，从弹出的菜单中选择 定义内部草绘... 命令；在系统弹出的"草绘"对话框中单击 使用先前的 按钮。

（3）进入草绘环境后，选取 MOLD_RIGHT 基准平面和 MAIN_FRONT 基准平面为草绘参照，利用"使用"命令绘制图 18.19 所示的截面草图。完成特征截面的绘制后，单击工具栏中的"完成"按钮 ✔ 。

（4）在操控板中选取深度类型 ⊥（盲孔），拉伸方向为指向坯料方向，然后输入深度值 3.0，并按回车键。

（5）在操控板中单击"完成"按钮 ✔ ，完成特征的创建。

Step6. 着色显示所创建的体积块。

（1）选择下拉菜单 视图(V) ➡ 可见性(V) ▶ ➡ 着色 命令。

（2）系统自动将刚创建的镶块体积块 INSERT_01 着色，着色后的镶块体积块如图 18.20 所示。

放大图

图 18.19 截面草图

图 18.20 着色后的镶块体积块

（3）在 ▼ CntVolSel （继续体积块选取）菜单中选择 Done/Return （完成/返回）命令。

Step7. 在工具栏中单击"体积块完成"按钮 ✓，完成镶块体积块的创建。

**Stage2. 参照 Stage1，定义镶块体积块 2（INSERT_02）**

**Stage3. 参照 Stage1，定义镶块体积块 3（INSERT_03）**

**Stage4. 参照 Stage1，定义镶块体积块 4（INSERT_04）**

### Task6. 构建模具元件的体积块

**Stage1. 创建第一个镶块体积腔**

Step1. 选择下拉菜单 编辑(E) ➡ 分割... 命令。

Step2. 在系统弹出的 ▼ SPLIT VOLUME （分割体积块）菜单中，选择 Two Volumes （两个体积块）、All Wrkpcs （所有工件）和 Done （完成）命令。

Step3. 用"列表选取"的方法选取体积块。

（1）在系统的提示下，将鼠标指针移至模型中一个镶块体积块的位置右击，从快捷菜单中选取 从列表中拾取 命令。

（2）在系统弹出的"从列表中拾取"对话框中，单击列表中的 面组:F10(INSERT_01) 体积块，然后单击 确定(O) 按钮。

（3）单击"选取"对话框中的 确定 按钮。

Step4. 单击"分割"对话框中的 确定 按钮。

Step5. 系统弹出"属性"对话框，同时坯料中的大部分体积块变亮，然后在对话框中输入名称 INSERT_01_BODY，单击 确定 按钮。

Step6. 系统弹出"属性"对话框，同时坯料中的第一个镶块部分变亮，然后在对话框中输入名称 INSERT_01_MOLD，单击 确定 按钮。

**Stage2. 创建第二个镶块体积腔**

Step1. 选择下拉菜单 编辑(E) ➡ 分割... 命令。

Step2. 在系统弹出的 ▼ SPLIT VOLUME （分割体积块）菜单中，选择 Two Volumes （两个体积块）、Mold Volume （模具体积块）和 Done （完成）命令。

**Step3**. 在系统弹出的 "搜索工具" 对话框中，单击列表中的 `面组:F19(INSERT_01_BODY)` 体积块，然后单击 `>>` 按钮，将其加入到 `已选取 0 个项目` 列表中，再单击 `关闭` 按钮。

**Step4**. 用 "列表选取" 的方法选取体积块。

（1）在系统的提示下，先将鼠标指针移至模型中第二个镶块体积块的位置右击，从快捷菜单中选取 `从列表中拾取` 命令。

（2）在系统弹出的 "从列表中拾取" 对话框中，单击列表中的 `面组:F12(INSERT_02)`，然后单击 `确定(O)` 按钮。

（3）在 "选取" 对话框中单击 `确定` 按钮。

**Step5**. 在 "分割" 对话框中单击 `确定` 按钮。

**Step6**. 系统弹出 "属性" 对话框，同时 INSERT_01_BODY 体积块中的大部分体积块变亮，然后在对话框中输入名称 INSERT_02_BODY，单击 `确定` 按钮。

**Step7**. 系统弹出 "属性" 对话框，同时 INSERT_01_BODY 体积块中的第二个镶块部分变亮，然后在对话框中输入名称 INSERT_02_MOLD，单击 `确定` 按钮。

### Stage3.  创建第三个镶块体积腔

参照 Stage2，将分割得到的两个体积块分别命名为 INSERT_03_BODY 和 INSERT_03_MOLD。

### Stage4.  创建第四个镶块体积腔

参照 Stage2，将分割得到的两个体积块分别命名为 INSERT_04_BODY 和 INSERT_04_MOLD。

### Stage5.  用分型面创建上、下两个体积腔

用前面创建的主分型面 PS 来将前面生成的体积块 INSERT_04_BODY 分成上、下两个体积腔 （块），这两个体积块将来会被抽取为模具的上、下模具型腔。

**Step1**. 取消分型面的遮蔽。

**Step2**. 选择下拉菜单 `编辑(E)` ➡ `分割...` 命令。

**Step3**. 在系统弹出的 `▼ SPLIT VOLUME (分割体积块)` 菜单中，选择 `Two Volumes (两个体积块)`、`Mold Volume (模具体积块)` 和 `Done (完成)` 命令。

**Step4**. 在系统弹出的 "搜索工具" 对话框中，单击列表中的 `面组:F25(INSERT_04_BODY)` 体积块，然后单击 `>>` 按钮，将其加入到 `已选取 0 个项目` 列表中，再单击 `关闭` 按钮。

**Step5**. 用 "列表选取" 的方法选取分型面。

（1）在系统 `➪为分割所选的模型量选取分型面` 的提示下，先将鼠标指针移至模型中主分型面的位置右击，从快捷菜单中选取 `从列表中拾取` 命令。

（2）在系统弹出的 "从列表中拾取" 对话框中，单击列表中的 `面组:F7(PS)`，然后单击 `确定(O)` 按钮。

（3）单击"选取"对话框中的 确定 按钮。

Step6. 单击"分割"信息对话框中的 确定 按钮。

Step7. 系统弹出"属性"对话框，同时 INSERT_04_BODY 体积块的上半部分变亮，在该对话框中单击 着色 按钮，着色后的模型如图 18.21 所示，然后在对话框中输入名称 UPPER_MOLD，单击 确定 按钮。

Step8. 系统弹出"属性"对话框，同时 INSERT_04_BODY 体积块的下半部分变亮，在该对话框中单击 着色 按钮，着色后的模型如图 18.22 所示，然后在对话框中输入名称 LOWER_MOLD，单击 确定 按钮。

图 18.21　着色后的上半部分体积块　　　　图 18.22　着色后的下半部分体积块

### Task7. 抽取模具元件

Step1. 在 菜单管理器 的 ▼ MOLD (模具) 菜单中，先选择 Mold Comp (模具元件) 命令，然后在系统弹出的 ▼ MOLD COMP (模具元件) 菜单中选择 Extract (抽取) 命令。

Step2. 在系统弹出的"创建模具元件"对话框中，选取除 INSERT_01、INSERT_02、INSERT_03 和 INSERT_04 以外的所有体积块，然后单击 确定 按钮。

Step3. 选择 Done/Return (完成/返回) 命令。

### Task8. 生成浇注件

将浇注件的名称命名为 MOLDING。

### Task9. 定义开模动作

### Stage1. 将参照零件、坯料和分型面在模型中遮蔽起来

### Stage2. 开模步骤 1：移动上模和镶块

Step1. 在 ▼ MOLD (模具) 菜单中选择 Mold Opening (模具开模) 命令（注：此处应翻译成"开启模具"），在系统弹出的 ▼ MOLD OPEN (模具开模) 菜单中选择 Define Step (定义间距) 命令（注：此处应翻译成"定义开模步骤"）。

Step2. 在 ▼ DEFINE STEP (定义间距) 菜单中选择 Define Move (定义移动) 命令，此时系统弹出"选取"对话框。

Step3. 选取要移动的模具元件。

（1）按住 Ctrl 键，在模型树中选取 INSERT_01_MOLD.PRT、INSERT_02_MOLD.PRT、INSERT_03_MOLD.PRT、INSERT_04_MOLD.PRT 和 UPPER_ MOLD.PRT。此时步骤 1 中要移动的元件模型被加亮。

（2）在"选取"对话框中单击 确定 按钮。

Step4. 在系统 ⇨通过选取边、轴或表面选取分解方向。 的提示下，选取图 18.23 所示的边线为移动方向，然后在系统 输入沿指定方向的位移 的提示下，输入要移动的距离值 50，并按回车键。

Step5. 在 ▼ DEFINE STEP (定义间距) 菜单中选择 Done (完成) 命令，移出后的模型如图 18.24 所示。

选取此边线为移动方向

图 18.23　选取移动方向　　　　　　　　　图 18.24　移动后的状态

### Stage3. 开模步骤 2：移动浇注件

Step1. 在 ▼ MOLD OPEN (模具开模) 菜单中选择 Define Step (定义间距) 命令。

Step2. 在 ▼ DEFINE STEP (定义间距) 菜单中选择 Define Move (定义移动) 命令。

Step3. 用"列表选取"的方法选取要移动的模具元件 MOLDING.PRT （浇注件），在"从列表中拾取"对话框中单击 确定(O) 按钮，在"选取"对话框中单击 确定 按钮。

Step4. 在系统 ⇨通过选取边、轴或表面选取分解方向。 的提示下，选取图 18.25 所示的边线为移动方向，输入要移动的距离值 25，并按回车键。

Step5. 在 ▼ DEFINE STEP (定义间距) 菜单中选择 Done (完成) 命令，移出后的模型如图 18.26 所示。

选取此边线为移动方向

图 18.25　选取移动方向　　　　　　　　　图 18.26　移动后的状态

Step6. 保存设计结果。选择下拉菜单 文件(F) ➡ 保存(S) 命令。

# 实例 19　带镶块的模具设计（二）

本实例通过卡扣的模具设计来介绍镶块体积块在模具设计中的应用。下面介绍图 19.1 所示打火机上座（cliper.prt）的模具设计过程。

图 19.1　打火机上座的模具设计

## Task1.　新建一个模具制造模型文件，进入模具模块

Step1. 将工作目录设置至 D:\proewf5.6\work\ch19。

Step2. 新建一个模具型腔文件，命名为 cliper_mold；选取 mmns_mfg_mold 模板。

## Task2.　建立模具模型

在开始设计一个模具前，应先创建一个"模具模型"，模具模型包括图 19.2 所示参照模型和坯料。

### Stage1.　引入参照模型

Step1. 在 ▼ MOLD (模具) 菜单中选择 Mold Model (模具模型) 命令。

Step2. 在 ▼ MOLD MODEL (模具模型) 菜单中选择 Assemble (装配) 命令。

Step3. 在 ▼ MOLD MDL TYP (模具模型类型) 菜单中选择 Ref Model (参照模型) 命令。

Step4. 从弹出的文件"打开"对话框中，选取三维零件模型 cliper.prt 作为参照零件模型，并将其打开。

Step5. 在系统弹出的"元件放置"操控板的"约束"类型下拉列表框中选择 🔲 缺省，将参照模型按默认放置，再在操控板中单击"完成"按钮 ✔。

Step6. 在系统弹出的"创建参照模型"对话框中选中 ⊙ 按参照合并，然后在 参照模型 区域的 名称 文本框中接受默认的名称，再单击 确定 按钮。

参照件组装完成后，模具的基准平面与参照模型的基准平面对齐，如图 19.3 所示。

图 19.2　参照模型和坯料　　　　　　　图 19.3　参照件组装完成后

## Stage2. 创建坯料

Step1. 在 ▼ MOLD MODEL (模具模型) 菜单中选择 Create (创建) 命令。

Step2. 在弹出的 ▼ MOLD MDL TYP (模具模型类型) 菜单中选择 Workpiece (工件) 命令。

Step3. 在弹出的 ▼ CREATE WORKPIECE (创建工件) 菜单中选择 Manual (手动) 命令。

Step4. 在系统弹出的"元件创建"对话框中，选中 类型 区域中的 ⊙ 零件 单选按钮，选中 子类型 区域中的 ⊙ 实体 单选按钮，在 名称 文本框中输入坯料的名称 cliper_wp，然后再单击 确定 按钮。

Step5. 在系统弹出的"创建选项"对话框中，选中 ⊙ 创建特征 单选按钮，然后再单击 确定 按钮。

Step6. 创建坯料特征。

（1）在菜单管理器中选择 Solid (实体) ➡ Protrusion (伸出项) 命令，在弹出的菜单中选择 Extrude (拉伸) ➡ Solid (实体) ➡ Done (完成) 命令，此时系统出现实体拉伸操控板。

（2）创建实体拉伸特征。

① 选取拉伸类型：在出现的操控板中，确认"实体"类型按钮 □ 被按下。

② 定义草绘截面放置属性：在绘图区中右击，从弹出的快捷菜单中选择 定义内部草绘... 命令。系统弹出"草绘"对话框，然后选择 MOLD_FRONT 基准平面作为草绘平面，接受图 19.4 中默认的箭头方向为草绘视图方向，然后选取图 19.4 所示的模型表面为参照平面，方位为 顶，单击 草绘 按钮，系统至此进入截面草绘环境。

图 19.4　定义草绘平面

③ 进入截面草绘环境后，选取 MOLD_RIGHT 基准平面和 MAIN_PARTING_PLN 基准平面为草绘参照，然后绘制图 19.5 所示的截面草图。完成特征截面的绘制后，单击工具栏

中的"完成"按钮 ✔。

④ 选取深度类型并输入深度值：在操控板中选取深度类型 ⊟（即"对称"），再在深度文本框中输入深度值 15.0，并按回车键。

⑤ 预览特征：在操控板中单击"预览"按钮 ☑ ∞，可浏览所创建的拉伸特征。

⑥ 完成特征：在操控板中单击"完成"按钮 ✔，完成特征的创建。

Step7. 选择 Done/Return（完成/返回） ➜ Done/Return（完成/返回）命令。

图 19.5　截面草图

## Task3. 设置收缩率

将参照模型收缩率设置为 0.006。

## Task4. 创建模具体积块

### Stage1. 定义滑块体积块 1

下面的操作是创建零件 cliper.prt 模具的滑块体积块 slide_01。其操作过程如下：

Step1. 选择下拉菜单 插入(I) ➜ 模具几何 ▶ ➜ 模具体积块(V)... 命令。

Step2. 选择下拉菜单 编辑(E) ➜ 属性(R) 命令，在系统弹出的"属性"对话框中，输入体积块名称 SLIDE_01；单击对话框中的 确定 按钮。

Step3. 通过拉伸的方法创建图 19.6 所示的曲面。

（1）选择下拉菜单 插入(I) ➜ 拉伸(E)... 命令，此时系统弹出"拉伸"操控板。

（2）利用"模型显示"工具栏（一般位于软件界面的右上部）可以切换模型的显示状态。按下 ▣ 按钮，将模型的显示状态切换到虚线线框显示方式。

（3）定义草绘截面放置属性：右击，从弹出的菜单中选择 定义内部草绘... 命令；在系统 ▷选取一个平面或曲面以定义草绘平面 的提示下，选取图 19.7 所示的坯料表面 1 为草绘平面，接受图 19.7 中默认的箭头方向为草绘视图方向，然后选取图 19.7 所示的坯料表面 2 为参照平面，方向为 顶。

（4）进入草绘环境后，选取 MOLD_RIGHT 基准平面和 MAIN_PARTING_PLN 基准平面为草绘参照，利用"使用"命令绘制图 19.8 所示的截面草图。完成特征截面的绘制后，单击工具栏中的"完成"按钮 ✔。

图 19.6　创建拉伸曲面　　　　　　　　　　图 19.7　定义草绘平面

图 19.8　截面草图

（5）设置深度选项。

① 在操控板中选取深度类型 ⊥（到选定的）。

② 将模型调整到图 19.9 所示的视图方位，采用"列表选取"的方法，选择图 19.9 所示的平面为拉伸终止面。

（6）在操控板中单击"完成"按钮 ✓，完成特征的创建。

图 19.9　选取拉伸终止面

Step4. 选择下拉菜单 编辑(E) ➡ 修剪(T) ▸ ➡ 参照零件切除 命令。

Step5. 着色显示所创建的体积块。

（1）选择下拉菜单 视图(V) ➡ 可见性(V) ▸ ➡ 着色 命令。

（2）系统自动将刚创建的滑块体积块 SLIDE_01 着色，着色后的滑块体积块如图 19.10 所示。

（3）在 ▼ CntVolSel (继续体积块选取) 菜单中选择 Done/Return (完成/返回) 命令。

Step6. 在工具栏中单击"确定"按钮 ✓，完成滑块体积块的创建。

**Stage2.　参照 Stage1，定义滑块体积块 2（SLIDE_02）**

**Stage3.　定义镶块体积块 1（INSERT_01）**

下面的操作是创建零件 cliper.prt 模具的镶块体积块 insert_01（图 19.11）。其操作过程如下：

图 19.10　着色后的滑块体积块

镶块体积块

图 19.11　创建镶块体积块

Step1. 为了使屏幕简洁，将 Stage1 、Stage2 创建的滑块体积块 SLIDE_01、SLIDE_02 遮蔽起来，同时遮蔽坯料 CLIPER_WP。

Step2. 选择下拉菜单 插入(I) ➡ 模具几何 ▶ ➡ 模具体积块(V)... 命令。

Step3. 选择下拉菜单 编辑(E) ➡ 属性(R) 命令，在系统弹出的对话框中，输入体积块名称 INSERT_01；单击对话框中的 确定 按钮。

Step4. 通过拉伸的方法创建图 19.12 所示的曲面。

（1）选择下拉菜单 插入(I) ➡ 拉伸(E)... 命令，此时系统弹出"拉伸"操控板。

放大图

创建此拉伸曲面

图 19.12　创建拉伸曲面

（2）利用"模型显示"工具栏（一般位于软件界面的右上部）可以切换模型的显示状态。按下 按钮，将模型的显示状态切换到虚线线框显示方式。

（3）定义草绘截面放置属性：右击，从弹出的菜单中选择 定义内部草绘... 命令；在系统 ⬧选取一个平面或曲面以定义草绘平面。的提示下，选取图 19.13 所示的模型表面为草绘平面，接受图 19.13 中默认的箭头方向为草绘视图方向，然后选取图 19.13 所示的模型表面为参照平面，方向为 右 。

（4）进入草绘环境后，选取 MOLD_FRONT 基准平面和 MAIN_PARTING_PLN 基准平面为草绘参照，利用"使用"命令绘制图 19.14 所示的截面草图；完成特征截面的绘制后，单击工具栏中的"完成"按钮 ✔ 。

选择此模型表面为参照平面

放大图

选择此模型表面为草绘平面

方向箭头

图 19.13　定义草绘平面

图 19.14　截面草图

（5）设置深度选项。

① 在操控板中选取深度类型 （到选定的）。

② 将模型调整到图 19.15 所示的视图方位，采用"列表选取"的方法，选择图 19.15 所示的平面为拉伸终止面。

（6）在操控板中单击"完成"按钮，完成特征的创建。

图 19.15　选取拉伸终止面

Step5. 通过拉伸的方法创建图 19.16 所示的曲面。

图 19.16　创建拉伸曲面

（1）选择下拉菜单 插入(I) ➡ 拉伸(E)... 命令，此时系统弹出"拉伸"操控板。

（2）定义草绘截面放置属性：右击，从弹出的菜单中选择 定义内部草绘... 命令；在系统 选取一个平面或曲面以定义草绘平面 的提示下，选取图 19.17 所示的模型表面为草绘平面，接受图 19.17 中默认的箭头方向为草绘视图方向，然后选取图 19.17 所示的模型表面为参照平面，方向为 顶。

图 19.17　定义草绘平面

（3）进入草绘环境后，选取 MOLD_RIGHT 基准平面和 MOLD_FRONT 基准平面为草绘参照，利用"使用"命令绘制图 19.18 所示的截面草图（截面为一矩形）。完成特征截面的绘制后，单击工具栏中的"完成"按钮 ✓。

图 19.18　截面草图

（4）将坯料的遮蔽取消。单击工具栏上的 ◇ 按钮，系统弹出"遮蔽－取消遮蔽"对话框，选择 取消遮蔽 选项卡，在该对话框中按下 □元件 按钮，在列表框中选取 ⊠ CLIPER_WP ，然后单击下方的 取消遮蔽 按钮，再单击 关闭 按钮。

（5）设置深度选项。

① 在操控板中选取深度类型 ⊥（到选定的）。

② 将模型调整到图 19.19 所示的视图方位，选择图 19.19 所示的平面为拉伸终止面。

（6）在操控板中单击"完成"按钮 ✓，完成特征的创建。

**Step6.** 创建拉伸曲面。

（1）选择下拉菜单 插入(I) ➡ 🔲 拉伸(E)... 命令，此时系统弹出"拉伸"操控板。

（2）定义草绘截面放置属性：右击，从弹出的菜单中选择 定义内部草绘... 命令；在系统 ⇨选取一个平面或曲面以定义草绘平面. 的提示下，选取图 19.20 所示的坯料表面 1 为草绘平面，接受图 19.20 中默认的箭头方向为草绘视图方向，然后选取图 19.20 所示的坯料表面 2 为参照平面，方向为 顶 。

图 19.19　选取拉伸终止面　　　　　图 19.20　定义草绘平面

（3）进入草绘环境后，选取 MOLD_RIGHT 基准平面和 MOLD_FRONT 基准平面为草绘参照，利用"使用"命令绘制图 19.21 所示的截面草图（截面为一矩形）。完成特征截面的绘制后，单击工具栏中的"完成"按钮 ✓。

（4）在操控板中选取深度类型 ⊥，拉伸方向为指向坯料方向，然后输入深度值 1.0，并按回车键。

（5）在操控板中单击"完成"按钮 ✓，完成特征的创建。

图 19.21 截面草图

Step7. 着色显示所创建的体积块。

（1）选择下拉菜单 视图(V) ➡ 可见性(V) ▶ ➡ 着色 命令。

（2）系统自动将刚创建的镶块体积块 INSERT_01 着色，着色后的镶块体积块如图 19.22 所示。

（3）在 ▼ CntVolSel (继续体积块选取) 菜单中选择 Done/Return (完成/返回) 命令。

Step8. 在工具栏中单击"确定"按钮 ✔ ，完成镶块体积块的创建。

**Stage4. 参照 Stage3，定义镶块体积块 2（INSERT_02）**

**Stage5. 定义镶块体积块 3（INSERT_03）**

下面的操作是创建零件 cliper.prt 模具的镶块体积块 insert_03（如图 19.23 所示）。其操作过程如下：

图 19.22 着色后的镶块体积块

图 19.23 创建镶块体积块

Step1. 为了使屏幕简洁，遮蔽坯料 CLIPER_WP。

Step2. 选择下拉菜单 插入(I) ➡ 模具几何 ▶ ➡ 模具体积块(V)... 命令。

Step3. 选择下拉菜单 编辑(E) ➡ 属性(R) 命令，在系统弹出的对话框中，输入体积块名称 INSERT_03；单击对话框中的 确定 按钮。

Step4. 通过拉伸的方法创建图 19.24 所示的曲面。

（1）选择下拉菜单 插入(I) ➡ 拉伸(E)... 命令，此时系统弹出"拉伸"操控板。

图 19.24 创建拉伸曲面

（2）利用"模型显示"工具栏（一般位于软件界面的右上部）可以切换模型的显示状态。按下 ⬜ 按钮，将模型的显示状态切换到虚线线框显示方式。

（3）定义草绘截面放置属性：右击，从弹出的菜单中选择 定义内部草绘… 命令；在系统 ⬦选取一个平面或曲面以定义草绘平面。 的提示下，选取图 19.25 所示的模型表面为草绘平面，接受图 19.25 中默认的箭头方向为草绘视图方向，然后选取图 19.25 所示的模型表面为参照平面，方向为 右 。

（4）进入草绘环境后，选取 MOLD_FRONT 基平准面和 MAIN_PARTING_PLN 基准平面为草绘参照，绘制图 19.26 所示的截面草图。完成特征截面的绘制后，单击工具栏中的"完成"按钮 ✔。

图 19.25　定义草绘平面

图 19.26　截面草图

（5）设置深度选项。

① 在操控板中选取深度类型 ⊥ （到选定的）。

② 将模型调整到图 19.27 所示的视图方位，采用"列表选取"的方法，选择图 19.27 所示的平面为拉伸终止面。

图 19.27　选取拉伸终止面

（6）在操控板中单击"完成"按钮 ✔，完成特征的创建。

Step5. 通过拉伸的方法创建图 19.28 所示的曲面。

（1）为了使屏幕简洁，将 Stage3 、Stage4 创建的滑块体积块 INSERT_01、INSERT_02

遮蔽起来，同时将坯料的遮蔽取消。

（2）选择下拉菜单 插入(I) ➡ 拉伸(E)... 命令，此时系统弹出"拉伸"操控板。

（3）定义草绘截面放置属性：右击，从弹出的菜单中选择 定义内部草绘... 命令；在系统 选取一个平面或曲面以定义草绘平面。 的提示下，选取图 19.29 所示的坯料表面 1 为草绘平面，接受图 19.29 中默认的箭头方向为草绘视图方向，然后选取图 19.29 所示的坯料表面 2 为参照平面，方向为 顶。

图 19.28　创建拉伸曲面　　　　图 19.29　定义草绘平面

（4）进入草绘环境后，选取 MOLD_RIGHT 基准平面和 MOLD_FRONT 基准平面为草绘参照，利用"使用"命令绘制图 19.30 所示的截面草图。完成特征截面的绘制后，单击工具栏中的"完成"按钮 ✔。

图 19.30　截面草图

（5）设置深度选项。

① 在操控板中选取深度类型 ⊥（到选定的）。

② 将模型调整到图 19.31 所示的视图方位，采用"列表选取"的方法，选择图 19.31 所示的平面为拉伸终止面。

图 19.31　选取拉伸终止面

（6）在操控板中单击"完成"按钮 ✔，完成特征的创建。

Step6. 创建拉伸曲面。

（1）选择下拉菜单 插入(I) ➡ 拉伸(E)... 命令，此时系统弹出"拉伸"操控板。

·（2）定义草绘截面放置属性：右击，从弹出的菜单中选择 定义内部草绘... 命令；在系统

在 `选取一个平面或曲面以定义草绘平面` 的提示下，选取图 19.32 所示的坯料表面 1 为草绘平面，接受图 19.32 中默认的箭头方向为草绘视图方向，然后选取图 19.32 所示的坯料表面 2 为参照平面，方向为 `顶`。

图 19.32　定义草绘平面

（3）进入草绘环境后，选取 MOLD_RIGHT 基准平面和 MOLD_FRONT 基准平面为草绘参照，利用"使用"命令绘制图 19.33 所示的截面草图。完成特征截面的绘制后，单击工具栏中的"完成"按钮 ✔。

　　说明：此时应将体积块 Insert_02 显示出来。

放大图

图 19.33　截面草图

（4）在操控板中选取深度类型 ⊥（不通孔），拉伸方向为指向坯料方向，然后输入深度值 1.5，并按回车键。

（5）在操控板中单击"完成"按钮 ✔，完成特征的创建。

Step7. 着色显示所创建的体积块。

（1）选择下拉菜单 `视图(V)` ➡ `可见性(V) ▸` ➡ `着色` 命令。

（2）系统自动将刚创建的镶块体积块 INSERT_03 着色，着色后的镶块体积块如图 19.34 所示。

（3）在 `▼CntVolSel (继续体积块选取)` 菜单中选择 `Done/Return (完成/返回)` 命令。

图 19.34　着色后的镶块体积块

Step8. 在工具栏中单击"确定"按钮 ✔，完成镶块体积块的创建。

**Stage6．参照 Stage5，定义镶块体积块 4（INSERT_04）**

**Task5．创建模具分型面**

以下操作是创建 fliper.prt 模具的分型曲面（如图 19.35 所示），其操作过程如下：

Step1. 选择下拉菜单 `插入(I)` ➡ `模具几何 ▸` ➡ `分型面(S)...` 命令。

Step2. 选择下拉菜单 `编辑(E)` ➡ `属性(R)` 命令，在系统弹出的"属性"对话框中输入分型面名称 PS，单击对话框中的 确定 按钮。

Step3. 为了使屏幕简洁，将 Stage5 、Stage6 创建的滑块体积块 INSERT_03、INSERT_04 遮蔽起来。

Step4. 通过拉伸的方法创建分型面。

（1）选择下拉菜单 插入(I) ➡ 拉伸(E)... 命令，此时系统弹出"拉伸"操控板。

（2）定义草绘截面放置属性：右击，从弹出的菜单中选择 定义内部草绘... 命令；在系统 ⇨选取一个平面或曲面以定义草绘平面。 的提示下，选择图 19.36 所示的坯料表面 1 为草绘平面，接受图 19.36 中默认的箭头方向为草绘视图方向，然后选取图 19.36 所示的坯料表面 2 为参照平面，方向为 顶 。

图 19.35　创建分型曲面

图 19.36　定义草绘平面

（3）进入草绘环境后，选取图 19.37 所示的坯料边线和模型边线为草绘参照，然后绘制截面草图（即一条直线），如图 19.37 所示。完成特征截面的绘制后，单击工具栏中的"完成"按钮 ✔ 。

（4）设置深度选项。

① 在操控板中选取深度类型 ⊥ （到选定的）。

② 将模型调整到图 19.38 所示的视图方位，选择图 19.38 所示的平面为拉伸终止面。

（5）在操控板中单击"完成"按钮 ✔ ，完成特征的创建。

Step5. 着色显示所创建的分型面。

（1）选择下拉菜单 视图(V) ➡ 可见性(V) ▶ ➡ 着色 命令。

（2）在 ▼ CntVolSel（继续体积块选取 菜单中选择 Done/Return（完成/返回） 命令。

Step6. 在工具栏中单击"确定"按钮 ✔ ，完成分型面的创建。

图 19.37　截面草图

图 19.38　选取拉伸终止面

## Task6. 构建模具元件的体积块

### Stage1. 创建第一个滑块体积腔

Step1. 将体积块的遮蔽取消。

Step2. 选择下拉菜单 编辑(E) ➡ 分割... 命令（即用"分割"的方法构建体积块）。

Step3. 在系统弹出的 ▼ SPLIT VOLUME (分割体积块) 菜单中，依次选择 Two Volumes (两个体积块)、All Wrkpcs (所有工件) 和 Done (完成) 命令，此时系统弹出的"分割"信息对话框。

Step4. 用"列表选取"的方法选取体积块。

（1）在系统 ➪为分割工件选取分型面。 的提示下，在模型中滑块体积块的位置右击，从弹出的快捷菜单中选择 从列表中拾取 （从列表中拾取）命令。

（2）在"从列表中拾取"对话框中，选取 面组:F7(SLIDE_01) 体积块，然后单击 确定(0) 按钮。

（3）在"选取"对话框中单击 确定 按钮。

Step5. 在"分割"信息对话框中单击 确定 按钮。

Step6. 系统弹出"属性"对话框，单击 着色 按钮，坯料中的大部分体积块变亮，然后在对话框中输入名称 SLIDE_01_BODY，单击 确定 按钮。

Step7. 系统弹出"属性"对话框，单击 着色 按钮，坯料中的滑块部分变亮，然后在对话框中输入名称 SLIDE_01_MOLD，单击 确定 按钮。

### Stage2．创建第二个滑块体积腔

Step1. 选择下拉菜单 编辑(E) ➡ 分割... 命令。

Step2. 在系统弹出的 ▼ SPLIT VOLUME (分割体积块) 菜单中，选择 Two Volumes (两个体积块)、Mold Volume (模具体积块) 和 Done (完成) 命令。

Step3. 在系统弹出的"搜索工具"对话框中，单击列表中的 面组:F25(SLIDE_01_BODY) 体积块，然后单击 >> 按钮，将其加入到已选取 0 个项目列表中，再单击 关闭 按钮。

Step4. 用"列表选取"的方法选取体积块。

（1）在系统 ➪为分割所选的模型量选取分型面。 的提示下，先将鼠标指针移至模型中第二个滑块体积块的位置右击，从快捷菜单中选取 从列表中拾取 命令。

（2）在系统弹出的"从列表中拾取"对话框中，单击列表中的 面组:F9(SLIDE_02)，然后单击 确定(0) 按钮。

（3）在"选取"对话框中单击 确定 按钮。

Step5. 在"分割"对话框中单击 确定 按钮。

Step6. 系统弹出"属性"对话框，单击 着色 按钮，同时 SLIDE_01_BODY 体积块中的大部分体积块变亮，然后在对话框中输入名称 SLIDE_02_BODY，单击 确定 按钮。

Step7. 系统弹出"属性"对话框，单击 着色 按钮，同时 SLIDE_01_BODY 体积块中的第二个滑块部分变亮，然后在对话框中输入名称 SLIDE_02_MOLD，单击 确定 按钮。

### Stage3．创建第一个镶块体积腔

Step1. 选择下拉菜单 编辑(E) ➡ 分割... 命令。

Step2. 在系统弹出的 ▼ SPLIT VOLUME （分割体积块）菜单中，选择 Two Volumes （两个体积块）、Mold Volume （模具体积块） 和 Done （完成）命令。

Step3. 在系统弹出的"搜索工具"对话框中，单击列表中的 面组:F27(SLIDE_02_BODY) 体积块，然后单击 >> 按钮，将其加入到 已选取 0 个项目列表中，再单击 关闭 按钮。

Step4. 用"列表选取"的方法选取体积块。

（1）在系统 ⇨为分割所选的模型量选取分型面。的提示下，先将鼠标指针移至模型中第一个镶块体积块的位置右击，从快捷菜单中选取 从列表中拾取命令。

（2）在系统弹出的"从列表中拾取"对话框中，单击列表中的 面组:F11(INSERT_01)，然后单击 确定(0) 按钮。

（3）在"选取"对话框中单击 确定 按钮。

Step5. 在"分割"对话框中单击 确定 按钮。

Step6. 系统弹出"属性"对话框，单击 着色 按钮，同时 SLIDE_02_BODY 中的大部分体积块变亮，然后在对话框中输入名称 INSERT_01_BODY，单击 确定 按钮。

Step7. 系统弹出"属性"对话框，单击 着色 按钮，同时 SLIDE_02_BODY 中的第一个镶块部分变亮，然后在对话框中输入名称 INSERT_01_MOLD，单击 确定 按钮。

### Stage4. 创建第二个镶块体积腔

参照 Stage3，将分割得到的两个体积块分别命名为 INSERT_02_BODY 和 INSERT_02_ MOLD。

### Stage5. 创建第三个镶块体积腔

参照 Stage3，将分割得到的两个体积块分别命名为 INSERT_03_BODY 和 INSERT_03_ MOLD。

### Stage6. 创建第四个镶块体积腔

参照 Stage3，将分割得到的两个体积块分别命名为 INSERT_04_BODY 和 INSERT_04_ MOLD。

### Stage7. 用分型面创建上、下两个体积腔

用前面创建的主分型面 PS 来将前面生成的体积块 INSERT _04_BODY 分成上、下两个体积腔（块），这两个体积块将来会被抽取为模具的上、下模具型腔。

Step1. 选择下拉菜单 编辑(E) ➡ 分割... 命令。

Step2. 在系统弹出的 ▼ SPLIT VOLUME （分割体积块）菜单中，选择 Two Volumes （两个体积块）、Mold Volume （模具体积块） 和 Done （完成）命令。

Step3 在系统弹出的"搜索工具"对话框中，单击列表中的 面组:F35(INSERT_04_BODY)体积块，然后单击 >> 按钮，将其加入到 已选取 0 个项目列表中，再单击 关闭 按钮。

Step4. 用"列表选取"的方法选取分型面。

（1）在系统 ⇦为分割所选的模型量选取分型面。 的提示下，先将鼠标指针移至模型中分型面的位置右击，从快捷菜单中选取 从列表中拾取 命令。

（2）在系统弹出的"从列表中拾取"对话框中，单击列表中的 面组:F23(PS) ，然后单击 确定(O) 按钮。

（3）单击"选取"对话框中的 确定 按钮。

Step5. 单击"分割"信息对话框中的 确定 按钮。

Step6. 系统弹出"属性"对话框，同时 INSERT_04_BODY 体积块的下半部分变亮，然后在对话框中输入名称 LOWER_MOLD，单击 确定 按钮。

Step7. 系统弹出"属性"对话框，同时 INSERT_04_BODY 体积块的上半部分变亮，在该对话框中单击 着色 按钮，然后在对话框中输入名称 UPPER_MOLD，单击 确定 按钮。

## Task7. 抽取模具元件

Step1. 在 菜单管理器 的 ▼ MOLD (模具) 菜单中，先选择 Mold Comp (模具元件) 命令，然后在系统弹出的 ▼ MOLD COMP (模具元件) 菜单中选择 Extract (抽取) 命令。

Step2. 在系统弹出的"创建模具元件"对话框中，选取 SLIDE_01、SLIDE_02、INSERT_01、INSERT_02、INSERT_03、INSERT_04 以外的所有体积块，然后单击 确定 按钮。

Step3. 选择 Done/Return (完成/返回) 命令。

## Task8. 生成浇注件

将浇注件的名称命名为 MOLDING。

## Task9. 定义开模动作

### Stage1. 将参照零件、坯料和分型面在模型中遮蔽起来

### Stage2. 开模步骤 1：移动滑块

Step1. 移动滑块 1，选取图 19.39 所示的边线为移动方向，输入要移动的距离值 15。

Step2. 移动滑块 2，选取图 19.40 所示的边线为移动方向，输入要移动的距离值-15，结果如图 19.41 所示。

### Stage3. 开模步骤 2：移动上模和镶块 INSERT_03、INSERT_04

Step1. 按住 Ctrl 键，在模型树中选取 INSERT_03_MOLD.PRT、INSERT_04_MOLD.PRT 和 UPPER_ MOLD.PRT。此时步骤 2 中要移动的元件模型被加亮。

图 19.39　选取移动方向　　　　图 19.40　选取移动方向　　　　图 19.41　移动后的状态

**Step2.** 选取如图 19.42 所示的边线为移动方向，输入要移动的距离值-20，结果如图 19.43 所示。

　　　　图 19.42　选取移动方向　　　　　　　　图 19.43　移动后的状态

### Stage4．开模步骤 3：移动下模和镶块 INSERT_01、INSERT_02

**Step1.** 按住 Ctrl 键，在模型树中选取 INSERT_01_MOLD.PRT、INSERT_02_MOLD.PRT 和 LOWER_ MOLD.PRT。此时步骤 3 中要移动的元件模型被加亮。

**Step2.** 选取图 19.44 所示的边线为移动方向，输入要移动的距离值 20，结果如图 19.45 所示。

　　　　图 19.44　选取移动方向　　　　　　　　图 19.45　移动后的状态

**Step3.** 选择下拉菜单 文件(F) ➡ 保存(S) 命令，保存设计结果。

# 实例 20  带破孔的模具设计（一）

在图 20.1 所示的模具中，设计模型中有一破孔，这样在模具设计时必须将这一破孔填补，上、下模具才能顺利脱模。下面介绍该模具的主要设计过程。

上模

浇注件

下模

图 20.1  带破孔的模具设计

## Task1. 新建一个模具制造模型文件

Step1. 将工作目录设置至 D:\proewf5.6\work\ch20。

Step2. 新建一个模具型腔文件，命名为 housing_mold；选取 mmns_mfg_mold 模板。

## Task2. 建立模具模型

### Stage1. 引入参照模型

Step1. 在 ▼ MOLD (模具) 菜单中选择 Mold Model (模具模型) 命令，在 ▼ MOLD MODEL (模具模型) 菜单中选择 Assemble (装配) 命令，在 ▼ MOLD MDL TYP (模具模型类型) 菜单中选择 Ref Model (参照模型) 命令。

Step2. 从弹出的文件"打开"对话框中，选取三维零件——housing.prt 作为参照零件模型，并将其打开。

Step3. 在"元件放置"操控板的"约束"类型下拉列表框中选择 ■ 缺省，将参照模型按默认放置，再在操控板中单击"完成"按钮 ✓。

Step4. 系统弹出"创建参照模型"对话框，在该对话框中选中 ⊙ 按参照合并 单选按钮，然后在 参照模型 区域的 名称 文本框中接受默认的名称，再单击 确定 按钮。

### Stage2. 创建坯料

创建图 20.2 所示的手动坯料，操作步骤如下：

Step1. 在 ▼ MOLD MODEL (模具模型) 菜单中选择 Create (创建) 命令。

Step2. 在弹出的 ▼ MOLD MDL TYP (模具模型类型) 菜单中选择 Workpiece (工件) 命令。

Step3. 在弹出的 ▼ CREATE WORKPIECE (创建工件) 菜单中选择 Manual (手动) 命令。

Step4. 在系统弹出的"元件创建"对话框中：在 `类型` 区域下选中 `⊙ 零件` 单选按钮，在 `子类型` 区域下选中 `⊙ 实体` 单选按钮，在 `名称` 文本框中输入坯料的名称 wp，然后再单击 `确定` 按钮。

Step5. 在系统弹出的"创建选项"对话框中，选中 `⊙ 创建特征` 单选按钮，然后再单击 `确定` 按钮。

Step6. 创建坯料特征。

（1）在菜单管理器中，选择 `Solid (实体)` ➡ `Protrusion (伸出项)` 命令，然后在弹出的菜单中选择 `Extrude (拉伸)` ➡ `Solid (实体)` ➡ `Done (完成)` 命令，此时系统出现实体拉伸操控板。

（2）创建实体拉伸特征。

① 选取拉伸类型。在出现的操控板中，确认"实体"类型按钮 □ 被按下。

② 定义草绘截面放置属性。在绘图区中右击，从弹出的快捷菜单中选择 `定义内部草绘...` 命令。选择 MAIN_PARTING_PLN 基准平面作为草绘平面，草绘平面的参照平面为 MOLD_FRONT 基准平面，方位为 `左`；单击 `草绘` 按钮，系统至此进入截面草绘环境。

③ 绘制截面草图。进入截面草绘环境后，选取 MOLD_RIGHT 和 MOLD_FRONT 基准平面为草绘参照，截面草图如图 20.3 所示；完成特征截面的绘制后，单击工具栏中的"完成"按钮 ✓。

图 20.2　模具模型　　　　　　　图 20.3　截面草图

④ 选取深度类型并输入深度值。在弹出操控板中单击 `选项` 按钮，从弹出的界面中选取 `侧 1` 的深度类型 ⊥，再在深度文本框中输入深度值 35.0，并按回车键；然后选取 `侧 2` 的深度类型 ⊥，再在深度文本框中输入深度值 12.0，并按回车键。

⑤ 预览特征。在操控板中单击"预览"按钮 `✓ 6o`，可浏览所创建的拉伸特征。

⑥ 完成特征。在操控板中单击"完成"按钮 ✓，完成特征的创建。

Step7. 选择 `Done/Return (完成/返回)` ➡ `Done/Return (完成/返回)` 命令。

## Task3. 设置收缩率

将参照模型收缩率设置为 0.006。

### Task4. 创建模具分型曲面

下面的操作是创建零件 housing.prt 模具的主分型曲面，如图 20.4 所示。

A

A 向

图 20.4 创建分型曲面

Step1. 选择下拉菜单 插入(I) ➡️ 模具几何 ▶ ➡️ 📄 分型面(S)... 命令。

Step2. 选择下拉菜单 编辑(E) ➡️ 属性(R) 命令，在弹出的"属性"对话框中，输入分型面名称 main_pt_surf；单击对话框中的 确定 按钮。

Step3. 通过曲面"复制"的方法，复制参照模型 housing 的外表面，如图 20.5 所示（为了方便选取图元，将坯料遮蔽）。

（1）采用"种子面与边界面"的方法选取所需要的曲面。用户分别选取种子面和边界面后，系统则会自动选取从种子曲面开始向四周延伸直到边界曲面的所有曲面（其中包括种子曲面，但不包括边界曲面）。在屏幕右下方的"智能选取栏"中选择"几何"选项。

（2）下面先选取"种子面"（Seed Surface），操作方法如下：

① 将模型调整到图 20.6 所示的视图方位，先将鼠标指针移至模型中的目标位置，即图 20.6 中的上表面（种子面）附近，右击，然后在弹出的快捷菜单中选取 从列表中拾取 命令。

② 选择 曲面:F1(外部合并):HOUSING_MOLD_REF 选项，此时图 20.6 中的上表面会加亮，该面就是所要选择的"种子面"。最后，在"从列表中拾取"对话框中单击 确定(0) 按钮。

种子面

图 20.5 创建复制曲面

图 20.6 定义种子面

（3）然后选取"边界面"（boundary surface），操作方法如下：

① 利用"模型显示"工具栏（一般位于软件界面的右上部），可以切换模型的显示状态。按下 ⊡ 按钮，将模型的显示状态切换到实线线框显示方式。

② 按住 Shift 键，选取图 20.7 中的 housing 的 A~P 为边界面，此时图中所示的边界曲面会加亮。

图 20.7 定义边界面

**注意**：对一些曲面的选取，需要把模型放大后才方便选中所需要的曲面。选取曲面时需要有耐心，逐一选取图 20.7 所示的加亮曲面，在选取过程中要一直按住 Shift 键，直到选取结束。

③ 依次选取所有的边界面（全部加亮）后，松开 Shift 键，然后按住 Ctrl 键选取图 20.8 所示的 A~K 曲面，松开 Ctrl 键，完成"边界面"的选取。操作完成后，整个模型上表面均被加亮，如图 20.9 所示。

图 20.8　定义边界面　　　　　　　　图 20.9　加亮的曲面

（4）选择下拉菜单 编辑(E) ➡ 复制(C) 命令。

（5）选择下拉菜单 编辑(E) ➡ 粘贴(P) 命令。

（6）填补复制曲面上的破孔。在弹出的操控板中单击 选项 按钮，在"选项"界面选中 ⊙ 排除曲面并填充孔 单选按钮，在系统 选取要填充的任何数量的参照，如封闭轮廓(环)或曲面。的提示下，按住 Ctrl 键，分别选择图 20.10 中的曲面 1 和曲面 2。

（7）单击操控板中的"完成"按钮 ✔。

图 20.10　填补破孔

Step4. 创建图 20.11 所示的（填充）曲面 1。

图 20.11　创建（填充）曲面 1

（1）选择下拉菜单 编辑(E) ➡ ▨ 填充(L)... 命令，此时系统弹出"填充"操控板。

（2）定义草绘截面放置属性：右击，从弹出的菜单中选择 定义内部草绘... 命令；在系统 ⇩选取一个平面或曲面以定义草绘平面。 的提示下，选择图 20.12 所示的模型内表面为草绘平面，接受图 20.12 中默认的箭头方向为草绘视图方向，然后选取 MOLD_FRONT 基准平面为参照平面，方向为 左 。

（3）创建截面草图。进入草绘环境后，选择坯料的边线为参照，用"使用"的命令选取图 20.13 所示的边线。完成特征截面后，单击工具栏中的"完成"按钮 ✓ 。

（4）在操控板中单击"完成"按钮 ✓ ，完成特征的创建。

图 20.12　定义草绘平面　　　　　　　　　图 20.13　截面草图

Step5. 将复制面组与 Step4 中创建的（填充）曲面 1 合并为合并 1，如图 20.14 所示。

图 20.14　将复制面组与（填充）曲面 1 合并在一起

（1）按住 Ctrl 键，选取复制面组和 Step4 中创建的（填充）曲面 1。

**注意**：可以在 PRO/ENGINEER 软件左边的模型树中选取，也可以在模型中使用"从列表中选取"的方法来选中所需要的曲面。

（2）选择下拉菜单 编辑(E) ➡ ◨ 合并(G) 命令，此时系统弹出"合并"操控板。

（3）在操控板中单击 选项 按钮，在"选项"界面中选中 ◉ 相交 单选按钮。

（4）单击 ☑ ∞ 按钮，预览合并后的面组；确认无误后，单击"完成"按钮 ✓ 。

**说明：**观察合并结果时，可将参照模型遮蔽。

**Step6.** 创建图 20.15 所示的（填充）曲面 2。

图 20.15　创建（填充）曲面 2

（1）选择下拉菜单 编辑(E) ➡️ 填充(L)...命令，此时系统弹出"填充"操控板。

（2）定义草绘截面放置属性：右击，从弹出的菜单中选择 定义内部草绘... 命令；在系统 ⇩选取一个平面或曲面以定义草绘平面。的提示下，选择图 20.16 所示的模型表面为草绘平面，接受图 20.16 中默认的箭头方向为草绘视图方向，然后选取图 20.16 所示的 MOLD_FRONT 基准平面为参照平面，方向为 左。

图 20.16　定义草绘平面

（3）创建截面草图。进入草绘环境后，选择坯料的边线为参照，用"使用"的命令选取图 20.17 所示的边线。完成特征截面后，单击工具栏中的"完成"按钮 ✔️。

（4）在操控板中单击"完成"按钮 ✔️，完成特征的创建。

图 20.17　截面草图

**Step7.** 将 Step5 创建的合并 1 与（填充）曲面 2 进行合并为合并 2，如图 20.18 所示。

图 20.18　将复制面组与（填充）曲面 2 合并在一起

（1）按住 Ctrl 键，选取合并面组 1 和（填充）曲面 2。

（2）选择下拉菜单 编辑(E) ➡ 合并(G) 命令，此时系统弹出 "合并"操控板。

（3）在操控板中单击 选项 按钮，在"选项"界面中选中 ⦿相交 单选按钮。

（4）单击 ☑ ∞ 按钮，预览合并后的面组；确认无误后，单击"完成"按钮 ☑。

Step8. 创建图 20.19 所示的边界曲面 1。

（1）选择下拉菜单 插入(I) ➡ 边界混合(B)... 命令，此时在屏幕的下方出现"边界曲面"操控板。

（2）定义边界曲线。按住 Ctrl 键，依次选取图 20.19 所示的两条边界曲线。

放大图

按住 Ctrl 键选取
这两条边界曲线

边界曲面 1

图 20.19　定义边界曲面 1

（3）在操控板中单击"完成"按钮 ☑，完成边界曲面的创建。

Step9. 将 Step7 创建的合并 2 与边界曲面 1 合并为合并 3。

（1）按住 Ctrl 键，选取合并面组 2 和边界曲面 1。

（2）选择下拉菜单 编辑(E) ➡ 合并(G) 命令，此时系统弹出 "合并"操控板。

（3）在操控板中单击 选项 按钮，在"选项"界面中选中 ⦿相交 单选按钮。

（4）单击 ☑ ∞ 按钮，预览合并后的面组；确认无误后，单击"完成"按钮 ☑。

Step10. 创建图 20.20 所示的边界曲面 2。

（1）选择下拉菜单 插入(I) ➡ 边界混合(B)... 命令，此时在屏幕的下方出现"边界混合"操控板。

（2）定义边界曲线。按住 Ctrl 键，依次选取图 20.20 所示的两条边界曲线。

（3）在操控板中单击"完成"按钮 ☑，完成边界曲面的创建。

放大图

按住 Ctrl 键选取
这两条边界曲线

边界曲面 2

图 20.20　定义边界曲面 2

Step11. 将 Step9 创建的合并 3 与边界曲面 2 合并为合并 4。

（1）按住 Ctrl 键，选取合并面组 3 和边界曲面 2。

（2）选择下拉菜单 编辑(E) ➡ 合并(G) 命令，此时系统弹出 "合并"操控板。

（3）在操控板中单击 选项 按钮，在"选项"界面中选中 相交 单选按钮。

（4）单击 按钮，预览合并后的面组；确认无误后，单击"完成"按钮 。

Step12. 创建图 20.21 所示的边界曲面 3。

（1）选择下拉菜单 插入(I) ➡ 边界混合(B)... 命令，此时在屏幕的下方出现"边界混合"的操控板。

（2）定义边界曲线。按住 Ctrl 键，依次选取图 20.21 所示的两条边界曲线。

（3）在操控板中单击"完成"按钮 ，完成边界曲面的创建。

图 20.21　定义边界曲面 3

Step13. 将 Step11 创建的合并 4 与边界曲面 3 合并为合并 5。

（1）按住 Ctrl 键，选取合并面组 4 和边界曲面 3。

（2）选择下拉菜单 编辑(E) ➡ 合并(G) 命令，此时系统弹出 "合并"操控板。

（3）在操控板中单击 选项 按钮，在"选项"界面中选中 相交 单选按钮。

（4）单击 按钮，预览合并后的面组；确认无误后，单击"完成"按钮 。

Step14. 创建图 20.22 所示的边界曲面 4。

图 20.22　定义边界曲面 4

（1）选择下拉菜单 插入(I) ➡ 边界混合(B)... 命令，此时在屏幕的下方出现"边界混合"的操控板。

（2）定义边界曲线。按住 Ctrl 键，依次选取图 20.22 所示的两条边界曲线。

（3）在操控板中单击"完成"按钮☑，完成边界曲面的创建。

Step15. 将 Step13 创建的合并 5 与边界曲面 4 合并为合并 6。

（1）按住 Ctrl 键，选取合并面组 5 和边界曲面 4。

（2）选择下拉菜单 编辑(E) ➡ 合并(G) 命令，此时系统弹出 "合并"操控板。

（3）在操控板中单击 选项 按钮，在"选项"界面中选中 ◉ 相交 单选按钮。

（4）单击 ☑ ∞ 按钮，预览合并后的面组；确认无误后，单击"完成"按钮☑。

Step16. 创建图 20.23 所示的边界曲面 5。

（1）选择下拉菜单 插入(I) ➡ 边界混合(B)... 命令，此时在屏幕的下方出现"边界混合"的操控板。

（2）定义边界曲线。按住 Ctrl 键，依次选取图 20.23 所示的两条边界曲线。

（3）在操控板中单击"完成"按钮☑，完成边界曲面的创建。

图 20.23　定义边界曲面 5

Step17. 将 Step15 创建的合并 6 与边界曲面 5 合并为合并 7。

（1）按住 Ctrl 键，选取合并面组 6 和边界曲面 5。

（2）选择下拉菜单 编辑(E) ➡ 合并(G) 命令，此时系统弹出"合并"操控板。

（3）在操控板中单击 选项 按钮，在"选项"界面中选中 ◉ 相交 单选按钮。

（4）单击 ☑ ∞ 按钮，预览合并后的面组；确认无误后，单击"完成"按钮☑。

Step18. 创建图 20.24 所示的边界曲面 6。

（1）选择下拉菜单 插入(I) ➡ 边界混合(B)... 命令，此时在屏幕的下方出现"边界混合"操控板。

（2）定义边界曲线。按住 Ctrl 键，依次选取图 20.24 所示的两条边界曲线。

（3）在操控板中单击"完成"按钮☑，完成边界曲面的创建。

图 20.24　定义边界曲面 6

Step19. 将 Step17 创建的合并 7 与边界曲面 6 合并为合并 8。

（1）按住 Ctrl 键，选取合并面组 7 和边界曲面 6。

（2）选择下拉菜单 **编辑(E)** ➡️ **合并(G)** 命令，此时系统弹出 "合并" 操控板。

（3）在操控板中单击 **选项** 按钮，在"选项"界面中选中 ⦿ **相交** 单选按钮。

（4）单击 ☑️∞ 按钮，预览合并后的面组；确认无误后，单击"完成"按钮 ☑️。

Step20. 创建图 20.25 所示的边界曲面 7。

（1）选择下拉菜单 **插入(I)** ➡️ **边界混合(B)...** 命令，此时在屏幕的下方出现"边界混合"的操控板。

（2）定义边界曲线。按住 Ctrl 键，依次选取图 20.25 所示的两条边界曲线。

（3）在操控板中单击"完成"按钮 ☑️，完成边界曲面的创建。

图 20.25　定义边界曲面 7

Step21. 将 Step19 创建的合并 8 与边界曲面 7 合并为合并 9。

（1）按住 Ctrl 键，选取合并面组 8 和边界曲面 7。

（2）选择下拉菜单 **编辑(E)** ➡️ **合并(G)** 命令，此时系统弹出 "合并" 操控板。

（3）在操控板中单击 **选项** 按钮，在"选项"界面中选中 ⦿ **相交** 单选按钮。

（4）单击 ☑️∞ 按钮，预览合并后的面组；确认无误后，单击"完成"按钮 ☑️。

Step22. 创建图 20.26 所示的边界曲面 8。

（1）选择下拉菜单 **插入(I)** ➡️ **边界混合(B)...** 命令，此时在屏幕的下方出现"边界混合"的操控板。

（2）定义边界曲线。按住 Ctrl 键，依次选取图 20.26 所示的两条边界曲线。

（3）在操控板中单击"完成"按钮 ☑️，完成边界曲面的创建。

图 20.26　定义边界曲面 8

Step23. 将 Step21 创建的合并 9 与边界曲面 8 合并为合并 10。

（1）按住 Ctrl 键，选取合并面组 9 和边界曲面 8。

（2）选择下拉菜单 编辑(E) ➡ 合并(G). 命令，此时系统弹出 "合并" 操控板。

（3）在操控板中单击 选项 按钮，在"选项"界面中选中 ◉ 相交 单选按钮。

（4）单击 ✅ ∞ 按钮，预览合并后的面组；确认无误后，单击"完成"按钮 ✅。

Step24. 创建拉伸曲面，如图 20.27 所示。

（1）将坯料取消遮蔽。

（2）选择下拉菜单 插入(I) ➡ 拉伸(E)... 命令，此时系统弹出"拉伸"操控板。

（3）定义草绘截面放置属性：右击，从弹出的菜单中选择 定义内部草绘... 命令；在系统 ⇨选取一个平面或曲面以定义草绘平面。的提示下，选取图 20.28 所示的坯料表面 1 为草绘平面，接受图 20.28 中默认的箭头方向为草绘视图方向，然后选取图 20.28 所示的坯料表面 2 为参照平面，方向为 右。

图 20.27　拉伸曲面　　　　　　　图 20.28　定义草绘平面

（4）截面草图。选取图 20.29 所示的坯料的边线和模型的下表面为草绘参照；绘制如该图所示的截面草图（截面草图为一条线段）；完成截面的绘制后，单击工具栏中的"完成"按钮 ✅。

（5）设置深度选项。

① 在操控板中选取深度类型 ⎍（到选定的）。

② 将模型调整到图 20.30 所示的视图方位，选取图中所示的坯料表面（虚线面）为拉伸终止面。

图 20.29　截面草图　　　　　　　图 20.30　选取拉伸终止面

③ 在操控板中单击"完成"按钮 ✅，完成特征的创建。

Step25. 将 Step23 创建的合并 10 与拉伸曲面合并为合并 11。

（1）按住 Ctrl 键，选取合并面组 10 和拉伸曲面。

（2）选择下拉菜单 编辑(E) ➡ 合并(G) 命令，此时系统弹出 "合并"操控板。

（3）在 "合并"操控板中单击 %，在模型中选取要合并的面组的侧。

（4）在操控板中单击 选项 按钮，在 "选项"界面中选中 ◉ 相交 单选按钮。

（5）单击 √ ∞ 按钮，预览合并后的面组；确认无误后，单击 "完成"按钮 ✔，如图 20.31 所示。

拉伸面组

图 20.31 合并面组

Step26. 在工具栏中单击 "确定"按钮 ✔，完成分型面的创建。

## Task5. 构建模具元件的体积块

Step1. 选择下拉菜单 编辑(E) ➡ 分割... 命令（即用 "分割"的方法构建体积块）。

Step2. 在系统弹出的 ▼ SPLIT VOLUME (分割体积块) 菜单中，选择 Two Volumes (两个体积块)、All Wrkpcs (所有工件) 和 Done (完成) 命令，此时系统弹出 "分割"信息对话框。

Step3. 选取分型面。在系统 ⇨ 为分割工件选取分型面 的提示下，选取分型面 MAIN_PT_SURF，然后单击 "选取"对话框中的 确定 按钮。

注意：在 Task4 中，如果分型面 MAIN_PT_SURF 不是一气呵成地完成，而是经过多次修改或者重定义而完成的，在这里有可能无法选取该分型面。

Step4. 单击 "分割"信息对话框中的 确定 按钮。

Step5. 系统弹出 "属性"对话框，同时模型中的体积块的上半部分变亮，在该对话框中单击 着色 按钮，着色后的体积块如图 20.32 所示。然后在对话框中输入名称 upper_vol，单击 确定 按钮。

Step6. 系统弹出 "属性"对话框，同时模型中的体积块的上半部分变亮，在该对话框中单击 着色 按钮，着色后的体积块如图 20.33 所示。然后在对话框中输入名称 lower_vol，单击 确定 按钮。

图 20.32 着色后的上半部分体积块

图 20.33 着色后的下半部分体积块

## Task6. 抽取模具元件及生成浇注件

浇注件的名称命名为 housing_molding。

## Task7. 定义开模动作

Step1. 将参照零件、坯料和分型面在模型中遮蔽起来。

Step2. 开模步骤 1：移动上模。

（1）在 ▼ MOLD（模具）菜单中选择 Mold Opening（模具开模）命令，在 ▼ MOLD OPEN（模具开模）菜单中选择 Define Step（定义间距）命令（注：此处应翻译成"定义开模步骤"）。

（2）在 ▼ DEFINE STEP（定义间距）菜单中选择 Define Move（定义移动）命令。

（3）在系统 ⬦为迁移号码1 选取构件。提示下，选取模型中的上模，然后在"选取"对话框中单击 确定 按钮。

（4）在系统 ⬦通过选取边、轴或表面选取分解方向。的提示下，选取图 20.34 所示的边线为移动方向，然后在系统 输入沿指定方向的位移 的提示下，输入要移动的距离值-80。

（5）在 ▼ DEFINE STEP（定义间距）菜单中选择 Done（完成）命令，移出后的状态如图 20.34 所示。

选取此边线为移动方向

移动后

图 20.34　移动上模

Step3. 开模步骤 2：移动下模。参照开模步骤 1 的操作方法，选取下模。选取图 20.35 所示的边线为移动方向。输入要移动的距离值 80。选择 Done（完成）命令，完成下模的开模动作。

选取此边线为移动方向

移动后

图 20.35　移动下模

Step4. 保存设计结果。选择下拉菜单 文件(F) ➡ 🖫 保存(S) 命令。

# 实例 21　带破孔的模具设计（二）

本节将介绍一款香皂盒盖（SOAP-BOX）的模具设计，如图 21.1 所示。由于设计原件中有破孔，所以在模具设计时必须将这一破孔填补，上、下模具才能顺利脱模。下面介绍该模具的主要设计过程。

图 21.1　香皂盒盖的模具设计

## Task1.　新建一个模具制造模型文件

新建一个模具制造模型文件，操作提示如下：

Step1. 设置工作目录：选择下拉菜单 文件(F) ➡ 设置工作目录(W)... 命令，将工作目录设置至 D:\proewf5.6\work\ch21。

Step2. 选取新建命令。在工具栏中单击"新建文件"按钮 📄。

Step3. 在"新建"对话框中，选中 类型 区域中的 ⊙ 🔩 制造 按钮，选中 子类型 区域中的 ⊙ 模具型腔 按钮，在 名称 文本框中输入文件名 soap-box_mold；取消 ☑ 使用缺省模板 复选框中的"√"号，单击该对话框中的 确定 按钮。

Step4. 在系统弹出的"新文件选项"对话框中的模板区域，选取 mmns_mfg_mold 模板，然后在该对话框中单击 确定 按钮。

## Task2.　建立模具模型

### Stage1.　引入参照模型

Step1. 单击工具栏中的"模具型腔布局"按钮 📐，系统弹出 "打开"和"布局"对话框。

Step2. 从弹出的文件"打开"对话框中，选取三维零件模型——soap-box.prt 作为参照零件模型，并将其打开，系统弹出"创建参照模型"对话框。

Step3. 在"创建参照模型"对话框中选中 ⊙ 按参照合并，然后在 参照模型 区域的 名称 文本框中接受默认的名称，再单击 确定 按钮。

Step4. 单击布局对话框中的 预览 按钮，可以观察到图 21.2 所示的结果，单击 确定 按钮。

说明：图 21.2 所示的拖动方向与开模方向一致。

### Stage2. 创建坯料

创建图 21.3 所示的手动坯料，操作步骤如下：

Step1. 在 ▼ MOLD MODEL (模具模型) 菜单中选择 Create (创建) 命令。

Step2. 在弹出的 ▼ MOLD MDL TYP (模具模型类型) 菜单中选择 Workpiece (工件) 命令。

Step3. 在弹出的 ▼ CREATE WORKPIECE (创建工件) 菜单中选择 Manual (手动) 命令。

Step4. 在系统弹出的"元件创建"对话框中：在 类型 区域下选中 ⊙ 零件 单选按钮，在 子类型 区域下选中 ⊙ 实体 单选按钮，在 名称 文本框中输入坯料的名称 wp，然后再单击 确定 按钮。

Step5. 在系统弹出的"创建选项"对话框中，选中 ⊙ 创建特征 单选按钮，然后再单击 确定 按钮。

Step6. 创建坯料特征。

（1）在菜单管理器中选择 Solid (实体) ➡ Protrusion (伸出项) 命令，然后在弹出的菜单中选择 Extrude (拉伸) ➡ Solid (实体) ➡ Done (完成) 命令，此时系统出现实体拉伸操控板。

（2）创建实体拉伸特征。

① 选取拉伸类型。在出现的操控板中，确认"实体"类型按钮 □ 被按下。

② 定义草绘截面放置属性。在绘图区中右击，从弹出的快捷菜单中选择 定义内部草绘... 命令。选择 MAIN_PARTING_PLN 基准平面作为草绘平面，草绘平面的参照平面为 MOLD_RIGHT 基准平面，方位为 右；单击 草绘 按钮，系统至此进入截面草绘环境。

③ 绘制截面草图。进入截面草绘环境后，选取 MOLD_RIGHT 和 MOLD_FRONT 基准平面为草绘参照，截面草图如图 21.4 所示；完成特征截面的绘制后，单击工具栏中的"完成"按钮 ✔。

图 21.2　引入参照模型后　　　　图 21.3　模具模型　　　　图 21.4　截面草图

④ 选取深度类型并输入深度值。在弹出的操控板中单击 选项 按钮，从弹出的界面中选

取 <sup>侧 1</sup> 的深度类型 ⫢，再在深度文本框中输入深度值 35.0，并按回车键；然后选取 <sup>侧 2</sup> 的深度类型 ⫢，再在深度文本框中输入深度值 12.0，并按回车键。

⑤ 完成特征。在操控板中单击"完成"按钮 ☑，完成特征的创建。

Step7. 选择 Done/Return **完成/返回** ➡ Done/Return **完成/返回** 命令。

## Task3. 设置收缩率

将参照模型收缩率设置为 0.006。

## Task4. 填补图 21.5 所示的破孔

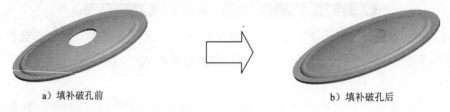

a）填补破孔前　　　　　　　　　　b）填补破孔后

图 21.5　填补破孔

Step1. 遮蔽坯料。

Step2. 创建图 21.6 所示的基准曲线 1（注：本步的详细操作过程请参见随书光盘中 video\ch21\reference\文件下的语音视频讲解文件 soap-box-r01.avi）。

Step3. 创建图 21.7 所示的基准曲线 2（注：本步的详细操作过程请参见随书光盘中 video\ch21\reference\文件下的语音视频讲解文件 soap-box-r02.avi）。

图 21.6　创建基准曲线 1　　　　　　　　图 21.7　创建基准曲线 2

Step4. 创建图 21.8 所示的基准曲线 3（注：本步的详细操作过程请参见随书光盘中 video\ch21\reference\文件下的语音视频讲解文件 soap-box-r03.avi）。

Step5. 创建图 21.9 所示的边界曲面 1。

图 21.8　创建基准曲线 3　　　　　　　　图 21.9　创建边界曲面 1

（1）选择下拉菜单插入(I) ➡ 边界混合(B)...命令，此时在屏幕的下方出现"边界混合"操控板。

（2）定义边界曲线。按住 Ctrl 键，依次选取图 21.10 所示的两条边界曲线。

（3）在操控板中单击"完成"按钮✔，完成边界曲面 1 的创建。

按住 Ctrl 键选取
这两条边界曲线

图 21.10　定义边界曲面 1

Step6. 创建图 21.11 所示的边界曲面 2。

（1）选择下拉菜单插入(I) ➡ 边界混合(B)...命令，此时在屏幕的下方出现"边界混合"操控板。

（2）定义边界曲线。

① 选择第一方向曲线。按住 Ctrl 键，依次选取图 21.12 所示的第一方向的两条边界曲线。

② 选择第二方向曲线。在操控板中单击第二方向曲线操作栏，按住 Ctrl 键，依次选取图 21.13 所示的第二方向的两条边界曲线。

（3）在操控板中单击"完成"按钮✔，完成边界曲面 2 的创建。

放大图

边界曲面 2

第一方向的两
条边界曲线

图 21.11　定义边界曲面 2　　　　　　　图 21.12　操作步骤 1

Step7. 将边界曲面 1 与边界曲面 2 进行合并，合并后的曲面暂且编号为面组 12。

（1）按住 Ctrl 键，选取要合并的两个曲面（边界曲面 1 和边界曲面 2），如图 21.14 所示，然后选择下拉菜单编辑(E) ➡ 合并(G)...命令，此时出现 "曲面合并"操控板。

（2）单击按钮✅∞，预览合并后的面组。

（3）确认无误后，单击"完成"按钮✔。

图 21.13　操作步骤 2　　　　　　　　图 21.14　创建面组 12

**Step8.** 创建图 21.15 所示的边界曲面 3。

（1）选择下拉菜单 插入(I) ➡ 边界混合(B)... 命令，此时在屏幕的下方出现"边界混合"操控板。

图 21.15　定义边界曲面 3

（2）定义边界曲线。

① 选择第一方向曲线。按住 Ctrl 键，依次选取图 21.16 所示的第一方向的两条边界曲线。

② 选择第二方向曲线。在操控板中单击第二方向曲线操作栏，按住 Ctrl 键，依次选取图 21.16 所示的第二方向的两条边界曲线。

（3）在操控板中单击"完成"按钮，完成边界曲面 3 的创建。

图 21.16　操作步骤

**Step9.** 将图 21.17 所示的面组 12 与边界曲面 3 进行合并，合并后的曲面暂且编号为面组 123。

（1）按住 Ctrl 键，选取要合并的两个曲面（面组 12 和边界曲面 3），然后选择下拉菜单 编辑(E) ➡ 合并(G)... 命令。

（2）在"曲面合并"操控板中单击"预览"按钮，预览合并后的面组。

（3）确认无误后，单击"完成"按钮。

**Step10.** 创建图 21.18 所示的边界曲面 4。

图 21.17　创建面组 123　　　　　　　　图 21.18　定义边界曲面 4

（1）选择下拉菜单 插入(I) ➡ 边界混合(B)... 命令，此时在屏幕的下方出现边界混合操控板。

（2）定义边界曲线。按住 Ctrl 键，依次选取图 21.19 所示的两条边界曲线。

（3）在操控板中单击"完成"按钮 ✓，完成边界曲面的创建。

图 21.19　操作步骤

Step11. 将面组 123 与边界曲面 4 进行合并，合并后的编号为面组 1234。

（1）按住 Ctrl 键，选取要合并的两个曲面（面组 123 和边界曲面 4），然后选择下拉菜单 编辑(E) ➡ 合并(G)... 命令。

（2）在"曲面合并"操控板中单击"预览"按钮 ✓∞，预览合并后的面组。

（3）确认无误后，单击"完成"按钮 ✓。

Step12. 设置模型树。在模型树界面中选择 ⬚ ➡ 树过滤器(F)... 命令。在系统弹出的"模型树项目"对话框中，选中 ✓ 特征 复选框，然后单击该对话框中的 确定 按钮。

Step13. 隐藏前面创建的基准曲线。在模型树中右击 〜 曲线 标识40 ，然后从弹出的快捷菜单中选择 隐藏 命令。再单击"重画"按钮 ⬚，这样模型的该基准曲线将不显示。用同样的方法隐藏另外的两条基准曲线。

## Task5．创建分型面

下面的操作是创建模具的分型曲面，如图 21.20 所示。

图 21.20　创建分型曲面

Step1. 选择下拉菜单 插入(I) ➡ 模具几何 ▶ ➡ □ 分型面(S)... 命令。

Step2. 选择下拉菜单 编辑(E) ➡ 属性(R) 命令，在弹出的对话框中，输入分型面名称 PS_SURF；单击对话框中的 确定 按钮。

**注意**：如果在 编辑(E) 下拉菜单中不能选择 属性(R) 命令，需要先单击"重画"按钮 □，再选择下拉菜单 编辑(E) ➡ 属性(R) 命令，才能选中。

Step3. 如果坯料没有遮蔽，为了方便选取图元，将其遮蔽。在模型树中右击 □ WP.PRT，从弹出的快捷菜单中选择 遮蔽 命令。

Step4. 通过曲面复制的方法，复制参照模型上的外表面，如图 21.21 所示。

（1）采用"种子面与边界面"的方法选取所需要的曲面。用户分别选取种子面和边界面后，系统则会自动选取从种子曲面开始向四周延伸直到边界曲面的所有曲面（其中包括种子曲面，但不包括边界曲面）。在屏幕右下方的"智能选取栏"中选择"几何"选项。

（2）下面先选取"种子面"（Seed Surface），操作方法如下：

① 利用"模型显示"工具栏（一般位于软件界面的右上部）可以切换模型的显示状态。按下 □ 按钮，将模型的显示状态切换到虚线线框显示方式。

② 将模型调整到图 21.22 所示的视图方位，先将鼠标指针移至模型中的目标位置，即图 21.22 中 soap-box 的上表面（种子面）附近，右击，然后在快捷菜单中选取 从列表中拾取 命令。

③ 选择图 21.22 中的列表项，此时图 21.22 中的 soap-box 的上表面会加亮，该侧面就是所要选择的"种子面"。最后，在"从列表中拾取"对话框中单击 确定(O) 按钮。

图 21.21　创建复制曲面

种子面

图 21.22　定义种子面

（3）然后选取"边界面"（boundary surface），操作方法如下：

① 按住 Shift 键，选取图 21.23 中的 soap-box 的外圆面和内圆面为边界面，此时图中的内外圆面会加亮。

放大图

边界面

图 21.23　定义边界面

② 依次选取所有的边界面完毕（全部加亮）后，松开 Shift 键，完成"边界面"的选取。操作完成后，整个模型上表面均被加亮。

**注意**：在选取"边界面"的过程中，要保证 Shift 键始终被按下，直至所有"边界面"均选取完毕，否则不能达到预期的效果。

（4）选择下拉菜单 编辑(E) ➡ 复制(C) 命令。

（5）选择下拉菜单 编辑(E) ➡ 粘贴(P) 命令。

（6）单击操控板中的"完成"按钮 ✓。

Step5. 将前面的复制面组与填补破孔的面组进行合并。

（1）按住 Ctrl 键，选取创建的复制曲面和上一步填补破孔的面组。

（2）选择下拉菜单 编辑(E) ➡ 合并(G) 命令，此时系统弹出 "合并"操控板。

（3）在操控板中单击 选项 按钮，在"选项"界面中选择 ◉ 相交 单选按钮。

（4）单击 ✓ ∞ 按钮，预览合并后的面组；确认无误后，单击"完成"按钮 ✓。

**注意**：若先选取上一步填补破孔的面组，再选取创建的复制曲面，合并后的面组就不能再进行重定义分型面。

Step6. 通过"拉伸"的方法，创建图 21.24 所示的拉伸曲面。

（1）取消坯料的遮蔽。

（2）选择下拉菜单 插入(I) ➡ 拉伸(E)... 命令，此时系统弹出"拉伸"操控板。

（3）定义草绘截面放置属性：右击，从弹出的菜单中选择 定义内部草绘... 命令；在系统 ⇩ 选取一个平面或曲面以定义草绘平面。 的提示下，选取图 21.25 所示的坯料表面 1 为草绘平面，接受图 21.25 中默认的箭头方向为草绘视图方向，然后选取图 21.25 所示的坯料表面 2 为参照平面，方向为 右 。

创建此拉伸曲面

选取坯料的表面 2 为参照平面

选取坯料的表面 1 为草绘平面

图 21.24　创建拉伸曲面　　　　图 21.25　定义草绘平面

（4）截面草图。选取图 21.26 所示的坯料的边线和所示的边线为草绘参照；绘制如该图所示的截面草图（截面草图为一条线段）；完成截面的绘制后，单击工具栏中的"完成"按钮 ✓。

（5）设置深度选项。

① 在操控板中选取深度类型 ⊥（到选定的）。

② 将模型调整到图 21.27 所示的视图方位，选取图中所示的坯料表面为拉伸终止面。

③ 在操控板中单击"完成"按钮 ✓，完成特征的创建。

图 21.26  截面草图            图 21.27  选取拉伸终止面

**Step7.** 将 Step5 所合并的面组与拉伸面组进行合并，如图 21.28 所示。

图 21.28  合并面组

（1）按住 Ctrl 键，选取 Step5 所合并的面组和上一步创建的拉伸曲面。

（2）选择下拉菜单 编辑(E) ➡️ 合并(G) 命令，系统"合并"操控板。

（3）在"合并"操控板中单击 ，在模型中选取要合并的面组的侧。

（4）在操控板中单击 选项 按钮，在"选项"界面中选择 ◉ 相交 单选按钮。

（5）单击 按钮，预览合并后的面组；确认无误后，单击"完成"按钮 。

**Step8.** 在工具栏中单击"确定"按钮 ，完成分型面的创建。

## Task6. 构建模具元件的体积块

**Step1.** 选择下拉菜单 编辑(E) ➡️ 分割... 命令（即用"分割"的方法构建体积块）。

**Step2.** 在系统弹出的 ▼SPLIT VOLUME (分割体积块) 菜单中，选择 Two Volumes (两个体积块)、All Wrkpcs (所有工件) 和 Done (完成) 命令，此时系统弹出"分割"信息对话框。

**Step3.** 选取分型面。在系统 ➪为分割工件选取分型面。 的提示下，选取分型面 PS_SURF，然后单击"选取"对话框中的 确定 按钮。

**注意：** 在 Task5 中，如果分型面 PS_SURF 不是一气呵成地完成，而是经过多次修改或者重定义而完成的，这里有可能无法选取该分型面。

**Step4.** 单击"分割"信息对话框中的 确定 按钮。

**Step5.** 系统弹出"属性"对话框，同时模型中的体积块的下半部分变亮，在该对话框中单击 着色 按钮，着色后的体积块如图 21.29 所示。然后在对话框中输入名称 lower_vol，单击 确定 按钮。

**Step6.** 系统弹出"属性"对话框，同时模型中的体积块的上半部分变亮，在该对话框

中单击 着色 按钮，着色后的体积块如图 21.30 所示。然后在对话框中输入名称 upper_vol，单击 确定 按钮。

图 21.29　着色后的下半部分体积块

图 21.30　着色后的上半部分体积块

## Task7.　抽取模具元件及生成浇注件

将浇注件的名称命名为 soap-box_molding。

## Task8.　定义开模动作

Step1. 将参照零件、坯料和分型面在模型中遮蔽起来。

Step2. 开模步骤 1：移动上模。

（1）在 ▼ MOLD（模具）菜单中选择 Mold Opening（模具开模）命令，在 ▼ MOLD OPEN（模具开模）菜单中选择 Define Step（定义间距）命令（注：此处应翻译成"定义开模步骤"）。

（2）在 ▼ DEFINE STEP（定义间距）菜单中选择 Define Move（定义移动）命令。

（3）在系统 ⇨ 为迁移号码1 选取构件。提示下，选取模型中的上模，然后在"选取"对话框中单击 确定 按钮。

（4）在系统 ⇨ 通过选取边、轴或表面选取分解方向。提示下，选取图 21.31 所示的边线为移动方向，然后在系统的提示下，输入要移动的距离值 100。

（5）在 ▼ DEFINE STEP（定义间距）菜单中选择 Done（完成）命令，移出后的状态如图 21.31 所示。

图 21.31　移动上模

Step3. 开模步骤 2：移动下模。参照开模步骤 1 的操作方法，选取下模，选取图 21.32 所示的边线为移动方向，输入要移动的距离值 -100，选择 Done（完成）命令，完成下模的开模动作。

图 21.32   移动下模

Step4. 保存设计结果。选择下拉菜单 文件(F) ➡ 保存(S) 命令。

# 实例 22　一模多穴的模具设计

本实例将介绍图 22.1 所示的一款塑料叉子的一模多穴设计，其设计的亮点是产品零件在模具型腔中的布置、浇注系统的设计以及分型面的设计，其中浇注系统采用的是轮辐式浇口（轮辐式浇口是指对型腔填充采用小段圆弧进料，如图 22.1 所示）；另外本实例在创建分型面时采用了很巧妙的方法，此处需要读者认真体会。

图 22.1　叉子的模具设计

## Task1．新建一个模具制造模型文件，进入模具模块

Step1. 设置工作目录：选择下拉菜单文件(F) ➡ 设置工作目录(W)... 命令，将工作目录设置至 D:\proewf5.6\work\ch22。

Step2. 选取新建命令。在工具栏中单击"新建文件"按钮 。

Step3. 在"新建"对话框中，选中 类型 区域中的 ⊙ 制造 按钮，选中 子类型 区域中的 ⊙ 模具型腔 按钮，在 名称 的文本框中输入文件名 fork_mold；取消 ☑ 使用缺省模板 复选框中的 "√"号，单击该对话框中的 确定 按钮。

Step4. 在系统弹出的"新文件选项"对话框中的模板区域，选取 mmns_mfg_mold 模板，然后在该对话框中单击 确定 按钮。

## Task2．建立模具模型

模具模型主要包括参照模型（Ref Model）和坯料（Workpiece），如图 22.2 所示。

### Stage1．引入参照模型

Step1. 创建图 22.3 所示的基准轴——AA_1。

说明：在此创建基准轴是为了方便后面的参照模型阵列使用。

（1）单击工具栏中的"轴"按钮 。

（2）按住 Ctrl 键，选择 MOLO_FRONT 和 MOLO_RIGHT 基准平面为参照，其约束类型均为 穿过 。

（3）单击"基准轴"对话框中的 确定 按钮，完成基准轴 AA_1 的创建。

图 22.2　模具模型　　　　　　　　图 22.3　基准轴——AA_1

Step2. 在 菜单管理器 的 ▼ MOLD (模具) 菜单中选择 Mold Model (模具模型) 命令。

Step3. 在 ▼ MOLD MODEL (模具模型) 菜单中选择 Assemble (装配) 命令。

Step4. 在 ▼ MOLD MDL TYP (模具模型类型) 菜单中选择 Ref Model (参照模型) 命令。

Step5. 从弹出的文件"打开"对话框中，选取三维零件模型 fork.prt 作为参照零件模型，并将其打开。

Step6. 定义约束参照模型的放置位置。

（1）指定第一个约束。在操控板中单击 放置 按钮，在"放置"界面的 约束类型 下拉列表中选择 ⊏ 配对 ，选取参照件的 FRONT 基准平面为元件参照，选取装配体的 MAIN_PARTING_PLN 基准平面为组件参照。

（2）指定第二个约束。单击 ➡新建约束 字符，在 约束类型 下拉列表中选择 ⊟ 对齐 ，选取参照件的 RIGHT 基准平面为元件参照，选取装配体的 MOLD_RIGHT 基准平面为组件参照；在 偏移 下拉列表中选择 ⟘ 偏移 ，输入偏移距离值 50。

（3）指定第三个约束。单击 ➡新建约束 字符，在 约束类型 下拉列表中选择 ⊟ 对齐 ，选取参照件的 TOP 基准平面为元件参照，选取装配体的 MOLD_FRONT 基准平面为组件参照。

（4）约束定义完成，在操控板中单击"完成"按钮 ✓ ，完成参照模型的放置；系统自动弹出"创建参照模型"对话框。

Step7. 在"创建参照模型"对话框中，选中 ⊙ 按参照合并 ，然后在 参照模型 区域的 名称 文本框中接受默认的名称，再单击 确定 按钮。

Step8. 创建图 22.4 所示的"轴"阵列特征。

（1）在模型树中选取参照零件 ⊜ FORK_MOLD_REF.PRT 并右击，在系统弹出的快捷菜单中选择 阵列... 命令，系统弹出"阵列"操控板。

（2）在操控板中选取"阵列"选项 轴 ，在模型中选择基准轴——AA_1；在操控板中输入阵列的个数 14，在角度范围文本框输入 360。按回车键。

（3）单击操控板中的按钮 ✓ ，完成阵列特征的创建。

a）阵列前　　　　　　　　　　　　　　b）阵列后

图 22.4　阵列

### Stage2. 隐藏参照模型的基准平面

为了使屏幕简洁，利用"层"的"遮蔽"功能将参照模型的三个基准平面隐藏起来。

Step1. 选择导航命令卡中的 📋▾ ➡️ 层树 (L) 命令。

Step2. 在导航命令卡中单击 ▸ FORK_MOLD.ASM (顶级模型，活动的 ▾ 后面的 ▾ 按钮，选择 FORK_MOLD_REF.PRT 参照模型。

Step3. 在层树中，选择参照模型的基准面层 01___PRT_ALL_DTM_PLN ，右击，在弹出的快捷菜单中选择 隐藏 命令，然后单击"重画"按钮 🔲，这样铸件模型的基准曲线将不显示。

Step4. 操作完成后，选择导航选项卡中的 📋▾ ➡️ 模型树 (M) 命令，切换到模型树状态。

### Stage3. 创建图 22.5 所示的坯料

Step1. 在 ▾ MOLD MODEL (模具模型) 菜单中选择 Create (创建) 命令。

Step2. 在弹出的 ▾ MOLD MDL TYP (模具模型类型) 菜单中选择 Workpiece (工件) 命令。

Step3. 在弹出的 ▾ CREATE WORKPIECE (创建工件) 菜单中选择 Manual (手动) 命令。

Step4. 在系统弹出的"元件创建"对话框中：在 类型 区域下选中 ◉ 零件 单选按钮，在 子类型 区域下选中 ◉ 实体 单选按钮，在 名称 文本框中输入坯料的名称 wp，然后再单击 确定 按钮。

Step5. 在系统弹出的"创建选项"对话框中选中 ◉ 创建特征 单选按钮，然后再单击 确定 按钮。

Step6. 创建坯料特征。

（1）在弹出的菜单管理器中选择 Solid (实体) ➡️ Protrusion (伸出项) 命令，在弹出的菜单中选择 Extrude (拉伸) ➡️ Solid (实体) ➡️ Done (完成) 命令，此时系统弹出拉伸操控板。

（2）创建实体拉伸特征。

① 定义草绘截面放置属性。在绘图区中右击，从系统弹出的快捷菜单中选择 定义内部草绘... 命令。系统弹出"草绘"对话框，然后选择参照模型 MAIN_PARTING_PLN 基准平面作为草绘平面，选取 MOLD_RIGHT 平面为参照平面，方向为 右 ，单击 草绘 按钮，至此系统进入截面草绘环境。

② 进入截面草绘环境后，选取 MOLD_RTING 基准平面和 MOLD_FRONT 基准平面为草绘参照，绘制图 22.6 所示的截面草图。完成截面草图绘制后，单击工具栏中的"完成"

按钮✓。

图 22.5 创建坯料

图 22.6 截面草图

③ 选取深度类型并输入深度值。在操控板中，选取深度类型 ⊟（即"对称"），再在深度文本框中输入深度值 200.0，并按回车键。

④ 完成特征。在操控板中单击"预览"按钮 ☑∞，可浏览所创建的特征；单击"完成"按钮 ✓，则完成特征的创建。

Step7. 选择 Done/Return (完成/返回) ➡ Done/Return (完成/返回) 命令。

## Task3. 设置收缩率

Step1. 在 ▼ MOLD (模具) 菜单中选择 Shrinkage (收缩) 命令，此时系统弹出"选取"对话框。

Step2. 在模型中任意选择一个参照模型，在 ▼ SHRINKAGE (收缩) 菜单中选择 By Dimension (按尺寸) 命令。

Step3. 系统弹出"按尺寸收缩"对话框，在该对话框中确认 公式 区域中的 1+S 按钮被按下，在 收缩选项 区域中选中 ☑ 更改设计零件尺寸 复选框。在 收缩率 区域的 比率 栏中，输入收缩率 0.006，并按回车键，然后在该对话框中单击 ✓ 按钮。

Step4. 选择 Done/Return (完成/返回) 命令。

说明：因为参照的是同一个模型，当设置第一个模型的收缩率为 0.006 后，系统自动会将其余 13 个模型的收缩率设置为 0.006，不需要将其余 13 个模型的收缩率再进行设置。

## Task4. 建立浇注系统

Step1. 创建图 22.7 所示的浇道。

（1）在 ▼ MOLD (模具) 菜单中选择 Feature (特征) ➡ Cavity Assem (型腔组件) 命令。

（2）在 ▼ FEAT OPER (特征操作) 菜单中选择 Solid (实体) ➡ Cut (切减材料) 命令，在弹出的 ▼ SOLID OPTS (实体选项) 菜单中选择 Revolve (旋转) ➡ Solid (实体) ➡ Done (完成) 命令，此时出现"旋转"操控板。

① 定义草绘截面放置属性：在绘图区域右击，从弹出的菜单中选择 定义内部草绘... 命令；然后选择 MOLD_FRONT 基准平面作为草绘平面，草绘平面的参照平面为 MAIN_RIGHT 基准平面，方位为 右，单击 草绘 按钮，进入截面草绘环境。

② 绘制截面草图。选择下拉菜单 草绘(S) ➡ 参照(R)... 命令，选取图 22.8 所示的边线为参照，单击 关闭(C) 按钮；绘制图 22.8 所示的截面草图；完成特征截面的绘制后，单击

工具栏中的"完成"按钮 ✔。

（3）在操控板中选取深度类型 ⊥，输入旋转角度值 360°。

（4）在操控板中单击按钮 `√ ∞` 预览所创建的特征；单击"完成"按钮 ✔。

（5）选择 `Done/Return （完成/返回）` 命令。

图 22.7  浇道                   图 22.8  截面草图

Step2. 创建图 22.9 所示的主流道。

（1）在 `▼ MOLD （模具）` 菜单中选择 `Feature （特征）` ➡ `Cavity Assem （型腔组件）` 命令。

（2）在 `▼ FEAT OPER （特征操作）` 菜单中选择 `Solid （实体）` ➡ `Cut （切减材料）` 命令，在弹出的 `▼ SOLID OPTS （实体选项）` 菜单中选择 `Extrude （拉伸）` ➡ `Solid （实体）` ➡ `Done （完成）` 命令，此时弹出"拉伸"操控板。

① 定义草绘截面放置属性：在绘图区域右击，从弹出的菜单中选择 `定义内部草绘...` 命令；然后选择 MAIN_PARTING_PLN 基准平面作为草绘平面，草绘平面的参照平面为 MAIN_RIGHT 基准平面，方位为 `右`，单击 `草绘` 按钮，进入截面草绘环境。

② 绘制截面草图。绘制图 22.10 所示的截面草图；完成特征截面的绘制后，单击工具栏中的"完成"按钮 ✔。

（3）在操控板中选取深度类型为 `日`，输入深度值 2.0。

（4）在操控板中单击 `√ ∞` 按钮，预览所创建的特征；单击"完成"按钮 ✔。

图 22.9  主流道                   图 22.10  截面草图

Step3. 创建图 22.11 所示的分流道。

（1）在 `▼ MOLD （模具）` 菜单中选择 `Feature （特征）` ➡ `Cavity Assem （型腔组件）` 命令。

（2）在 `▼ FEAT OPER （特征操作）` 菜单中选择 `Solid （实体）` ➡ `Cut （切减材料）` 命令，在弹出的 `▼ SOLID OPTS （实体选项）` 菜单中选择 `Extrude （拉伸）` ➡ `Solid （实体）` ➡ `Done （完成）` 命令，此时弹出"拉伸"操控板。

① 定义草绘截面的放置属性：在绘图区域右击，从弹出的菜单中选择 `定义内部草绘...` 命

令；然后选择 MAIN_PARTING_PLN 基准平面作为草绘平面，草绘平面的参照平面为 MAIN_RIGHT 基准平面，方位为 右 ，单击 草绘 按钮，进入截面草绘环境。

② 绘制截面草图。绘制图 22.12 所示的截面草图；完成特征截面的绘制后，单击工具栏中的"完成"按钮 ✔ 。

（3）在操控板中选取深度类型为 ⊟ （即"定值"拉伸），输入深度值 2.0。

（4）在操控板中单击 ☑ ∞ 按钮，预览所创建的特征；单击"完成"按钮 ✔ 。

图 22.11 分流道          图 22.12 截面草图

（5）在模型树中查看前面创建的特征。

① 在模型树界面中，选择 ⛏ ▾ ➡ 树过滤器(F)... 命令。

② 在弹出"模型树项目"对话框中，选中 ☑ 特征 复选框，然后单击 确定 按钮。此时，模型树中会显示出前面创建的特征。

（6）阵列图 22.13 所示的分流道。

① 在模型树中选择上步创建的拉伸 2 特征并右击，在系统弹出的快捷菜单中选择 阵列... 命令。

② 在操控板中选取"阵列"选项 轴 ，在模型中选择基准轴——AA_1；在操控板中输入阵列的个数 10，在角度范围文本框中输入 360，并按回车键。

③ 单击操控板中的按钮 ✔ ，完成特征的创建。

a）阵列前          c）阵列后

图 22.13 阵列分流道

Step4. 创建图 22.14 所示的浇口。

图 22.14 浇口

（1）创建图 22.15 所示的基准平面 ADTM1（注：本步的详细操作过程请参见随书光盘中 video\ch22\reference\文件下的语音视频讲解文件 fork-r01.avi）。

图 22.15　基准面 ADTM1

（2）在 ▼ MOLD (模具) 菜单中选择 Feature (特征) ➡ Cavity Assem (型腔组件) 命令。

（3）在 ▼ FEAT OPER (特征操作) 菜单中选择 Solid (实体) ➡ Cut (切减材料) 命令，在弹出的 ▼ SOLID OPTS (实体选项) 菜单中选择 Extrude (拉伸) ➡ Solid (实体) ➡ Done (完成) 命令，此时弹出"拉伸"操控板。

① 定义草绘截面放置属性：在绘图区域右击，从弹出的菜单中选择 定义内部草绘... 命令；然后选取 ADTM1 基准平面为草绘平面，选取 MOLD_PARITING_PLN 基准平面为参照平面，方向为 顶；　单击对话框中的 草绘 按钮。

② 绘制截面草图。绘制图 22.16 所示的截面草图；完成特征截面的绘制后，单击工具栏中的"完成"按钮 ✔。

（4）在操控板中选取深度类型为 ⊥；选取图 22.17 所示的模型表面为拉伸终止面。

（5）在操控板中单击 ☑ ∞ 按钮，预览所创建的特征；单击"完成"按钮 ☑。

图 22.16　截面草图　　　　　　　　　　　　　图 22.17　拉伸终止面

（6）阵列图 22.18 所示的浇口。

① 在模型树中选择上步创建的拉伸 3 特征并右击，在系统弹出的快捷菜单中选择 阵列... 命令。

② 在操控板中选取"阵列"选项 轴，在模型中选择基准轴——AA_1；在操控板中输入阵列的个数 14，在角度范围文本框输入 360；按回车键。

③ 单击操控板中的按钮 ☑，完成特征的创建。

a）阵列前  b）阵列后

图 22.18  阵列浇口

## Task5.  创建分型面

下面将创建图 22.19 所示的分型面，以分离模具的上模型腔和下模型腔。

图 22.19  分型面

Step1. 选择下拉菜单 插入(I) ➡ 模具几何 ▶ ➡ 分型面(S)... 命令。

Step2. 选择下拉菜单 编辑(E) ➡ 属性(R) 命令，在弹出的"属性"对话框中，输入分型面名称 main_ps；单击对话框中的 确定 按钮。

Step3. 通过"旋转"的方法创建图 22.20 所示的曲面。

图 22.20  旋转曲面

（1）选择下拉菜单 插入(I) ➡ 旋转(R)... 命令。

（2）在绘图区域右击，从弹出的菜单中选择 定义内部草绘... 命令；然后选择 MOLD_FRONT 基准平面作为草绘平面，草绘平面的参照平面为 MAIN_RIGHT 基准平面，方位为 右 ，单击 草绘 按钮，进入截面草绘环境。

（3）绘制截面草图。绘制图 22.21 所示的截面草图（用"使用"的方法绘制截面草图；截面图形不封闭）。完成后单击"完成"按钮 ✓ 。

（4）在操控板中选取深度类型 ⊥（即"定值"拉伸），输入旋转角度值 360。

（5）在操控板中单击 ✓∞ 按钮，预览所创建的特征；单击"完成"按钮 ✓ 。

图 22.21　截面草图

Step4. 创建图 22.22 所示的延伸 1。

（1）选取图 22.23 所示的旋转曲面边线为延伸对象。

（2）选择下拉菜单 编辑(E) ➡ 延伸(X)... 命令，此时弹出"延伸"操控板。

① 在操控板中按下按钮 （延伸类型为"将曲面延伸到参考平面"）。

② 在系统 选取曲面延伸所至的平面。 的提示下，选取图 22.23 所示的表面为延伸的终止面。

③ 单击 按钮，预览延伸后的面组，确认无误后，单击"完成"按钮 。

图 22.22　延伸 1　　　　　　　　　图 22.23　延伸参照

Step5. 创建图 22.24 所示的延伸 2。选取图 22.25 所示的旋转曲面边线为延伸对象；选择下拉菜单 编辑(E) ➡ 延伸(X)... 命令；在操控板中按下按钮 （延伸类型为将曲面延伸到参考平面）；在系统的提示下，选取图 22.25 所示的表面为延伸的终止面；单击"完成"按钮 。

图 22.24　延伸 2　　　　　　　　　图 22.25　延伸参照

Step6. 创建图 22.26 所示的延伸 3。选取图 22.27 所示的边线 1，再按住 Shift 键选取边线 2；选择下拉菜单 编辑(E) ➡ 延伸(X)... 命令；在操控板中按下按钮 ；在系统的提示下，选取图 22.27 所示的表面为延伸的终止面；单击"完成"按钮 。

延伸边线 2

延伸边线 1

延伸参照面

图 22.26　延伸 3　　　　　　　　　图 22.27　延伸参照

Step7. 创建图 22.28 所示的延伸 4。参照 Step6 完成延伸 4 的创建。

a) 延伸前　　　　　　　　　　　　b) 延伸后

图 22.28　延伸 4

## Task6. 构建模具元件的体积块

Step1. 选择下拉菜单 编辑(E) ➡ 分割... 命令。

Step2. 在系统弹出的 ▼ SPLIT VOLUME (分割体积块) 菜单中，选择 Two Volumes (两个体积块) ➡ All Wrkpcs (所有工件) ➡ Done (完成) 命令。

Step3. 用"列表选取"方法选取分型面。

（1）在系统 ⇨ 为分割所选的模型量选取分型面。 的提示下，先将鼠标指针移至模型中主分型面的位置右击，从快捷菜单中选取 从列表中拾取 命令。

（2）在系统"从列表中拾取"对话框中，单击列表中的 面组:F51(MAIN_PS)，然后单击 确定(O) 按钮。

（3）单击"选取"对话框中的 确定 按钮。

Step4. 单击"分割"信息对话框中的 确定 按钮。

Step5. 系统弹出"属性"对话框，同时模型中的下半部分变亮，在该对话框中单击 着色 按钮，着色后的模型如图 22.29 所示。然后在对话框中输入名称 lower_mold，单击 确定 按钮。

Step6. 系统弹出"属性"对话框，同时模型中的上半部分变亮，在该对话框中单击 着色 按钮，着色后的模型如图 22.30 所示。然后在对话框中输入名称 upper_mold，单击 确定 按钮。

图 22.29　着色后的下半部分体积块　　　　　图 22.30　着色后的上半部分体积块

## Task7. 抽取模具元件

Step1. 在 菜单管理器 的 ▼ MOLD (模具) 菜单中，先选择 Mold Comp (模具元件) 命令，然后在系统弹出的 ▼ MOLD COMP (模具元件) 菜单中选择 Extract (抽取) 命令。

Step2. 在系统弹出的"创建模具元件"对话框中，单击"选择所有" 按钮，然后单击 确定 按钮。

Step3. 选择 Done/Return (完成/返回) 命令。

## Task8. 生成浇注件

Step1. 在 ▼ MOLD (模具) 菜单中选择 Molding (制模) 命令，在 ▼ MOLDING (铸模) 菜单中选择 Create (创建) 命令。

Step2. 在系统提示文本框中，输入浇注零件名称 molding，并按两次回车键。

## Task9. 定义开模动作

### Stage1. 将参照模型、坯料和分型面在模型中遮蔽起来

Step1. 遮蔽参照模型：单击工具栏上的 按钮，系统弹出"遮蔽－取消遮蔽"对话框，在该对话框中按下 □元件 按钮，在 可见元件 列表框中选中所有的参照模型和坯料，然后单击 遮蔽 按钮。

Step2. 遮蔽分型面。在该对话框中按下 □分型面 按钮，单击下部的"选取全部"按钮 ，然后单击 遮蔽 按钮，再单击 关闭 按钮。

### Stage2. 开模步骤 1：移动上模

Step1. 在 菜单管理器 的 ▼ MOLD (模具) 菜单中选择 Mold Opening (模具开模) 命令（注：此处应翻译成"开启模具"），在系统弹出 ▼ MOLD OPEN (模具开模) 菜单中，选择 Define Step (定义间距) 命令（注：此处应翻译成"定义开模步骤"）。

Step2. 在 ▼ DEFINE STEP (定义间距) 菜单中，选择 Define Move (定义移动) 命令。

Step3. 用"列表选取"方法选取上模为要移动的模具元件。

Step4. 在系统 ⇨ 通过选取边、轴或表面选取分解方向. 的提示下，选取图 22.31 所示的边线为移动方向，输入要移动的距离值 200，并按回车键。

a) 移动前　　　　　　　　　　　　　　b) 移动后

图 22.31　移动上模

### Stage3. 开模步骤 2：移动下模

Step1. 参照开模步骤 1 的操作方法，在模型中选取下模零件，选取图 22.32 所示的边线为移动方向，然后输入要移动的距离值-200。

Step2. 在 ▼ DEFINE STEP（定义间距）菜单中选择 Done（完成）命令，完成下模的移动。

　　　　a）移动前　　　　　　　　　　　　　　　　　　　b）移动后

图 22.32　移动下模

Step3. 保存设计结果。选择下拉菜单 文件(F) ➡ 🖫 保存(S) 命令。

# 实例 23　带外螺纹的模具设计

螺纹连接是结构相互固定方式中最常用的一种连接方式。由于它连接可靠、拆卸方便，又不破坏连接件，并可反复使用，这种方式在塑料制品中得到广泛的应用。带螺纹的塑料件的顶出方法很多，应根据塑料件的批量、做模成本或注射成本要求的不同而不同，大体上分为四种形式：手动脱螺纹机构、拼块式螺纹脱模机构、强制脱模机构和旋转自动螺纹脱模机构。

本例将介绍拼块式螺纹脱模模具的主要设计过程，如图 23.1 所示。

图 23.1　带外螺纹的模具设计

## Task1．新建一个模具制造模型文件

Step1. 将工作目录设置至 D:\proewf5.6\work\ch23。

Step2. 新建一个模具型腔文件，命名为 bolt_mold；选取 mmns_mfg_mold 模板。

## Task2．建立模具模型

### Stage1．引入参照模型

Step1. 在 "菜单管理器" 中单击 ▼ MOLD (模具) ➡ Mold Model (模具模型) ➡ Locate RefPart (定位参照零件) 命令，系统弹出 "打开" 对话框和 "布局" 对话框。

Step2. 从弹出的文件 "打开" 对话框中，选取三维零件模型——bolt.pat 作为参照零件模型，并将其打开，系统弹出 "创建参照模型" 对话框。

Step3. 在 "创建参照模型" 对话框中，选中 ◉ 按参照合并，然后在 参照模型 区域的 名称 文本框中接受默认的名称，再单击 确定 按钮。

Step4. 在 "布局" 对话框中的 布局 区域中单击 ◉ 单一 单选项，单击 确定 按钮；完成参照模型的放置。

Step5. 选择 Done/Return (完成/返回) ➡ Done/Return (完成/返回) 命令。

### Stage2. 创建坯料

手动创建图 23.2 所示的坯料，操作步骤如下：

Step1. 在 ▼ MOLD MODEL (模具模型) 菜单中选择 Create (创建) 命令。

Step2. 在弹出的 ▼ MOLD MDL TYP (模具模型类型) 菜单中选择 Workpiece (工件) 命令。

Step3. 在弹出的 ▼ CREATE WORKPIECE (创建工件) 菜单中选择 Manual (手动) 命令。

Step4. 在弹出的"元件创建"对话框中，选中 类型 区域中的 ⊙ 零件，选中 子类型 区域中的 ⊙ 实体；在 名称 文本框中输入坯料的名称 wp；单击 确定 按钮。

Step5. 在弹出的"创建选项"对话框中，选中 ⊙ 创建特征 单选按钮，然后单击 确定 按钮。

Step6. 创建坯料特征。

（1）在 ▼ FEAT OPER (特征操作) 菜单中，选择 Solid (实体) ➡ Protrusion (伸出项) 命令；在弹出的 ▼ SOLID OPTS (实体选项) 菜单中选择 Extrude (拉伸) ➡ Solid (实体) ➡ Done (完成) 命令，此时系统显示实体拉伸操控板。

（2）创建实体拉伸特征。

① 定义草绘截面放置属性。在绘图区中右击，从弹出的快捷菜单中，选择 定义内部草绘... 命令。选择 MOLD_RIGHT 基准平面作为草绘平面，草绘平面的参照平面为 MAIN_PARTING_PLNT 基准平面，方位为 顶，单击 草绘 按钮，至此系统进入截面草绘环境。

② 绘制截面草图。进入截面草绘环境后，选取 MOLD_FRONT 基准平面和 MAIN_PARTING_PLN 基准平面为草绘参照，截面草图如图 23.3 所示；完成特征截面的绘制后，单击工具栏中的"完成"按钮 ✓。

图 23.2  模具模型

图 23.3  截面草图

③ 选取深度类型并输入深度值：在操控板中选取深度类型 ⊟（即"对称"），再在深度文本框中输入深度值 30.0，并按回车键。

④ 在操控板中单击"预览"按钮 ✓ ∞，可预览创建的拉伸特征；单击"完成"按钮 ✓，则完成特征的创建。

Step7. 选择 Done/Return (完成/返回) ➡ Done/Return (完成/返回) 命令。

### Task3. 设置收缩率

将参照模型收缩率设置为 0.006。

### Task4. 创建滑块体积块

创建图 23.4 所示的模具的滑块体积块，其操作过程如下：

Step1. 选择下拉菜单 插入(I) ➡ 模具几何 ▶ ➡ 🔳模具体积块(V)...命令。

Step2. 选择下拉菜单 编辑(E) ➡ 属性(R) 命令，在弹出的"属性"对话框中，输入体积块名称 SLIDE_MOLD_VOL；单击对话框中的 确定 按钮。

Step3. 选择下拉菜单 插入(I) ➡ 旋转(R)... 命令，此时系统弹出"旋转"操控板。

（1）定义草绘截面放置属性。单击右击，从弹出的菜单中选择 定义内部草绘... 命令；选取 MOLD_RIGHT 基准平面为草绘平面，选取 MAIN_PARTING_PLN 基准平面为草绘参照。方位为 底部 ，单击 草绘 按钮，至此系统进入截面草绘环境。

（2）进入草绘环境后，绘制图 23.5 所示的截面草图。完成特征截面的绘制后，单击工具栏中的"完成"按钮 ✔。

图 23.4　滑块体积块

图 23.5　截面草图

（3）在操控板中单击"完成"按钮 ✔，完成特征的创建。

Step4. 选择下拉菜单 编辑(E) ➡ 修剪(T) ▶ ➡ 参照零件切除 命令。

Step5. 在工具栏中单击"确定"按钮 ✔，完成模具体积块的创建。

### Task5. 创建主分型面

创建图 23.6 所示的模具的主分型曲面，其操作过程如下：

Step1. 选择下拉菜单 插入(I) ➡ 模具几何 ▶ ➡ 🔲 分型面(S)... 命令。

Step2. 选择下拉菜单 编辑(E) ➡ 属性(R) 命令，在"属性"对话框中输入分型面名称 main_pt_surf，单击对话框中的 确定 按钮。

Step3. 通过"拉伸"方法创建主分型面。

（1）选择下拉菜单 插入(I) ➡ 🔲拉伸(E)... 命令，此时系统弹出"拉伸"操控板。

（2）定义草绘截面放置属性：单击右击，从弹出的菜单中选择 定义内部草绘... 命令；选取图 23.7 所示的坯料表面为草绘平面，然后选取 MOLD_FRONT 基准平面为参照平面，方向为 右 。

（3）绘制截面草图。绘制图 23.8 所示的截面草图（截面草图为一条线段）；完成特征截面的绘制后，单击工具栏中的"完成"按钮 ✔。

（4）设置深度选项。

① 在操控板中选取深度类型 ⊔ （到选定的）。

② 将模型调整合适方位，选取图 23.7 所示的坯料表面为拉伸终止面。

③ 在操控板中单击"完成"按钮 ✓ ，完成特征的创建。

图 23.6 创建主分型曲面　　　图 23.7 定义草绘平面　　　图 23.8 截面草图

Step4. 在工具栏中单击"确定"按钮 ✓ ，完成分型面的创建。

## Task6. 构建模具元件的体积块

### Stage1. 分割滑块体积块

Step1. 选择下拉菜单 编辑(E) ➡ 分割... 命令。

Step2. 在系统弹出的 ▼ SPLIT VOLUME（分割体积块）菜单中，依次选择 One Volume（一个体积块）、 All Wrkpcs（所有工件）和 Done（完成）命令，此时系统弹出"分割"对话框和"选取"对话框。

Step3. 选取分型面 面组:F7(SLIDE_MOLD_VOL)（用"列表法"选取）。在"选取"对话框中单击 确定 按钮。系统弹出 ▼ 岛列表 菜单，选中 ☑ 岛1 选项，然后选择 Done Sel（完成选取）命令。

Step4. 在"分割"对话框中单击 确定 按钮。

Step5. 系统弹出"属性"对话框，在该对话框中单击 着色 按钮，着色后的模型如图 23.9 所示，然后在对话框中输入主体积块名称 BODY_VOL，单击 确定 按钮。

### Stage2. 用主分型面创建上、下两个体积腔

用前面创建的主分型面 main_pt_surf 来将前面生成的体积块 BODY_VOL 分成上、下两个体积腔（块），这两个体积块将来会抽取为模具的上、下模具型腔。

Step1. 选择下拉菜单 编辑(E) ➡ 分割... 命令。

Step2. 在 系 统 弹 出 的 ▼ SPLIT VOLUME（分割体积块）菜 单 中 ， 选 择 Two Volumes（两个体积块）➡ Mold Volume（模具体积块）➡ Done（完成）命令。

Step3. 在系统弹出的"搜索工具"对话框中，单击列表中的 面组:F11(BODY_VOL) 体积块，然后单击 >> 按钮，将其加入到已选取 0 个项目列表中，再单击 关闭 按钮。

Step4. 选取分型面 面组:F12(MAIN_PT_SURF)（用"列表选取"的方法选取分型面）。

Step5. 单击"分割"信息对话框中的 确定 按钮。

Step6. 系统弹出"属性"对话框，同时 BODY_VOL 体积块的下半部分变亮，在该对话框中单击 着色 按钮，着色后的模型如图 23.10 所示。然后在对话框中输入名称 LOWERMOLD_VOL，单击 确定 按钮。

Step7. 系统弹出"属性"对话框，同时 BODY_VOL 体积块的上半部分变亮，在该对话框中单击 着色 按钮，着色后的模型如图 23.11 所示。然后在对话框中输入名称 UPPER__MOLD_VOL，单击 确定 按钮。

图 23.9　"着色"后的体积块　　　　图 23.10　着色后的下模　　　　图 23.11　着色后的上模

## Task7. 抽取模具元件及生成浇注件

浇注件的名称命名为 BOLT_MOLDING。

## Task8. 定义开模动作

Step1. 遮蔽参照件、坯料和分型面。

Step2. 开模步骤 1：移动滑块。

（1）在 ▼ MOLD (模具) 菜单中选择 Mold Opening (模具开模) ➡ Define Step (定义间距) ➡ Define Move (定义移动) 命令。

（2）选取要移动的元件滑块。在"选取"对话框中单击 确定 按钮。

（3）在系统的提示下，选取图 23..12 所示的边线为移动方向，输入要移动的距离值 30。

（4）在 ▼ DEFINE STEP (定义间距) 菜单中选择 Done (完成) 命令。

选取此边线为移动方向

移动后

图 23.12　移动滑块

Step3. 开模步骤 2：移动上模。参照 Step2，在模型中选取上模，选择图 23.13 所示的边线为移动方向，输入要移动的距离值-30。

Step4. 开模步骤 3：移动下模。结果如图 23.13 所示。

选取此边线为移动方向

移动后

图 23.13　移动上、下模

### Task9. 对开模步骤 2 进行干涉分析

Step1. 在 ▼ MOLD (模具) 菜单中，选择 Mold Opening (模具开模) ➡ ▼ MOLD OPEN (模具开模) ➡ Modify (修改) ➡ 步骤2 ➡ Interference (干涉) ➡ 移动1 ➡ Static Part (静态零件) 命令。

Step2. 选取静态零件。在系统的提示下，将鼠标指针移至模型中，并右击，选取快捷菜单中的 从列表中拾取 命令。在系统弹出的 "从列表中拾取" 对话框中，单击列表中的统计零件 BOLT_MOLDING.PRT，然后单击 确定(O) 按钮。

Step3. 此时，在系统信息区中提示 ● 检查移动零件UPPER_MOLD_VOL与固定零件BOLT_MOLDING的干扰...，一段时间后，出现提示 ⇨发现干扰，用加亮曲线指示。。模型中出现加亮曲线，指示图 23.14 所示的干涉位置。

图 23.14　加亮曲线

**干涉分析**：在分型面处，由于存在螺纹，所以仍会出现干涉，但是这不影响开模。在实际加工情况下，注射制品多为塑料件，在注射完成后，制品还没有完全冷却的情况下可进行强制脱模，这样并不影响制件的外观和形状，　因为塑料件一般都具有一定的弹性，当制品完全冷却后，会恢复到原形状。

Step4. 保存设计结果。选择下拉菜单 文件(F) ➡ 🖫 保存(S) 命令。

# 实例 24  带内螺纹的模具设计

本实例将介绍图 24.1 所示的带内螺纹瓶盖的模具设计，其脱模方式采用的是内侧抽脱螺纹。下面介绍该模具的主要设计过程：

图 24.1  带内螺纹的模具设计

## Task1. 新建一个模具制造模型文件

Step1. 将工作目录设置至 D:\proewf5.6\work\ch24。

Step2. 新建一个模具型腔文件，命名为 cover_mold；选取 `mmns_mfg_mold` 模板。

## Task2. 建立模具模型

### Stage1. 引入参照模型

Step1. 单击工具栏中的"模具型腔布局"按钮 ，系统弹出 "打开"和"布局"对话框。

Step2. 从弹出的文件"打开"对话框中，选取三维零件模型内螺纹瓶盖——cover.prt 作为参照零件模型，并将其打开，系统弹出"创建参照模型"对话框。

Step3. 在"创建参照模型"对话框中，选中 `⊙ 按参照合并`，然后在 `参照模型` 区域的 `名称` 文本框中接受默认的名称，再单击 `确定` 按钮。

Step4. 单击布局对话框中的 `预览` 按钮，可以观察到图 24.2a 所示的结果。

说明：此时图 24.2a 所示的拖动方向不是需要的结果，需要定义拖动方向。

Step5. 在"布局"对话框的 `参照模型起点与定向` 区域中单击 按钮，然后在 `参照模型` 区域的 `名称` 文本框中接受默认的名称，再单击 `确定` 按钮。

Step6. 在系统弹出的"参照模型方向"对话框的 `值` 文本框中输入数值 90，然后单击 `确定` 按钮。

Step7. 单击"布局"对话框中的 `预览` 按钮，定义后的拖动方向如图 24.2b 所示。

Step8. 在"布局"对话框的 布局 区域中选择 ⊙ 矩形 单选项，在 ⊙ 矩形 区域的 增量 文本框中分别输入 50 和 50（表示在对应的 X 和 Y 方向上的增量），在"布局"对话框中单击 预览 按钮，结果如图 24.3 所示，然后单击 确定 按钮。

Step9. 单击 Done/Return (完成/返回) 命令。

a）定义前        b）定义后

图 24.2 定义拖动方向

图 24.3 放置参照模型

### Stage2. 创建坯料

自动创建图 24.4 所示的坯料，操作步骤如下：

坯料（Workpiece）

参照模型（Ref Model）

图 24.4 模具模型

Step1. 设置模型树的显示内容。在模型树界面中，选择 ⟶ 树过滤器(F)... 命令；在弹出的"模型树项目"对话框中，选中 ☑ 特征 复选框，单击 确定 按钮。

Step2. 单击工具栏中的"自动工件"按钮 ，系统弹出"自动工件"对话框。

Step3. 在模型树中选择 MOLD_DEF_CSYS ，然后在"自动工件"对话框 偏移 区域中的 统一偏移 文本框中输入数值 20。

Step4. 单击 确定 按钮，完成坯料的创建。

### Task3. 设置第一个参照模型的收缩率

Step1. 在 ▼ MOLD (模具) 菜单中选择 Shrinkage (收缩) 命令，然后在系统 ⇨ 为收缩选取参照模型。 的提示下，任意选择一个参照模型。

Step2. 在 ▼ SHRINKAGE (收缩) 菜单中选择 By Dimension (按尺寸) 命令。

Step3. 系统弹出"按尺寸收缩"对话框，在该对话框中确认 公式 区域中的 1+S 按钮被按下，在 收缩选项 区域中选中 ☑ 更改设计零件尺寸 复选框。在 收缩率 区域的 比率 栏中，输入收缩率 0.006，并按回车键。然后在该对话框中单击 ✓ 按钮。

Step4. 选择 Done/Return (完成/返回) 命令。

说明：因为参照的是同一个模型，当设置第一个模型的收缩率为 0.006 后，系统自动会将其余三个模型的收缩率设置到 0.006，不需要将其余三个模型的收缩率再进行设置。

## Task4．建立浇注系统

下面讲述如何在零件 cover 的模具坯料中创建注道、浇道和浇口（图 24.5），以下是操作过程。此例创建浇注系统是通过在坯料中切除材料来创建的。

图 24.5　建立注道、浇道和浇口

### Stage1．创建图 24.6 所示的注道（Sprue）

Step1．在 ▼ MOLD（模具）菜单中选择 Feature（特征）命令，即可进入模具特征菜单，在弹出的 ▼ MOLD MDL TYP（模具模型类型）菜单中选择 Cavity Assem（型腔组件）命令。

Step2．在 ▼ FEAT OPER（特征操作）菜单中选择 Solid（实体）➡ Cut（切减材料）命令，在系统弹出的 ▼ SOLID OPTS（实体选项）菜单中选择 Revolve（旋转）➡ Solid（实体）➡ Done（完成）命令，此时出现拉伸特征操控板。

（1）选取旋转类型。在出现的操控板中，确认"实体"类型按钮 □ 被按下。

（2）定义草绘截面放置属性。右击，从快捷菜单中选择 定义内部草绘... 命令。草绘平面为 MOLD_FRONT，草绘平面的参照平面为 MOLD_RIGHT 基准平面，草绘平面的参照方位是 右，单击 草绘 按钮。至此，系统进入截面草绘环境。

（3）进入截面草绘环境后，选取 MOLD_RIGHT 和 MAIN_PARTING_PLN 为草绘参照和图 24.7 所示的边线为参照边线，绘制图 24.7 所示的截面草图。完成特征截面后，单击工具栏中的"完成"按钮 ✓。

注意：要绘制旋转中心轴。

图 24.6　创建注道　　　　　　　　　图 24.7　截面草图

（4）定义深度类型。在操控板中，选取旋转角度类型 ⊥，旋转角度为 360°。

（5）单击操控板中的 ![√] 按钮，完成特征创建。

Step3. 选择 `Done/Return (完成/返回)` 命令。

### Stage2. 创建主流道

Step1. 在 ` MOLD (模具)` 菜单中选择 `Feature (特征)` 命令，在弹出的 ` MOLD MDL TYP (模具模型类型)` 菜单中选择 `Cavity Assem (型腔组件)` 命令。

Step2. 在 ` FEAT OPER (特征操作)` 菜单中选择 `Mold (模具)` 命令，在 ` MOLD FEAT (模具特征)` 菜单中选择 `Runner (流道)` 命令，系统弹出"流道"信息对话框，在系统弹出的 ` Shape (形状)` 菜单中选择 ` Half Round (半倒圆角)` 命令。

Step3. 定义流道的直径。在系统 `输入流道直径` 的提示下，输入直径值 5，然后按回车键。

Step4. 在 ` FLOW PATH (流道)` 菜单中选择 `Sketch Path (草绘流道)` 命令，在 ` SETUP SK PLN (设置草绘平面)` 菜单中选择 `Setup New (新设置)` 命令，系统弹出"选取"对话框。

Step5. 草绘平面。执行命令后，在系统 `选取或创建一个草绘平面` 的提示下，选择图 24.8 所示的 MAIN_PARTING_PLN 基准平面为草绘平面。在 ` DIRECTION (方向)` 菜单中选择 ` Flip (反向)` 命令，然后再选择 `Okay (确定)` 命令，图 24.8 中的箭头方向为草绘的方向。在 ` SKET VIEW (草绘视图)` 菜单中选择 `Right (右)` 命令，选取图 24.8 所示的坯料表面为参照平面。

图 24.8 定义草绘平面

Step6. 绘制截面草图：进入草绘环境后，选取 MOLD_FRONT 基准平面和 MOLD_RIGHT 基准平面为草绘参照；然后在工具栏中单击按钮 ![\]，绘制图 24.9 所示的截面草图(即两条中间线段)。完成特征截面的绘制后，单击工具栏中的"完成"按钮 ![√]。

说明：在绘制草图时，应先画两条中心线。

图 24.9 截面草图

Step7. 定义相交元件。在系统弹出的"相交元件"对话框中按下 `自动添加` 按钮，选中 `☑ 自动更新` 复选框，然后单击 `确定` 按钮。

Step8. 单击"流道"信息对话框中的 预览 按钮，再单击"重画"命令按钮，预览所创建的"流道"特征，然后单击 确定 按钮完成操作。

Step9. 选择 Done/Return (完成/返回) 命令。

### Stage3. 创建图 24.10 所示的第一个浇口

Step1. 创建图 24.11 所示的基准平面 ADTM1。操作过程如下：

（1）单击工具栏中的"平面"按钮 。

（2）按住 Ctrl 键，选取图 24.11 所示的基准轴和坯料边线。

（3）在"基准平面"对话框中单击 确定 按钮。

图 24.10　创建第一个浇口　　　　　图 24.11　创建基准平面 ADTM1

Step2. 在 MOLD (模具) 菜单中选择 Feature (特征) 命令，在 MOLD MDL TYP (模具模型类型) 菜单中选择 Cavity Assem (型腔组件) 命令。

Step3. 在 FEAT OPER (特征操作) 菜单中选择 Solid (实体) ➡ Cut (切减材料) 命令，在系统弹出的 SOLID OPTS (实体选项) 菜单中选择 Extrude (拉伸) ➡ Solid (实体) ➡ Done (完成) 命令，此时出现拉伸特征操控板。

Step4. 创建拉伸特征。

（1）在出现的操控板中，确认"实体"类型按钮 被按下。

（2）定义草绘属性：右击，从快捷菜单中选择 定义内部草绘... 命令。草绘平面为 ADTM1，草绘平面的参照平面为 MAIN_PARTING_PLN，草绘平面的参照方位为 左 。单击 草绘 按钮，至此系统进入截面草绘环境。

（3）利用"模型显示"工具栏切换模型的显示状态。按下 按钮，将模型的显示状态切换到隐藏线显示方式。

（4）进入截面草绘环境后，选择图 24.12 所示的圆弧的边线和 MAIN_PARTING_PLN 基准面为草绘参照，绘制图 24.12 所示的截面草图。完成特征截面后，单击工具栏中的"完成"按钮 。

（5）在弹出的操控板中单击 选项 按钮，在弹出的界面中，选取双侧的深度选项均为 （至曲面），然后选择图 24.13 所示的参照零件的表面为左、右拉伸特征的终止面。

（6）单击操控板中的 按钮，完成特征的创建。

（7）选择 Done/Return (完成/返回) 命令。

图 24.12  截面草图                图 24.13  选取拉伸特征的终止面

### Stage4. 创建第二个浇口

Step1. 在 ▼ MOLD (模具) 菜单中选择 Feature (特征) 命令，在 ▼ MOLD MDL TYP (模具模型类型) 菜单中选择 Cavity Assem (型腔组件) 命令。

Step2. 在 ▼ FEAT OPER (特征操作) 菜单中选择 Feature Oper (特征操作) ➡ Copy (复制) 命令，在系统弹出的 ▼ COPY FEATURE (复制特征) 菜单中选择 Move (移动) ➡ Independent (独立) ➡ Done (完成) 命令，此时出现"选取"对话框。

Step3. 在模型树中选取 ⊟ ☐ 拉伸 1，单击 确定 按钮，然后单击 Done (完成) 命令。

Step4. 在弹出的 ▼ MOVE FEATURE (移动特征) 菜单中选择 Rotate (旋转) 命令，然后在 ▼ GEN SEL DIR (一般选取方向) 菜单中选择 Crv/Edg/Axis (曲线/边/轴) 命令，选取图 24.11 所示的轴线。

Step5. 在弹出的菜单中选择 Okay (确定) 命令，然后在 输入旋转角度 的提示下输入数值 90，单击 ✔ 按钮。

Step6. 在弹出的菜单中选择 Done Move (完成移动) 命令，然后在"组可变尺寸"菜单中单击 Done (完成) 命令，单击 确定 按钮。

Step7. 定义相交元件。在系统弹出的"相交元件"对话框中按下 自动添加 按钮，选中 ☑ 自动更新 复选框，然后单击 确定 按钮。

Step8. 选择 Done (完成) 命令，然后再选择 Done/Return (完成/返回) 命令，完成第二个浇口的创建。

### Task5. 创建体积块

### Stage1. 创建图 24.14 所示的第一个体积块

Step1. 选择命令。在工具栏中单击"模具体积块"按钮 ⬡，系统进入体积块创建模式。

Step2. 收集体积块。

（1）选择命令。选择下拉菜单 编辑(E) ➡ 收集体积块... 命令，此时系统弹出"聚合步骤"菜单。

（2）定义选取步骤。在"聚合步骤"菜单中选择 ☑ Select （选取） ➡ ☑ Close （封闭） 复选框，单击 Done （完成）命令，此时系统显示"聚合选取"菜单。

（3）定义聚合选取。

① 在"聚合选取"菜单中选择 Surf & Bnd （曲面和边界） ➡ Done （完成）命令。

② 定义种子曲面。在系统 ⇨选取一个种子曲面 的提示下，先将鼠标指针移至模型中的目标位置并右击，在弹出的快捷菜单中选取 从列表中拾取 命令，系统弹出"从列表中拾取"对话框，在对话框中选择 曲面:F1（外部合并）:COVER_MOLD_REF_，单击 确定(0) 按钮。

说明：在列表框选项中选中 曲面:F1（外部合并）:COVER_MOLD_REF_ 时，此时图 24.15 中的塑料杯盖内部的底面会加亮，该底面就是所要选择的"种子面"。

图 24.14　第一个体积块　　　　　图 24.15　定义种子面

③ 定义边界曲面。在系统 ⇨指定限制这些曲面的边界曲面 的提示下，从列表中拾取图 24.16 所示的边界面。

图 24.16　定义边界面

④ 单击 确定(0) ➡ Done Refs （完成参考） ➡ Done/Return （完成/返回）命令，此时系统显示"封合"菜单。

（4）定义封合类型。在"封合"菜单中选中 ☑ Cap Plane （顶平面） ➡ ☑ All Loops （全部环） 复选框，单击 Done （完成）命令，此时系统显示"封闭环"菜单。

（5）定义封闭环。根据系统 ⇨选取或创建一平面，盖住闭合的体积块 的提示下，选取图 24.17 所示的平面为封闭面，此时系统显示"封合"菜单。

（6）在菜单栏中单击 Done （完成） ➡ Done/Return （完成/返回） ➡ Done （完成）命令，完成收集体积块创建，结果如图 24.18 所示。

图 24.17  定义封闭环

图 24.18  收集体积块

**Stage2. 参照 Stage1，创建第二个体积块**

主要：创建第一个体积块完成后，不用选取"模具体积块"命令，直接从 Step2 开始创建。Stage3 和 Stage4 相同。

**Stage3. 参照 Stage1，创建第三个体积块**

**Stage4. 参照 Stage1，创建第四个体积块**（结果如图 24.19 所示）

**Stage5. 拉伸体积块**

Step1. 选择命令。选择下拉菜单 插入(I) ➡ 拉伸(E)... 命令，此时系统弹出"拉伸"操控板。

Step2. 创建拉伸特征。

（1）定义草绘截面放置属性。在图形区右击，从弹出的菜单中选择 定义内部草绘... 命令；在系统 ➡选取一个平面或曲面以定义草绘平面。 的提示下，选取图 24.20 所示的毛坯表面为草绘平面，接受默认的箭头方向为草绘视图方向，然后选取图 24.20 所示的毛坯侧面为参照平面，方向为 右 。

图 24.19  收集体积块          图 24.20  定义草绘平面

（2）截面草图。进入草绘环境后，选取图 24.21 所示的毛坯边线和 MAIN_PARTING_PLN 基准平面为参考；绘制图 24.21 所示的截面草图（为一矩形）。完成截面的绘制后，单击工具栏中的"完成"按钮 ✓ 。

（3）定义深度类型。在操控板中选取深度类型 ⊥ （到选定的），选择图 24.22 所示的平面为拉伸终止面。

（4）在操控板中单击"完成"按钮 ✓ ，完成特征的创建。

Step3. 在工具栏中单击"确定"按钮 ✓ ，完成下模体积块的创建。

图 24.21  截面草图

图 24.22  拉伸终止面

### Task6. 分割模具体积块

Step1. 选择命令。选择下拉菜单 编辑(E) ➡ 分割... 命令，系统弹出 "分割体积块"
菜单。

Step2. 在系统弹出的 ▼ SPLIT VOLUME (分割体积块) 菜单中，选择 Two Volumes (两个体积块) ➡
All Wrkpcs (所有工件) ➡ Done (完成) 命令，此时系统弹出 "分割" 对话框和 "选取" 对
话框。

Step3. 定义分割对象。选择 Task5 创建的拉伸体积块为分割对象，单击 "选取" 对话框
中的 确定(O) 按钮。

Step4. 在 "分割" 对话框中单击 确定 按钮。

Step5. 此时，系统弹出 "属性" 对话框，同时模型的下半部分变亮，在该对话框中单
击 着色 按钮，着色后的模型如图 24.23 所示；然后，在对话框中输入名称 lower_vol，单击
确定 按钮。

Step6. 此时，系统弹出 "属性" 对话框，同时模型的上半部分变亮，在该对话框中单
击 着色 按钮，着色后的模型如图 24.24 所示；然后，在对话框中输入名称 upper_vol，单击
确定 按钮。

图 24.23  着色后的下半部分体积块

图 24.24  着色后的上半部分体积块

### Task7. 创建滑块体积块

#### Stage1. 将参照零件、坯料和体积块遮蔽起来

将模型中的参照零件、坯料和体积块遮蔽后，则工作区中模具模型中的这些元素将不
显示，这样可使屏幕简洁，方便后面滑块的创建。

遮蔽参照零件和坯料。

（1）单击工具栏中的用于遮蔽（或显示）的按钮 🔲，系统弹出 "遮蔽-取消遮蔽" 对

话框。

（2）单击对话框下部的 ▤ 按钮，再单击 遮蔽 按钮。

（3）在对话框右边的"过滤"区域中按下 ⊟体积块 按钮。按住 Ctrl 键，选择体积块 MOLD_VOL_1 和 UPPER_VOL，再单击 遮蔽 按钮。

（4）单击对话框下部的 关闭 按钮。

### Stage2．创建第一个滑块体积块

Step1. 选择命令。在工具栏中单击"模具体积块"按钮 ⬒，系统进入体积块创建模式。

Step2. 选择命令。选择下拉菜单 插入(I) ➡ 混合(B) ➡ 伸出项(P)... 命令，在系统弹出的 ▼ BLEND OPTS (混合选项) 菜单中，选择 Done (完成) 命令。

Step3. 此时系统弹出"伸出项"对话框和"属性"菜单，选择 Done (完成) 命令。

Step4. 创建混合特征。

（1）定义草绘截面放置属性。选取图 24.25 所示的面为草绘平面，接受默认的箭头方向为草绘视图方向，单击 Okay (确定) 命令，在弹出的 ▼ SKET VIEW (草绘视图) 菜单中单击 Default (缺省) 命令。

（2）截面草图。进入草绘环境后，选取 MOLD_RIGHT 和 MOLD_FRONT 基准平面为参考；绘制图 24.26 所示的截面草图（一），完成此截面的绘制后，然后在图形区右击，在弹出的快捷菜单中选择 切换剖面(T) 命令，绘制图 24.27 所示的截面草图（二），绘制完草图后，选择单击工具栏中的"完成"按钮 ✓。

图 24.25　定义草绘平面　　　　　　图 24.26　截面草图（一）

图 24.27　截面草图（二）

（3）定义混合截面的深度。在弹出的 ▼ DEPTH (深度) 菜单中选择 Done (完成) 命令，然后在 输入截面2的深度 下的文本框中输入数值 58，单击 ✓ 按钮。

Step5. 单击"伸出项"对话框中的 预览 按钮，结果如图 24.28 所示，然后单击 确定 按钮。

图 24.28　滑块体积块

Step6. 在工具栏中单击"确定"按钮 ✓，完成第一个滑块体积块的创建。

### Stage3. 创建第二个和第三个滑块体积块

Step1. 在 ▼ MOLD (模具) 菜单中选择 Feature (特征) 命令，在 ▼ MOLD MDL TYP (模具模型类型) 菜单中选择 Cavity Assem (型腔组件) 命令。

Step2. 在 ▼ FEAT OPER (特征操作) 菜单中选择 Feature Oper (特征操作) ➡ Pattern (阵列) 命令，系统弹出 ▼ SELECT FEAT (选取特征) 菜单。

Step3. 选取阵列的特征。选择 Stage2 中创建的第一个滑块体积块，此时系统弹出"尺寸"操控板。

Step4. 在"尺寸"操控板中的 尺寸 下拉列表中选择 轴 选项。

Step5. 创建图 24.29 所示的基准轴，操作过程如下：

（1）单击工具栏中的"轴"按钮 /。

（2）按住 Ctrl 键，选取图 24.29 所示的曲面。

（3）在"基准轴"对话框中单击 确定 按钮。

Step6. 在"尺寸"操控板中输入要阵列的个数 3，输入旋转角度值 120，单击操控板中的 ✓ 按钮，结果如图 24.30 所示。

图 24.29　创建基准轴

图 24.30　阵列结果

### Stage4. 创建第四、第五和第六个滑块体积块

Step1. 在 ▼ FEAT OPER (特征操作) 菜单中选择 Feature Oper (特征操作) ➡ Copy (复制) 命令，在系统弹出的 ▼ COPY FEATURE (复制特征) 菜单中选择 Move (移动) ➡ Independent (独立)

➡️ Done （完成）命令，此时出现"选取"对话框。

Step2. 在模型树中选取 ⊞ 阵列 1 / 伸出项 ，单击 确定 按钮，然后单击 Done （完成）命令，

Step3. 在弹出的 ▼ MOVE FEATURE （移动特征）菜单中选择 Translate （平移）命令，然后在 ▼ GEN SEL DIR （选取方向）菜单中选择 Plane （平面）命令，选取图 24.31 所示的平面。

Step4. 在弹出的菜单中选择 Okay （确定）命令，然后在 输入偏距离 下的文本框中输入数值 50，单击 ✓ 按钮。

Step5. 在弹出的菜单中选择 Done Move （完成移动）命令，然后在"组可变尺寸"菜单中单击 Done （完成）命令，单击 确定 按钮，结果如图 24.32 所示。

图 24.31　选取平面

图 24.32　创建结果

### Stage5. 创建其余的滑块体积块

Step1. 在 ▼ FEAT OPER （特征操作）菜单中选择 Feature Oper （特征操作）➡️ Copy （复制）命令，在系统弹出的 ▼ COPY FEATURE （复制特征）菜单中选择 Move （移动）➡️ Independent （独立）➡️ Done （完成）命令，此时出现"选取"对话框。

Step2. 按住 Ctrl 键，在模型树中选取 ⊞ 阵列 1 / 伸出项 和 ⊞ 组COPIED GROUP 1 ，单击 确定 按钮，然后单击 Done （完成）命令，

Step3. 在弹出的 ▼ MOVE FEATURE （移动特征）菜单中选择 Translate （平移）命令，然后在 ▼ GEN SEL DIR （选取方向）菜单中选择 Plane （平面）命令，选取图 24.33 所示的平面。

Step4. 在弹出的菜单中选择 Flip （反向）命令，然后再选择 Okay （确定）命令，然后在 输入偏距离 下的文本框中输入数值 50，单击 ✓ 按钮。

Step5. 在弹出的菜单中选择 Done Move （完成移动）命令，然后在"组可变尺寸"菜单中单击 Done （完成）命令，单击 确定 按钮，结果如图 24.34 所示。

Step6. 选择 Done （完成）命令，然后再选择 Done/Return （完成/返回）命令。

图 24.33　选取平面

图 24.34　创建结果

## Task8．分割新的模具体积块

### Stage1．分割第一个滑块体积块

Step1．选择下拉菜单 编辑(E) ━━➤ 分割... 命令。

Step2．在系统弹出的 ▼ SPLIT VOLUME (分割体积块) 菜单中，选择 One Volume (一个体积块) 、 Mold Volume (模具体积块) 和 Done (完成) 命令。

Step3．在系统弹出的"搜索工具"对话框中，单击列表中的 面组:F23(LOWER VOL) 体积块，然后单击 >> 按钮，将其加入到 已选取 0 个项目列表中，再单击 关闭 按钮。

Step4．用"列表选取"的方法选取体积块。

（1）在系统 ⇨ 为分割所选的模型量选取分型面。 的提示下，先将鼠标指针移至模型中第一个镶块体积块的位置右击，从快捷菜单中选取 从列表中拾取 命令。

（2）在系统弹出的"从列表中拾取"对话框中，单击列表中的 面组:F27(MOLD_VOL_2) ，然后单击 确定(O) 按钮。

（3）在"选取"对话框中单击 确定 按钮。

（4）系统弹出 ▼ 岛列表 菜单，选中 ☑ 岛2 复选框，选择 Done Sel (完成选取) 命令。

说明：

在上面的操作中，当用 MOLD_VOL_2 体积块分割下模体积块后，会产生两块互不连接的体积块，这些互不连接的体积块称之为 Island（岛）。在 ▼ 岛列表 菜单中，有 ☐ 岛1 和 ☑ 岛2 两个岛。将鼠标指针移至岛菜单中这两个选项，模型中相应的体积块会加亮，这样很容易发现：☑ 岛2 代表第一个滑块的体积块，☐ 岛1 是下模体积块被第一个滑块的体积块减掉所剩余的部分。

Step5．在"分割"对话框中单击 确定 按钮。

Step6．系统弹出"属性"对话框，同时 LOWER_VOL 体积块的第一个滑块部分变亮，然后在对话框中输入名称 SLIDE_VOL_01，单击 确定 按钮。

### Stage2．参照 Stage1，分割第二个滑块体积块（SLIDE_VOL_02）

### Stage3．参照 Stage1，分割第三个滑块体积块（SLIDE_VOL_03）

### Stage4．参照 Stage1，分割第四个滑块体积块（SLIDE_VOL_04）

### Stage5．参照 Stage1，分割第五个滑块体积块（SLIDE_VOL_05）

### Stage6．参照 Stage1，分割第六个滑块体积块（SLIDE_VOL_06）

### Stage7．参照 Stage1，分割第七个滑块体积块（SLIDE_VOL_07）

### Stage8．参照 Stage1，分割第八个滑块体积块（SLIDE_VOL_08）

Stage9. 参照 Stage1，分割第九个滑块体积块（SLIDE_VOL_09）

Stage10. 参照 Stage1，分割第十个滑块体积块（SLIDE_VOL_10）

Stage11. 参照 Stage1，分割第十一个滑块体积块（SLIDE_VOL_11）

Stage12. 参照 Stage1，分割第十二个滑块体积块（SLIDE_VOL_12）

## Task9. 抽取模具元件

Step1. 选择命令。在 `菜单管理器` 的 `▼ MOLD (模具)` 菜单中，选择 `Mold Comp (模具元件)` 命令；在弹出的 `▼ MOLD COMP (模具元件)` 菜单中，选择 `Extract (抽取)` 命令。

Step2. 在系统弹出的"创建模具元件"对话框中，在该对话框中选取体积块 `UPPER_VOL` 和 `LOWER_VOL`，然后再选取 Task8 中创建的 12 个滑块体积块，单击 `确定` 按钮。

Step3. 在 `▼ MOLD COMP (模具元件)` 菜单栏中单击 `Done/Return (完成/返回)` 命令。

## Task10. 生成浇注件

浇注件的名称命名为 molding。

## Task11. 定义模具开启

### Stage1. 遮蔽参照模型、坯料、上模、下模、浇注件和体积块

Step1. 遮蔽参照模型、坯料、下模、上模和浇注件。单击工具栏上的 `按钮，系统弹出"遮蔽—取消遮蔽"对话框，在该对话框中按下 `元件` 按钮，在 `可见元件` 列表框中选中四个参照零件、坯料、上模、下模和浇注件，然后单击 `遮蔽` 按钮。

Step2. 遮蔽体积块。在该对话框中按下 `体积块` 按钮，单击下部的"选取全部"按钮 `,然后单击 `遮蔽` 按钮，再单击 `关闭` 按钮。

### Stage2. 在第一个滑块上创建基准点和基准轴

说明：此创建的基准轴要作为螺纹滑块开模的方向。

Step1. 创建图 24.35 所示的基准点 APNT0。

（1）单击"点"按钮 `。

（2）选取图 24.35 所示的边线。

（3）在"基准点"对话框中，先选择基准点的定位方式 `比率` ，然后在左边的文本框中输入基准点的定位数值（比率系数）0.5。

Step2. 创建图 24.36 所示的基准点 APNT1。

（1）在"基准点"对话框中单击 `新点` 命令。

（2）在"基准点"对话框中，先选择基准点的定位方式 [比率]，然后在左边的文本框中输入基准点的定位数值（比率系数）0.5。

（3）在"基准点"对话框中单击 [确定] 按钮。

图 24.35　基准点 1　　　　　　　　　　图 24.36　基准点 2

Step3. 创建基准轴，操作过程如下：

（1）单击工具栏中的"轴"按钮 [／]。

（2）按住 Ctrl 键，选取 Step1 创建的基准点 APNT0 和 Step2 创建的基准点 APNT1。

（3）在"基准轴"对话框中单击 [确定] 按钮。

**Stage3. 参照 Stage2，在第二个滑块上创建基准点和基准轴**

**Stage4. 参照 Stage2，在第三个滑块上创建基准点和基准轴**

**Stage5. 参照 Stage2，在第四个滑块上创建基准点和基准轴**

**Stage6. 参照 Stage2，在第五个滑块上创建基准点和基准轴**

**Stage7. 参照 Stage2，在第六个滑块上创建基准点和基准轴**

**Stage8. 参照 Stage2，在第七个滑块上创建基准点和基准轴**

**Stage9. 参照 Stage2，在第八个滑块上创建基准点和基准轴**

**Stage10. 参照 Stage2，在第九个滑块上创建基准点和基准轴**

**Stage11. 参照 Stage2，在第十个滑块上创建基准点和基准轴**

**Stage12. 参照 Stage2，在第十一个滑块上创建基准点和基准轴**

**Stage13. 参照 Stage2，在第十二个滑块上创建基准点和基准轴**

**Stage14. 将上模、下模和浇注件取消遮蔽**

Step1. 单击工具栏中的用于遮蔽（或显示）的按钮 [▧]，系统弹出"遮蔽-取消遮蔽"对话框。

Step2. 单击 [取消遮蔽] 按钮，按住 Ctrl 键，选择上模、下模和浇注件，再单击 [取消遮蔽]

按钮。

Step3. 单击对话框下部的 关闭 按钮，完成操作。

### Stage15. 开模步骤 1：移动上模

在模型中选取要移动的上模零件，选取图 24.37 所示的边线为移动方向，然后在系统的提示下，输入要移动的距离值 150，移出后的状态如图 24.37 所示。

图 24.37　移动上模

### Stage16. 开模步骤 2：移动浇注件

在模型中选取要移动的浇注件，选取图 24.38 所示的边线为移动方向，输入要移动的距离值 60，结果如图 24.38 所示。

图 24.38　移动浇注件

### Stage17. 开模步骤 3：移动滑块

Step1. 在模型中选取要移动的滑块 1，选取在滑块 1 上创建的基准轴为移动参照，方向如图 24.39 所示。输入要移动的距离值 30，完成滑块 1 的开模动作。

Step2. 参照 Step1，将其余的 11 个滑块移动，完成滑块移动，如图 24.39 所示。

**说明**：12 个滑块作为一个开模步骤。

图 24.39　移动滑块

Step3. 保存设计结果。

# 实例 25　带弯销内侧抽芯的模具设计

本实例将介绍一个带弯销内侧抽芯的模具设计，如图 25.1 所示，其中包括滑块的设计、弯销的设计以及内侧抽芯机构的设计。通过对本实例的学习，希望读者能够熟练掌握带弯销内侧抽芯的模具设计的方法和技巧。下面介绍该模具的设计过程。

图 25.1　带弯销内侧抽芯的模具设计

## Task1.　新建一个模具制造模型文件，进入模具模块

Step1. 将工作目录设置至 D:\proewf5.6\work\ch25。

Step2. 新建一个模具型腔文件，命名为 BODY_BASE；选取 mmns_mfg_mold 模板。

## Task2.　建立模具模型

在开始设计一个模具前，应先创建一个"模具模型"，模具模型包括图 25.2 所示的参照模型和坯料。

### Stage1.　引入参照模型

Step1. 单击工具栏中的"模具型腔布局"按钮，系统弹出"打开"和"布局"对话框。

Step2. 从弹出的文件"打开"对话框中，选取三维零件模型电热壶底板——BODY_BASE.prt 作为参照零件模型，并将其打开，系统弹出"创建参照模型"对话框。

Step3. 在"创建参照模型"对话框中，选中 ⊙ 按参照合并，然后在 参照模型 区域的 名称 文本框中接受默认的名称，再单击 确定 按钮。

Step4. 在"布局"对话框的 参照模型起点与定向 区域中单击 按钮，然后在 菜单管理器 菜

单中选择 Dynamic (动态) 命令。

Step5. 在系统弹出的"参照模型方向"对话框的 值 文本框中输入数值 180，然后单击 确定 按钮。

Step6. 单击布局对话框中的 预览 按钮，定义后的拖动方向如图 25.2 所示。

Step7. 单击 Done/Return (完成/返回) 命令。

### Stage2. 创建坯料

Step1. 在 ▼ MOLD MODEL (模具模型) 菜单中选择 Create (创建) ➞ Workpiece (工件) ➞ Manual (手动) 命令，系统弹出"元件创建"对话框。

Step2. 在"元件创建"对话框中，选中 类型 区域中的 ⊙ 零件 单选按钮和 子类型 区域中的 ⊙ 实体 单选按钮，在 名称 文本框中输入坯料的名称 wp，然后再单击 确定 按钮。

Step3. 在系统弹出的"创建选项"对话框中，选中 ⊙ 创建特征 单选按钮，然后再单击 确定 按钮。

Step4. 创建坯料特征。

（1）在菜单管理器中选择 Solid (实体) ➞ Protrusion (伸出项) 命令，在弹出的菜单中选择 Extrude (拉伸) ➞ Solid (实体) ➞ Done (完成) 命令，此时系统弹出拉伸操控板。

（2）创建实体拉伸特征。

① 定义草绘截面放置属性：在绘图区中右击，选择快捷菜单中 定义内部草绘... 命令。系统弹出"草绘"对话框，然后选择 MOLD_FRONT 基准平面作为草绘平面，草绘平面的参照平面为 MOLD_RIGHT 基准平面，方位为 右，单击 草绘 按钮。系统进入截面草绘环境。

② 进入截面草绘环境后，选取 MOLD_RIGHT 基准平面和 MAIN_PARTING_PLN 基准平面为草绘参照，然后绘制图 25.3 所示的截面草图。完成截面草图的绘制后，单击"完成"按钮 ✓。

③ 选取深度类型并输入深度值：在操控板中，选取深度类型 日，再在深度文本框中输入深度值 200.0，并按回车键。

④ 完成特征的创建：在操控板中单击"预览"按钮 ✓ 60，可浏览所创建特征。单击"完成"按钮 ✓，则完成特征的创建。

Step5. 选择 Done/Return (完成/返回) ➞ Done/Return (完成/返回) 命令，完成坯料的创建。

图 25.2 参照模型和坯料

图 25.3 截面草图

## Task3．设置收缩率

将参照模型收缩率设置为 0.006。

## Task4．创建模具分型面

创建图 25.4 所示模具的分型曲面，其操作过程如下：

### Stage1．创建复制曲面

Step1．选择下拉菜单 插入(I) ➡ 模具几何 ▶ ➡ 🗀 分型面(S)…命令。

Step2．选择下拉菜单 编辑(E) ➡ 属性(R) 命令，在"属性"对话框中输入分型面名称 MAIN_PS，单击对话框中的 确定 按钮。

Step3．为了方便选取图元，将坯料遮蔽。

Step4．通过曲面复制的方法，复制参照模型上的外表面。

（1）采用"种子面与边界面"的方法选取所需的曲面。用户分别选取种子面和边界面后，系统则会自动选取从种子曲面开始向四周延伸直到边界曲面的所有曲面（其中包括种子曲面，但不包括边界曲面）。在屏幕右下方的"智能选取栏"中选择"几何"选项。

（2）先选取"种子面"。选择图 25.5 所示的上表面，该面就是所要选择的"种子面"。

图 25.4　创建复制曲面　　　　　　　图 25.5　定义种子面

（3）选取"边界面"。按住 Shift 键，选取图 25.6 所示的边界面，此时图中所示的边界曲面会加亮。

**注意**：对一些曲面的选取，需要把模型放大后才方便选中所需要的曲面。选取曲面时需要有耐心，逐一选取加亮曲面，在选取过程中要一直按住 Shift 键，直到选取结束。

图 25.6　定义边界面

（4）选择下拉菜单 编辑(E) ━━➤ 📋 复制(C) 命令。

（5）选择下拉菜单 编辑(E) ━━➤ 📋 粘贴(P) 命令。

（6）填补复制曲面上的破孔。在弹出的操控板中单击 选项 按钮，在"选项"界面选中 ⦿ 排除曲面并填充孔 单选按钮，在系统的提示下，分别选择图 25.7 所示的边线。

（7）单击操控板中的"完成"按钮 ✓。

图 25.7　填充破孔边

Step5. 创建图 25.8 所示的延伸曲面 1。

（1）选取图 25.9 所示的复制曲面的边线（为了方便选取复制边线和创建延伸特征，遮蔽参照模型并取消遮蔽坯料）。

（2）选择下拉菜单 编辑(E) ━━➤ ▣ 延伸(X)... 命令，此时系统弹出"延伸"操控板。

（3）选取延伸的终止面。在操控板中按下按钮 🗔。选取图 25.9 所示的坯料表面为延伸的终止面。

（4）单击 ✓ ∞ 按钮，预览延伸后的面组；单击"完成"按钮 ✓，完成延伸曲面的创建。

图 25.8　延伸曲面

图 25.9　延伸参照边线

Step6. 创建图 25.10 所示的延伸曲面 2。

（1）选取图 25.11 所示的复制曲面的边线。

（2）选择下拉菜单 编辑(E) ━━➤ ▣ 延伸(X)... 命令，此时系统弹出"延伸"操控板。

（3）选取延伸的终止面。在操控板中按下按钮 🗔。选取图 25.11 所示的坯料表面为延伸的终止面。

（4）单击 ✓ ∞ 按钮，预览延伸后的面组，单击"完成"按钮 ✓。完成延伸曲面的创建。

图 25.10　延伸曲面

图 25.11　延伸参照边线

**Step7.** 创建图 25.12 所示的延伸曲面 3。

（1）选取图 25.13 所示的复制曲面的边线。

（2）选择下拉菜单 编辑(E) ➡ 延伸(X)... 命令，此时系统弹出"延伸"操控板。

（3）选取延伸的终止面。在操控板中按下按钮 。选取图 25.13 所示的坯料表面为延伸的终止面。

（4）单击 按钮，预览延伸后的面组；单击"完成"按钮 ，完成延伸曲面的创建。

图 25.12　延伸曲面

图 25.13　延伸参照边线

**Step8.** 创建图 25.14 所示的延伸曲面 4。

（1）选取图 25.15 所示的复制曲面的边线。

（2）选择下拉菜单 编辑(E) ➡ 延伸(X)... 命令，此时系统弹出"延伸"操控板。

（3）选取延伸的终止面。在操控板中按下按钮 。选取图 25.15 所示的坯料表面为延伸的终止面。

（4）单击 按钮，预览延伸后的面组，单击"完成"按钮 。完成延伸曲面的创建。

（5）单击分型面工具栏中的"确定"按钮 。完成复制延伸分型面的创建。

图 25.14　延伸曲面

图 25.15　延伸参照边线

### Stage2．创建复制曲面

Step1．选择下拉菜单 插入(I) ➡ 模具几何 ▶ ➡ 分型面(S)... 命令。

Step2．选择下拉菜单 编辑(E) ➡ 属性(R) 命令，在"属性"对话框中输入分型面名称 PIN_PS，单击对话框中的 确定 按钮。

Step3．通过曲面复制的方法，复制参照模型上的外表面。

（1）选择图 25.16 所示的模型表面。

（2）选择下拉菜单 编辑(E) ➡ 复制(C) 命令。

（3）选择下拉菜单 编辑(E) ➡ 粘贴(P) 命令。

（4）单击操控板中的"完成"按钮 ✓ 。

图 25.16　复制参照面

### Stage3．创建拉伸曲面

Step1．通过拉伸的方法创建图 25.17 所示的曲面。

（1）选择下拉菜单 插入(I) ➡ 拉伸(E)... 命令，此时系统弹出"拉伸"操控板。

（2）定义草绘截面放置属性：右击，选择菜单中 定义内部草绘... 命令；选择 MOLD_FRONT 基准平面为草绘平面，然后选取 MOLD_RIGHT 基准平面为参照平面，方向为 右 。

（3）进入草绘环境后，绘制图 25.18 所示的截面草图。完成特征截面的绘制，单击工具栏中的"完成"按钮 ✓ 。

（4）设置深度选项。在操控板中选取深度类型 日 ，在深度值文本框中输入深度值 25。

（5）在操控板中单击 选项 按钮，在"选项"界面中选中 ☑ 封闭端 复选框。

（6）在操控板中单击"完成"按钮 ✓ ，完成特征的创建。

图 25.17　创建拉伸曲面　　　　　　　　　图 25.18　截面草图

Step2．将上步创建的复制 2 与拉伸 1 进行合并，如图 25.19 所示（便于查看合并面组，将参照模型遮蔽）。

（1）按住 Ctrl 键，选取复制 2 与拉伸 1。

（2）选择下拉菜单 编辑(E) ➡ 🔧合并(G)命令，此时系统弹出"合并"操控板。

（3）调整合并面组的方向，如图 25.20 所示。

（4）单击 ✓∞ 按钮，预览合并后的面组，确认无误后，单击"完成"按钮 ✓。

（5）单击分型面工具栏中的"完成"按钮 ✓，完成复制延伸分型面的创建。

图 25.19　合并面组　　　　　　　　　图 25.20　合并方向

## Task5．构建模具元件的体积块

### Stage1．用分型面创建上、下两个体积腔（取消遮蔽坯料）

Step1．选择下拉菜单 编辑(E) ➡ 分割... 命令。

Step2．在系统弹出的 ▼ SPLIT VOLUME (分割体积块) 菜单中，选择 Two Volumes (两个体积块) ➡ All Wrkpcs (所有工件) ➡ Done (完成)命令。

Step3．选取分型面。

（1）选取分型面 面组:F7(MAIN_PS)（用"列表选取"的方法选取），然后单击 确定(O) 按钮。

（2）在"选取"对话框中单击 确定 按钮。

Step4．单击"分割"信息对话框中的 确定 按钮。

Step5．系统弹出"属性"对话框，在该对话框中单击 着色 按钮，着色后的模型如图 25.21 所示。然后在对话框中输入名称 UPPER_MOLD，单击 确定 按钮。

Step6．系统弹出"属性"对话框，在该对话框中单击 着色 按钮，着色后的模型如图 25.22 所示。然后在对话框中输入名称 LOWER_MOLD，单击 确定 按钮。

### Stage2．创建第一个滑块体积块

Step1．选择下拉菜单 编辑(E) ➡ 分割... 命令。

Step2．在系统弹出的 ▼ SPLIT VOLUME (分割体积块) 菜单中，选择 One Volume (一个体积块) ➡ Mold Volume (模具体积块) ➡ Done (完成)命令。

Step3．在系统弹出的"搜索工具"对话框中，单击列表中的 面组:F17(LOWER MOLD)体积块，然后单击 >> 按钮，将其加入到已选取 0 个项目列表中，再单击 关闭 按钮。

Step4．选取分型面。

选取分型面 面组:F12(PIN_PS) （用"列表选取"的方法选取），然后单击 确定(0) 按钮。系统弹出 ▼ 岛列表 菜单。

Step5. 在"岛列表"菜单中选中 ☑岛2 复选框，选择 Done Sel (完成选取) 命令。

Step6. 在"分割"对话框中单击 确定 按钮，系统弹出"属性"对话框。

Step7. 在"属性"对话框中单击 着色 按钮，着色后的模型如图 25.23 所示。然后在对话框中输入名称 PIN_VOL，单击 确定 按钮。

图 25.21　上半部分体积块　　　图 25.22　下半部分体积块　　　图 25.23　滑块体积块

## Task6. 抽取模具元件及生成浇注件

浇注件的名称命名为 MOLDING。

## Task7. 保存文件

## Task8. 完整下模的创建

### Stage1. 打开组件并显示特征

Step1. 打开文件中的组件模型 BODY-BASE.ASM。

Step2. 为了方便选取图元，显示所有零件特征。

（1）在模型树界面中，选择 🏠▼ ➡ ꞏ￦树过滤器(F)... 命令。

（2）在系统弹出的"模型树项目"对话框中，选中 ☑ 特征 复选框，然后单击该对话框中的 确定 按钮。

### Stage2. 完整下模零件

Step1. 在模型树上选中下模右击，激活下模零件 ⊞–⬜LOWER MOLD.PRT 。

Step2. 创建图 25.24 所示的"切除"拉伸特征。

（1）选择下拉菜单插入(I) ➡ 🔲拉伸(E)... 命令，此时系统弹出"拉伸"操控板，将"去除"材料按钮 🔲 按下。

（2）定义草绘截面放置属性：在绘图区中右击，选择快捷菜单中 定义内部草绘... 命令。系统弹出"草绘"对话框，然后选择 MOLD_FRONT 基准平面作为草绘平面，草绘平面的参照平面为 MOLD_RIGHT 基准平面，方位为 右 ，单击 草绘 按钮，系统进入截面草绘环境。

（3）进入截面草绘环境后，选取 MOLD_RIGHT 基准平面和坯料边线为草绘参照，然后绘制图 25.25 所示的截面草图，完成截面草图的绘制后，单击 "完成" 按钮 ✓。

（4）选取深度类型并输入深度值：在操控板中选取深度类型 🔲，再在深度文本框中输入深度值 25.0，并按回车键。

（5）完成特征的创建：在操控板中单击"预览"按钮 ☑ ∞，可浏览所创建特征。单击"完成"按钮 ✓，完成特征的创建。

图 25.24　拉伸特征

图.25.25　截面草图

### Stage3．完整滑块零件

Step1．在模型树上选中滑块右击，激活滑块零件 ⊞ ▱ PIN_VOL_.PRT 　　。

Step2．创建图 25.26 所示的实体拉伸特征。

（1）选择下拉菜单 插入(I) ➡ 🔲 拉伸(E)... 命令，此时系统弹出"拉伸"操控板。

（2）定义草绘截面放置属性：在绘图区中右击，选择快捷菜单中的 定义内部草绘... 命令。系统弹出"草绘"对话框，然后选择 MOLD_FRONT 基准平面作为草绘平面，草绘平面的参照平面为 MOLD_RIGHT 基准平面，方位为 右，单击 草绘 按钮，系统进入截面草绘环境。

（3）进入截面草绘环境后，绘制图 25.27 所示的截面草图；完成截面草图的绘制后，单击 "完成" 按钮 ✓。

（4）选取深度类型并输入深度值：在操控板中选取深度类型 🔲，再在深度文本框中输入深度值 25.0，并按回车键。

（5）完成特征的创建：在操控板中单击"预览"按钮 ☑ ∞，可浏览所创建特征，单击"完成"按钮 ✓，完成特征的创建。

图 25.26　拉伸特征

图 25.27　截面草图

Step3. 创建图 25.28 所示的 "切除" 拉伸特征。

（1）选择下拉菜单 插入(I) ➡ 🔲 拉伸(E)... 命令，此时系统弹出 "拉伸" 操控板，将 "去除" 材料按钮 ⬜ 按下。

（2）定义草绘截面放置属性：在绘图区中右击，选择快捷菜单中的 定义内部草绘... 命令。系统弹出 "草绘" 对话框，然后选择 MOLD_FRONT 基准平面作为草绘平面，草绘平面的参照平面为 MOLD_RIGHT 基准平面，方位为 右 ，单击 草绘 按钮，系统进入截面草绘环境。

（3）进入截面草绘环境后，选取 MOLD_RIGHT 基准平面和坯料边线为草绘参照，然后绘制图 25.29 所示的截面草图；完成截面草图的绘制后，单击 "完成" 按钮 ✔ 。

（4）选取深度类型并输入深度值：在操控板中选取深度类型 ⬚ ，再在深度文本框中输入深度值 15.0，并按回车键。

（5）完成特征的创建：在操控板中单击 "预览" 按钮 ✔ ∞ ，可浏览所创建特征。单击 "完成" 按钮 ✔ ，完成特征的创建。

图 25.28　拉伸特征　　　　　　　　图 25.29　截面草图

## Task9. 创建弯杆零件

Step1. 激活 BODY_BASE.ASM 装配文件后，选择下拉菜单中选择 插入(I) ➡ 元件(C)▶ ➡ 🔲 创建(C)... 命令，此时系统弹出 "元件创建" 对话框。

Step2. 定义元件的类型及创建方法。

（1）在弹出 "元件创建" 对话框中选中 类型 选项组中的 ◉ 零件 ，选中 子类型 选项组中的 ◉ 实体 ，然后在 名称 文本框中输入文件名 BEND_POLE；单击 确定 按钮，此时系统弹出 "创建选项" 对话框。

（2）在弹出对话框的 创建方法 区域中选择 ◉ 创建特征 单选项，单击 确定 按钮。

Step3. 创建图 25.30 所示的实体拉伸特征。

（1）选择下拉菜单 插入(I) ➡ 🔲 拉伸(E)... 命令，此时系统弹出 "拉伸" 操控板。

（2）定义草绘截面放置属性：在绘图区中右击，选择快捷菜单中的 定义内部草绘... 命令。系统弹出 "草绘" 对话框，然后选择 MOLD_FRONT 基准平面作为草绘平面，草绘平面的参照平面为 MOLD_RIGHT 基准平面，方位为 右 ，单击 草绘 按钮，系统进入截面草绘环境。

（3）进入截面草绘环境后，然后绘制图 25.31 所示的截面草图；完成截面草图的绘制后，单击"完成"按钮 ✔ 。

（4）选取深度类型并输入深度值：在操控板中选取深度类型 日 ，再在深度文本框中输入深度值 14.5，并按回车键。

（5）完成特征的创建：在操控板中单击"预览"按钮 ✓ ∞ ，可浏览所创建特征。单击"完成"按钮 ✔ ，完成特征的创建。

图 25.30　拉伸特征

图 25.31　截面草图

## Task10.　保存组件模型文件

## Task11.　定义开模动作

### Stage1.　打开文件模型 body_base.mfg

### Stage2.　开模步骤 1：移动弯杆和滑块

Step1. 将参照零件、坯料和分型面在模型中遮蔽起来，将模型的显示状态切换到实体显示方式。

Step2. 移动弯杆和滑块。

（1）在 ▼ MOLD（模具） 菜单中选择 Mold Opening（模具开模） 命令，在 ▼ MOLD OPEN（模具开模） 菜单中选择 Define Step（定义间距） 命令（注：此处应翻译成"定义开模步骤"）。

（2）在 ▼ DEFINE STEP（定义间距） 菜单中选择 Define Move（定义移动） 命令。

（3）选取要移动的弯杆。

（4）在系统的提示下，选取图 25.32 所示的边线为移动方向，然后在系统的提示下输入要移动的距离值 42。

（5）在 ▼ DEFINE STEP（定义间距） 菜单中选择 Define Move（定义移动） 命令。

（6）选取要移动的滑块。

（7）在系统的提示下，选取图 25.32 所示的边线为移动方向，然后在系统的提示下输入要移动的距离值 12。

（8）在 ▼ DEFINE STEP（定义间距）菜单中选择 Done（完成）命令，移出后的状态如图 25.32 所示。

图 25.32　移动弯杆和滑块

### Stage3. 开模步骤 2：移动下模、弯杆和滑块

Step1. 在 ▼ MOLD（模具）菜单中选择 Mold Opening（模具开模）命令，在 ▼ MOLD OPEN（模具开模）菜单中选择 Define Step（定义间距）命令（注：此处应翻译成"定义开模步骤"）。

Step2. 在 ▼ DEFINE STEP（定义间距）菜单中选择 Define Move（定义移动）命令。

Step3. 选取要移动的下模、弯杆和滑块。

Step4. 在系统的提示下，选取图 25.33 所示的边线为移动方向，然后在系统的提示下输入要移动的距离值 200。

Step5. 在 ▼ DEFINE STEP（定义间距）菜单中选择 Done（完成）命令，移出后的状态如图 25.33 所示。

图 25.33　移动下模、弯杆和滑块

### Stage4. 开模步骤 3：移动浇注件

Step1. 移动铸件。参照 Stage2 的操作方法，选取铸件，选取图 25.34 所示的边线为移动方向，输入要移动的距离值 100，选择 Done（完成）命令，完成铸件的开模动作。

图 25.34　移动铸件

Step2. 选择下拉菜单 文件(F) ➞ 保存(S) 命令，保存设计结果。

# 实例 26  带斜抽机构的模具设计

本实例将介绍一个如图 26.1 所示的带斜抽机构的模具设计,包括滑块的设计、斜销的设计以及斜抽机构的设计。通过对本实例的学习,希望读者能够熟练掌握带斜抽机构模具设计的方法和技巧。下面介绍该模具的设计过程。

上模型腔　　　斜导柱　　楔紧块　　浇注件　　销　　压板　　滑块　　下模型腔　　销　　滑块体积块

图 26.1　带斜抽机构的模具设计

## Task1. 新建一个模具制造模型文件,进入模具模块

Step1. 将工作目录设置至 D:\proewf5.6\work\ch26。

Step2. 新建一个模具型腔文件,命名为 cover_mold;选取 mmns_mfg_mold 模板。

## Task2. 建立模具模型

在开始设计一个模具前,应先创建一个"模具模型",模具模型包括图 26.2 所示的参照模型和坯料。

### Stage1. 引入参照模型

Step1. 在 ▼ MOLD (模具) 菜单中选择 Mold Model (模具模型) 命令。

Step2. 在 ▼ MOLD MODEL (模具模型) 菜单中选择 Assemble (装配) 命令。

Step3. 在 ▼ MOLD MDL TYP (模具模型类型) 菜单中选择 Ref Model (参照模型) 命令。

Step4. 从弹出的文件"打开"对话框中,选取三维零件模型 cover.prt 作为参照零件模型,并将其打开。

Step5. 在"元件放置"操控板的"约束"类型下拉列表框中选择 ■ 缺省 ,将参照模型按默认放置,再在操控板中单击"完成"按钮 ✓。

Step6. 在"创建参照模型"对话框中选中 ⊙ 按参照合并 ,然后在 参照模型 区域的 名称 文本框

中接受默认的名称 COVER_MOLD_REF，再单击 确定 按钮。

Step7. 选择 Done/Return 完成/返回 命令，完成参照模型的放置。

### Stage2. 创建坯料

Step1. 在 ▼ MOLD MODEL (模具模型) 菜单中选择 Create (创建) ➡ Workpiece (工件) ➡ Manual (手动) 命令，系统弹出"元件创建"对话框。

Step2. 在"元件创建"对话框中，选中 类型 区域中的 ⊙零件 单选按钮和 子类型 区域中的 ⊙实体 单选按钮，在 名称 文本框中输入坯料的名称 cover_mold_wp，然后再单击 确定 按钮。

Step3. 在系统弹出的"创建选项"对话框中，选中 ⊙创建特征 单选按钮，然后再单击 确定 按钮。

Step4. 创建坯料特征。

（1）在菜单管理器中选择 Solid (实体) ➡ Protrusion (伸出项) 命令，在弹出的菜单中选择 Extrude (拉伸) ➡ Solid (实体) ➡ Done (完成) 命令，此时系统弹出拉伸操控板。

（2）创建实体拉伸特征。

① 定义草绘截面放置属性：在绘图区中右击，选择快捷菜单中 定义内部草绘... 命令。系统弹出"草绘"对话框，然后选择 MOLD_RIGHT 基准平面作为草绘平面，草绘平面的参照平面为 MOLD_FRONT 基准平面，方位为 左，单击 草绘 按钮，系统进入截面草绘环境。

② 进入截面草绘环境后，选取 MOLD_FRONT 基准平面和 MAIN_PARTING_PLN 基准平面为草绘参照，然后绘制图 26.3 所示的截面草图，完成截面草图的绘制后，单击"完成"按钮 ✓。

③ 选取深度类型并输入深度值：在操控板中选取深度类型 日，再在深度文本框中输入深度值 240.0，并按回车键。

④ 完成特征的创建。在操控板中单击"预览"按钮 ☑∞，可浏览所创建特征。单击"完成"按钮 ✓，完成特征的创建。

Step5. 选择 Done/Return 完成/返回 ➡ Done/Return 完成/返回 命令，完成坯料的创建。

图 26.2　参照模型和坯料　　　图 26.3　截面草图

### Task3. 设置收缩率

将参照模型收缩率设置为 0.006。

## Task4. 创建模具体积块

### Stage1. 定义滑块体积块

下面的操作是创建零件 cover.prt 模具的滑块体积块（图 26.4），其操作过程如下：

Step1. 选择下拉菜单 插入(I) ➡ 模具几何 ▶ ➡ 模具体积块(V)... 命令。

Step2. 选择下拉菜单 编辑(E) ➡ 属性(R) 命令，在"属性"对话框中输入体积块名称 SLIDE；单击对话框中的 确定 按钮。

Step3. 通过拉伸的方法创建图 26.5 所示的拉伸曲面。

（1）选择下拉菜单 插入(I) ➡ 拉伸(E)... 命令，此时系统弹出"拉伸"操控板。

图 26.4 创建滑块体积块

图 26.5 创建拉伸特征

（2）按下 按钮，将模型的显示状态切换到虚线线框显示方式。

（3）定义草绘截面放置属性：右击，从弹出的菜单中选择 定义内部草绘... 命令；在系统的提示下，选取图 26.6 所示的模型表面为草绘平面，然后再选取 MOLD_FRONT 基准平面为参照平面，方向为 右 。此时进入草绘环境。

（4）进入草绘环境后，绘制图 26.7 所示的截面草图（使用选取边绘制截面草图）。完成截面草图的绘制后，单击工具栏中的"完成"按钮 ✔ 。

（5）设置深度选项。

① 在操控板中选取深度类型 ⊥ 。

② 调整模型视图，选择图 26.6 所示的平面为拉伸终止面。

（6）在操控板中单击"完成"按钮 ✔ ，完成特征的创建。

图 26.6 定义草绘平面

Step4. 选择下拉菜单 编辑(E) ➡ 修剪(T) ▶ ➡ 参照零件切除 命令。

Step5. 着色显示所创建的体积块。

（1）选择下拉菜单 视图(V) ➡ 可见性(V) ▸ ➡ 着色 命令。

（2）系统自动将创建的滑块体积块 SLIDE 着色，着色后的滑块体积块如图 26.8 所示。

（3）在 ▼ CntVolSel (继续体积块选取) 菜单中选择 Done/Return (完成/返回) 命令。

Step6. 在工具栏中单击"确定"按钮 ✔，完成滑块体积块的创建。

图 26.7　截面草图

图 26.8　着色后的滑块体积块

## Stage2. 定义第一个销体积块 PIN_01

创建图 26.9 所示模具的第一个销体积块。其操作过程如下：

Step1. 选择下拉菜单 插入(I) ➡ 模具几何 ▸ ➡ 模具体积块(V)... 命令。

Step2. 选择下拉菜单 编辑(E) ➡ 属性(R) 命令，在"属性"对话框中输入体积块名称 PIN_01；单击对话框中的 确定 按钮。

Step3. 通过拉伸的方法创建第一个销体积块。

（1）选择下拉菜单 插入(I) ➡ 拉伸(E)... 命令，此时系统弹出"拉伸"操控板。

（2）定义草绘截面放置属性：右击，从弹出的菜单中选择 定义内部草绘... 命令；选取 MOLD_RIGHT 基准平面为草绘平面，MOLD_FRONT 基准平面为草绘平面为参照平面，方向为 左 。

（3）进入草绘环境后，绘制图 26.10 所示的截面草图（使用"使用"命令绘制截面草图）。完成截面草图的绘制后，单击工具栏中的"完成"按钮 ✔。

图 26.9　创建第一个销体积块

图 26.10　截面草图

（4）设置深度选项。

① 在操控板中选取深度类型 ⊥（到选定的）。

② 调整模型方位，选择图 26.11 所示的任一个平面为拉伸终止面 1。

③ 在操控板中单击 选项 按钮，在"选项"界面选中选取"第 2 侧"深度类型为 ⊥。

④ 选择图 26.11 所示的另一个平面为拉伸终止面 2。

（5）在操控板中单击"完成"按钮 ✓，完成特征的创建。

Step4. 着色显示所创建的体积块。

（1）选择下拉菜单 视图(V) ➡ 可见性(V) ▸ ➡ 着色 命令。

（2）系统自动将刚创建的销体积块 PIN_01 着色，着色后的销体积块如图 26.12 所示。

（3）在 ▼ CntVolSel (继续体积块选取) 菜单中选择 Done/Return (完成/返回) 命令。

Step5. 在工具栏中单击"确定"按钮 ✓，完成销体积块的创建。

图 26.11　选取拉伸终止面

图 26.12　着色后的滑块体积块

## Stage3. 参照 Stage2 定义第二个销体积块 PIN_02

第二个销体积块 PIN_02 与第一个销体积块关于 MOLD_FRONT 基准平面对称。

## Task5. 创建模具分型面

创建模具的分型曲面，其操作过程如下：

### Stage1. 创建复制曲面

Step1. 选择下拉菜单 插入(I) ➡ 模具几何 ▸ ➡ 分型面(S)... 命令。

Step2. 选择下拉菜单 编辑(E) ➡ 属性(R) 命令，在"属性"对话框中输入分型面名称 PS，单击对话框中的 确定 按钮。

Step3. 为了方便选取图元，将坯料和体积块遮蔽。

（1）在模型树界面中，选择 ⛏▾ ➡ 树过滤器(F)... 命令。

（2）在系统弹出的"模型树项目"对话框中，选中 ☑ 特征 复选框，然后单击该对话框中的 确定 按钮。

（3）将坯料、体积 SLIDE、PIN_01 和 PIN_02 遮蔽。

Step4. 通过曲面复制的方法，复制参照模型上的外表面。

（1）采用"种子面与边界面"的方法选取所需要的曲面。用户分别选取种子面和边界面后，系统则会自动选取从种子曲面开始向四周延伸直到边界曲面的所有曲面（其中包括种子曲面，但不包括边界曲面）。在屏幕右下方的"智能选取栏"中选择"几何"选项。

（2）下面先选取"种子面"，操作方法如下：

① 按下 ⬚ 按钮，将模型的显示状态切换到虚线线框显示方式。

② 将模型调整到合适视图方位，将鼠标指针移至模型中的目标位置。

③ 选择图 26.13 中的模型的表面，该表面就是所要选择的"种子面"。

（3）选取"边界面"，操作方法如下：

① 按住 Shift 键，选取图 26.13 中的模型的一圈端部表面（B）为边界面。

② 按住 Shift 键，选取图 26.13 中的模型的内表面（C）为边界面。

③ 按住 Shift 键，选取图 26.13 中的模型表面（D）为边界面。

**注意**：在选取"边界面"的过程中，要保证 Shift 键始终被按下，直至边界面均被选取完毕，否则不能达到预期的效果。

（4）按住 Ctrl 键，再次选取图 26.13 中的模型表面（E）为边界面。

**注意**：表面（E）与边界面（D）其实是模型的同一个表面。

（5）选择下拉菜单 编辑(E) ➡ 📋 复制(C) 命令。

（6）选择下拉菜单 编辑(E) ➡ 📋 粘贴(P) 命令，系统弹出"曲面复制"操控板。

（7）填补复制曲面上的破孔。在操控板中单击 选项 按钮，在"选项"界面选中 ⊙ 排除曲面并填充孔 单选项，在系统的提示下，再次选择图 26.13 中种子面的曲面。

（8）单击操控板中的"完成"按钮 ✓ 。

种子面（A）

按住 Shift 键，选取此边界面（C）

按住 Ctrl 键，再次选择此表面（E）

按住 Shift 键，选取此边界面（D）

按住 Shift 键，选取边界面（B）

图 26.13　定义种子面和边界面

### Stage2．创建拉伸曲面

Step1．将坯料的遮蔽取消。

Step2．通过拉伸的方法创建图 26.14 所示的曲面。

（1）选择下拉菜单 插入(I) ➡ 📄 拉伸(E).... 命令，此时系统弹出"拉伸"操控板。

（2）定义草绘截面放置属性：右击，选择菜单中 定义内部草绘... 命令；选择图 26.15 所示的坯料表面 1 为草绘平面，然后选取 MOLD_FRONT 基准平面为参照平面，方向为 左 。

（3）进入草绘环境后，绘制图 26.16 所示的截面草图。完成特征截面的绘制，单击工具栏中的"完成"按钮 ✓ 。

（4）设置深度选项。

① 在操控板中选取深度类型 ⊥ （到选定的）。

② 将模型调整到合适视图方位，选择图 26.15 所示的平面为拉伸终止面。

（5）在操控板中单击"完成"按钮 ✓ ，完成特征的创建。

图 26.14　创建拉伸曲面　　　　　　图 26.15　定义草绘平面

图 26.16　截面草图

### Stage3. 曲面合并

Step1. 将 Stage1 创建的复制曲面与 Stage2 创建的拉伸曲面进行合并。

（1）按住 Ctrl 键，选取 Stage1 创建的复制曲面和 Stage2 创建的拉伸曲面。

（2）选择下拉菜单 编辑(E) ➞ 合并(G) 命令，此时系统弹出"合并"操控板。

（3）在模型中选取要合并的面组的侧，结果如图 26.17 所示。

（4）在操控板中单击 选项 按钮，在"选项"界面中选中 相交 单选按钮。

（5）单击 ∞ 按钮，预览合并后的面组；确认无误后，单击"完成"按钮 ✓。

Step2. 着色显示所创建的分型面。

（1）选择下拉菜单 视图(V) ➞ 可见性(V) ▸ ➞ 着色 命令。

（2）系统自动将刚创建的分型面 PS 着色，着色后的分型曲面如图 26.18 所示。

（3）在 ▼ CntVolSel (继续体积块选取) 菜单中选择 Done/Return (完成/返回) 命令。

Step3. 在工具栏中单击"确定"按钮 ✓，完成分型面的创建。

图 26.17　合并曲面　　　　　　　　图 26.18　着色后的分型曲面

## Task6. 构建模具元件的体积块

### Stage1. 创建滑块元件的体积腔

用前面创建的 SLIDE 来分离出滑块元件的体积块，该体积块将来会抽取为模具的滑块元件。

Step1. 显示上面创建的所有的体积块。

Step2. 选择下拉菜单 编辑(E) ➞ 分割... 命令。

Step3. 在系统弹出的 ▼ SPLIT VOLUME (分割体积块) 菜单中，依次选择 Two Volumes (两个体积块)

➡ `All Wrkpcs (所有工件)` ➡ `Done (完成)` 命令，系统弹出"分割"对话框。

Step4. 选取 `面组:F7(SLIDE)` (用"列表选取"的方法选取体积块)，然后单击"选取"对话框中的 `确定(0)` 按钮。

Step5. 在"分割"信息对话框中单击 `确定` 按钮，系统弹出"属性"对话框。

Step6. 在"属性"对话框输入名称 SLIDE_BODY，单击 `着色` 按钮，着色后的模型如图 26.19 所示。单击 `确定` 按钮。

Step7. 系统弹出"属性"对话框，单击 `着色` 按钮，着色后的模型如图 26.20 所示。然后在对话框中输入名称 SLIDE_MOLD，单击 `确定` 按钮。

图 26.19　着色后的体积块（一）

图 26.20　着色后的体积块（二）

### Stage2. 创建第一个销体积腔

Step1. 选择下拉菜单 `编辑(E)` ➡ `分割...` 命令。

Step2. 在系统弹出的 `▼ SPLIT VOLUME (分割体积块)` 菜单中，选择 `Two Volumes (两个体积块)` ➡ `Mold Volume (模具体积块)` ➡ `Done (完成)` 命令。

Step3. 在系统弹出的"搜索工具"对话框中，单击列表中的 `面组:F15(SLIDE_BODY)` 体积块，然后单击 `＞＞` 按钮，将其加入到已选取 0 个项目列表中，再单击 `关闭` 按钮。

Step4. 选取分型面。

（1）选取分型面 `面组:F9(PIN_01)` (用"列表选取"的方法选取)，然后单击 `确定(0)` 按钮。

（2）在"选取"对话框中单击 `确定` 按钮。

Step5. 在"分割"对话框中单击 `确定` 按钮，系统弹出"属性"对话框。

Step6. 在"属性"对话框中单击 `着色` 按钮，着色后的模型如图 26.21 所示。然后在对话框中输入名称 PIN_01_BODY，单击 `确定` 按钮。

Step7. 系统再次弹出"属性"对话框，单击 `着色` 按钮，着色后的模型如图 26.22 所示。然后在对话框中输入名称 PIN_01_MOLD，单击 `确定` 按钮。

图 26.21　着色后的体积块（三）

图 26.22　着色后的体积块（四）

### Stage3. 创建第二个销体积腔

Step1. 选择下拉菜单 编辑(E) ➡ 分割... 命令。

Step2. 在系统弹出的 ▼ SPLIT VOLUME (分割体积块) 菜单中，选择 Two Volumes (两个体积块) ➡ Mold Volume (模具体积块) ➡ Done (完成) 命令。

Step3. 在系统弹出的"搜索工具"对话框中，单击列表中的 面组:F17(PIN_01_BODY) 体积块，然后单击 >> 按钮，将其加入到 已选取 0 个项目列表中，再单击 关闭 按钮。

Step4. 选取分型面。

（1）选取分型面 面组:F10(PIN_02) （用"列表选取"的方法选取），然后单击 确定(0) 按钮。

（2）在"选取"对话框中单击 确定 按钮。

Step5. 在"分割"对话框中单击 确定 按钮，系统弹出"属性"对话框。

Step6. 在"属性"对话框中单击 着色 按钮，着色后的模型如图 26.23 所示。然后在对话框中输入名称 PIN_02_BODY，单击 确定 按钮。

Step7. 系统再次弹出"属性"对话框，单击 着色 按钮，着色后的模型如图 26.24 所示。然后在对话框中输入名称 PIN_02_MOLD，单击 确定 按钮。

图 26.23　着色后的体积块（五）

图 26.24　着色后的体积块（六）

### Stage4. 用分型面创建上、下两个体积腔

用前面创建的主分型面 PS 将前面生成的体积块 PIN_02_BODY 分成上、下两个体积腔（块），这两个体积块将来会被抽取为模具的上、下模具型腔。

Step1. 选择下拉菜单 编辑(E) ➡ 分割... 命令。

Step2. 在系统弹出的 ▼ SPLIT VOLUME (分割体积块) 菜单中，选择 Two Volumes (两个体积块) ➡ Mold Volume (模具体积块) ➡ Done (完成) 命令。

Step3. 在系统弹出的"搜索工具"对话框中，单击列表中的 面组:F19(PIN_02_BODY) 体积块，然后单击 >> 按钮，将其加入到 已选取 0 个项目列表中，再单击 关闭 按钮。

Step4. 选取分型面。

（1）选取分型面 面组:F9(PIN_01) （用"列表选取"的方法选取），然后单击 确定(0) 按钮。

（2）在"选取"对话框中单击 确定 按钮。

Step5. 单击"分割"信息对话框中的 确定 按钮。

Step6. 系统弹出"属性"对话框,在该对话框中单击 着色 按钮,着色后的模型如图 26.25 所示。然后在对话框中输入名称 UPPER_MOLD,单击 确定 按钮。

Step7. 系统弹出"属性"对话框,在该对话框中单击 着色 按钮,着色后的模型如图 26.26 所示。然后在对话框中输入名称 LOWER_MOLD,单击 确定 按钮。

图 26.25　着色后的上半部分体积块

图 26.26　着色后的下半部分体积块

## Task7. 抽取模具元件

Step1. 选择命令。在 菜单管理器 的 ▼ MOLD (模具) 菜单中选择 Mold Comp (模具元件) 命令,在弹出的 ▼ MOLD COMP (模具元件) 菜单中选择 Extract (抽取) 命令。

Step2. 在系统弹出的"创建模具元件"对话框中,在该对话框中选取体积块 LOWER_MOLD、UPPER_MOLD、PIN_01_MOLD、PIN_02_MOLD、SLIDE_MOLD,然后单击 确定 按钮。

Step3. 在系统提示文本框中中单击 ✓ 按钮,接受系统默认名称;在 ▼ MOLD COMP (模具元件) 菜单栏中单击 Done/Return (完成/返回) 命令。

## Task8. 生成浇注件

浇注件的名称命名为 molding,保存设计结果,并关闭此窗口。

## Task9. 完善模具型腔

### Stage1. 完善滑块

Step1. 选择下拉菜单 文件(F) ➡ 打开(O)... 命令,打开文件 cover_mold.asm。

Step2. 在模型树界面中,将坯料和参照模型遮蔽。

Step3. 设置模型树。在模型树界面中,选择 ➡ 树过滤器(F)... 命令。在系统弹出的"模型树项目"对话框中,选中 ☑ 特征 复选框,然后单击该对话框中的 确定 按钮。

Step4. 在模型树中右击 SLIDE_MOLD.PRT,从弹出的快捷菜单中选择 激活 命令。

Step5. 创建图 26.27 所示的实体拉伸特征 1。

（1）选择下拉菜单 插入(I) ➡ 拉伸(E)... 命令,此时系统弹出"拉伸"操控板。

（2）选取拉伸类型:在出现的操控板中,确认"实体"类型按钮 □ 被按下。

（3）定义草绘截面放置属性:右击,从弹出的菜单中选择 定义内部草绘... 命令;选择图 26.27 所示的平面为草绘平面,接受系统默认的箭头方向为草绘视图方向,然后选取 MAIN_PARTING_PLN 基准平面为参照平面,方向为 顶。

（4）进入截面草绘环境后，选取 MOLD_FRONT 基准平面和 MAIN_PARTING_PLN 基准平面为草绘参照，利用"使用"命令绘制图 26.28 所示的截面草图。完成特征截面的绘制后，单击工具栏中的"完成"按钮 ✔。

（5）选取深度类型并输入深度值：在操控板中选取深度类型 ⊥，再在深度文本框中输入深度值 20.0，并按回车键；接受系统默认的拉伸方向。

（6）完成特征：在操控板中单击"预览"按钮 ☑∞，可预览所创建的特征。单击"完成"按钮 ✔，完成特征的创建。

图 26.27　拉伸特征　　　　　　　　　　图 26.28　截面草图

Step6. 创建图 26.29 所示的实体拉伸特征。

（1）选择下拉菜单 插入(I) ➡ 拉伸(E)... 命令，此时系统弹出"拉伸"操控板。

（2）选取拉伸类型：在出现的操控板中，确认"实体"类型按钮 ☐ 被按下。

（3）定义草绘截面放置属性：右击，从弹出的菜单中选择 定义内部草绘... 命令，选择图 26.30 所示的平面为草绘平面，接受系统默认的箭头方向为草绘视图方向，然后选取 MAIN_PARTING_PLN 基准平面为参照平面，方向为 顶。

（4）进入截面草绘环境后，选取 MOLD_FRONT 基准平面和 MAIN_PARTING_PLN 基准平面为草绘参照，利用"使用"命令绘制图 26.31 所示的截面草图；完成截面草图的绘制后，单击工具栏中的"完成"按钮 ✔。

图 26.29　拉伸特征　　　　　　　　　　图 26.30　定义草绘平面

（5）选取深度类型并输入深度值：在操控板中选取深度类型 ⊥，再在深度文本框中输入深度值 20.0，并按回车键；接受系统默认的拉伸方向。

（6）在操控板中单击"完成"按钮 ✔，完成特征的创建。

**Stage2. 完善第一个销体积块**

Step1. 在模型树中分别右击 PIN_01 和 PIN_02 两项，从弹出的快捷菜单中选择 遮蔽 命令。

Step2. 在模型树中右击 PIN_01_MOLD.PRT，从弹出的快捷菜单中选择 激活命令。

Step3. 选取图 26.32 所示的表面为延伸参照平面。

Step4. 选择下拉菜单 编辑(E) ➡ 偏移(O)命令，此时系统弹出"偏移"操控板。

Step5. 设置偏移属性。

（1）在操控板界面中选取偏移类型 ▥（即为"展开特征"）。

（2）在深度文本框中输入深度值 70.0，并按回车键。

（3）在操控板中单击"完成"按钮 ✓，完成特征的创建。

图 26.31　截面草图　　　　　　　　图 26.32　选取延伸表面

### Stage3. 参照 Stage2，完善第二个销体积块

### Stage4. 创建滑块

Step1. 选择下拉菜单 窗口(W) ➡ 激活(A)命令，将组件激活。

Step2. 选择下拉菜单 插入(I) ➡ 元件(C) ▶ ➡ 创建(C)...命令，此时系统弹出"元件创建"对话框。

Step3. 在弹出的"元件创建"对话框中，选中 类型区域中的 ⊙ 零件，选中 子类型区域中的 ⊙ 实体；在 名称 文本框中输入元件的名称 FLIP；单击 确定按钮。

Step4. 在弹出的"创建选项"对话框中选中 ⊙ 创建特征单选按钮，然后单击 确定按钮。

Step5. 创建图 26.33 所示的实体拉伸特征。

（1）选择下拉菜单 插入(I) ➡ 拉伸(E)...命令，此时系统弹出"拉伸"操控板。

（2）在出现的操控板中，确认 ▢按钮被按下。

（3）定义草绘截面放置属性：右击，从弹出的菜单中选择 定义内部草绘...命令；选择图 26.34 所示的平面为草绘平面，然后选取 MAIN_PARTING_PLN 基准平面为参照平面，方向为 顶。

图 26.33　拉伸特征　　　　　　　　图 26.34　定义草绘平面

（4）进入截面草绘环境后，选取 MOLD_FRONT 基准平面和 MAIN_PARTING_PLN 基准平面为草绘参照，然后绘制图 26.35 所示的截面草图，完成特征截面的绘制后，单击工具栏中的"完成"按钮✓。

图 26.35　草绘截面

（5）选取深度类型：在操控板中选取深度类型⊥，在深度文本框中输入深度值 120.0，并按回车键。

（6）在操控板中单击"完成"按钮✓，完成特征的创建。

Step6. 创建实体切削特征 1。

（1）选择下拉菜单 插入(I) ➡ 拉伸(E)... 命令，此时系统弹出"切削"操控板。

（2）在出现的操控板中，确认"实体"类型按钮□被按下；在操控板界面中按下◢按钮。

（3）定义草绘截面放置属性：右击，从弹出的菜单中选择 定义内部草绘... 命令；选择图 26.36 所示的平面为草绘平面，接受默认的箭头方向为草绘视图方向，然后选取图 26.36 所示的表面为参照平面，方向为 右 。

图 26.36　定义草绘平面

（4）进入截面草绘环境后，选取 MOLD_FRONT 基准平面和 MOLD_RIGHT 基准平面为草绘参照，利用"使用"命令绘制图 26.37 所示的截面草图；完成特征截面的绘制后，单击工具栏中的"完成"按钮✓。

（5）设置深度选项。

① 在操控板中选取深度类型⊥（到选定的）。

② 将模型调整到图 26.38 所示的视图方位，选取图中所示的表面为拉伸终止面。

图 26.37　截面草图

图 26.38　拉伸终止面

（6）在操控板中单击"完成"按钮✅，完成特征的创建。

Step7. 创建实体切削特征 2，如图 26.39 所示。

（1）选择下拉菜单 插入(I) ➡ 📄 拉伸(E)... 命令，此时系统弹出"拉伸"操控板。

（2）在出现的操控板中，确认"实体"类型按钮□被按下；在操控板界面中按下◢ 按钮。

（3）定义草绘截面放置属性：右击，从弹出的菜单中选择 定义内部草绘... 命令；选择图 26.40 所示的平面为草绘平面，然后选取图 26.40 所示的表面为参照平面，方向为 右。

图 26.39　切削特征

选取此表面为草绘平面

选取此表面为参照平面

图 26.40　定义草绘平面

（4）进入截面草绘环境后，选取 MOLD_FRONT 基准平面和 MOLD_RIGHT 基准平面为草绘参照，利用"使用"命令绘制图 26.41 所示的截面草图。完成特征截面的绘制后，单击工具栏中的"完成"按钮✅。

放大图

图 26.41　截面草图

（5）选取深度类型并输入深度值：在操控板中选取深度类型 ⊥，再在深度文本框中输入深度值 15.0，并按回车键。

（6）在操控板中单击"完成"按钮✅，完成特征的创建。

Step8. 创建实体切削特征 3，如图 26.42 所示。

（1）选择下拉菜单 插入(I) ➡ 📄 拉伸(E)... 命令，此时系统弹出"拉伸"操控板。

（2）在操控板界面中按下◢ 按钮。

（3）定义草绘截面放置属性：右击，从弹出的菜单中选择 定义内部草绘... 命令；选择图 26.43 所示的平面为草绘平面，然后选取图 26.43 所示的表面为参照平面，方向为 右。

放大图

图 26.42　切削特征

草绘平面

参照平面

图 26.43　定义草绘平面

（4）进入截面草绘环境后，选取 MOLD_FRONT 基准平面和 MOLD_RIGHT 基准平面为草绘参照，利用"使用"命令绘制图 26.44 所示的截面草图；完成特征截面的绘制后，单击工具栏中的"完成"按钮✅。

（5）设置深度选项。

① 在操控板中选取深度类型 ⊥ （到选定的）。

② 将模型调整到图 26.45 所示的视图方位，选取图中所示的滑块表面为拉伸终止面。

图 26.44　截面草图　　　　　　　图 26.45　选取拉伸终止面

（6）在操控板中单击"完成"按钮✅，完成特征的创建。

**Step9.** 创建实体切削特征 4。

（1）选择下拉菜单 插入(I) ➤ 拉伸(E)... 命令，此时系统弹出"切削"操控板。

（2）在操控板界面中按下 △ 按钮。

（3）定义草绘截面放置属性：右击，从弹出的菜单中选择 定义内部草绘... 命令；在系统弹出的"草绘"对话框中单击 使用先前的 按钮。

（4）进入截面草绘环境后，选取 MOLD_FRONT 基准平面和 MOLD_RIGHT 基准平面为草绘参照，利用"使用"命令绘制图 26.46 所示的截面草图。完成特征截面的绘制后，单击工具栏中的"完成"按钮✅。

图 26.46　截面草图

（5）选取深度类型并输入深度值：在操控板中，选取深度类型 ᗷᖴ （即"穿透所有"）。

（6）在操控板中单击"完成"按钮✅，完成特征的创建。

**Step10.** 创建实体切削特征 5。

（1）选择下拉菜单 插入(I) ➤ 拉伸(E)... 命令，此时系统弹出 "切削"操控板。

（2）在操控板界面中按下 △ 按钮。

（3）定义草绘截面放置属性：右击，从弹出的菜单中选择 定义内部草绘... 命令；选择图

26.47 所示的平面为草绘平面，然后选取图 26.47 所示的表面为参照平面，方向为 顶 。

　选取此表面为参照平面

　选取此表面为草绘平面

图 26.47　定义草绘平面

（4）进入截面草绘环境后，选择下拉菜单 草绘(S) ➡ 参照(R)... 命令。选取图 26.48 所示的三条边线为草绘参照，然后绘制图 26.48 所示的截面草图；完成特征截面的绘制后，单击工具栏中的"完成"按钮 ✔ 。

放大图　　　15.0　　　参考边线

图 26.48　截面草图

（5）选取深度类型并输入深度值：在操控板中选取深度类型 � ⊨ （即"穿透所有"）。

（6）在操控板中单击"完成"按钮 ✔ ，完成特征的创建。

### Stage5. 创建斜导柱

Step1. 选择下拉菜单 窗口(W) ➡ 激活(A) 命令，将组件激活。

Step2. 选择下拉菜单 插入(I) ➡ 元件(C) ▶ ➡ 创建(C)... 命令，此时系统弹出"元件创建"对话框。

Step3. 在弹出的"元件创建"对话框中，选中 类型 区域中的 ⊙ 零件 ，选中 子类型 区域中的 ⊙ 实体 ；在 名称 文本框中输入元件的名称 GUIDE_PILLAR；单击 确定 按钮。

Step4. 在弹出的"创建选项"对话框中选中 ⊙ 创建特征 单选按钮，然后单击 确定 按钮。

Step5. 创建旋转特征。

（1）选择下拉菜单 插入(I) ➡ 旋转(R)... 命令，此时系统弹出"旋转"操控板。

（2）在出现的操控板中，确认"实体"类型按钮 □ 被按下。

（3）创建基准点 PNT0，该基准点在下步将被作为创建基准平面的参照点。

① 单击工具栏上的"点"按钮 ×× 。

② 系统弹出"基准点"对话框，选取图 26.49 所示的边线为参照边，然后输入偏移值 0.5。

③ 单击"基准点"对话框中的 确定 按钮。

（4）创建基准平面 DTM1，该基准平面将在下面作为旋转特征的草绘平面。

① 单击工具栏上的"平面"按钮 ▱ 。

② 系统弹出"基准平面"对话框，选取上一步创建的基准点 PNT0，按住 Ctrl 键，选取 MOLD_FRONT 基准平面。

③ 单击"基准平面"对话框中的 确定 按钮。

（5）定义草绘属性。右击，从快捷菜单中选择 定义内部草绘... 命令。选择上一步创建的 DTM1 基准平面为草绘平面；选择 MAIN_PARTING_PLN 基准平面为草绘参照，方位为 顶 ，单击 草绘 按钮，系统进入截面草绘环境。

（6）进入截面草绘环境后，选取图 26.50 所示的边线为草绘参照，然后绘制图 26.50 所示的截面草图。完成特征截面的绘制后，单击工具栏中的"完成"按钮 ✔ 。

图 26.49　选取参照　　　　　　　　　图 26.50　截面草图

（7）定义深度类型。在操控板中选取旋转角度类型 ⬡ ，旋转角度为 360°。

（8）单击操控板中的 ✔ 按钮，完成特征的创建。

**Step6.** 创建实体切削特征。

（1）选择下拉菜单 插入(I) ➡ 🗖 拉伸(E)... 命令，此时系统弹出"拉伸"操控板。

（2）在操控板界面中按下 ▱ 按钮。

（3）定义草绘属性。右击，从快捷菜单中选择 定义内部草绘... 命令。选择 MOLD_FRONT 基准平面为草绘平面，草绘平面的参照平面为图 26.51 所示的滑块表面，方位为 顶 ，单击 草绘 按钮，系统进入截面草绘环境。

（4）进入截面草绘环境后，利用"使用"命令绘制图 26.52 所示的截面草图，完成特征截面的绘制后，单击工具栏中的"完成"按钮 ✔ 。

图 26.51　定义参照平面　　　　　　　图 26.52　截面草图

（5）选取深度类型。

① 在操控板中，选取深度类型 ⧉⧉（即"穿透所有"）。

② 在操控板中单击 选项 按钮，在"选项"界面中选"侧 2"深度类型 ⧉⧉。

（6）在操控板中单击"完成"按钮 ✓，完成特征的创建。

Step7. 使用"切除"命令，在滑块上创建导柱孔。

（1）选择下拉菜单 窗口(W) ➡ ☑ 激活(A) 命令，将组件激活。

（2）选择下拉菜单 编辑(E) ➡ 元件操作(O) 命令，系统弹出"元件"菜单。

（3）在系统弹出的"元件"菜单中选择 Cut Out (切除) 命令，此时系统弹出"选取"对话框。

（4）在系统 ⇨选取要对其执行切出处理的零件。的提示下，选取 FLIP.PRT 为要执行处理的零件，然后单击"选取"对话框中的 确定 按钮，此时系统再次弹出"选取"对话框。

（5）在系统 ⇨为切出处理选取参照零件。的提示下，选取 GUIDE_PILLAR 为参照零件，然后单击"选取"对话框中的 确定 按钮，此时系统弹出"选项"菜单。

（6）在系统弹出的"元件"菜单中选择 Reference (参考) ➡ Done(完成) 命令。

（7）选择 Done/Return (完成/返回) 命令。

（8）将滑块（flip）激活；选取图 26.53 所示的内孔表面（遮蔽"GUIDE_PILIAR.PRT"会很容易选取内孔），选择下拉菜单 编辑(E) ➡ 偏移(O)... 命令，此时系统弹出"偏移"操控板。

（9）设置偏移属性。

① 在操控板界面中选取偏移类型 ⧉（即为"展开特征"），展开方向沿斜导柱轴线向外。

② 在深度文本框中输入深度值 0.5，并按回车键。

③ 在操控板中单击"完成"按钮 ✓，完成特征的创建。

Step8. 创建导柱孔的圆角特征。

（1）选择下拉菜单 插入(I) ➡ 倒圆角(O)... 命令，此时系统弹出图 26.54 所示的"倒圆角"操控板。

（2）选取图 26.54 所示的边线为圆角参照边。

图 26.53　选取内表面　　　　　　图 26.54　圆角参照

（3）设置圆角属性。在文本框中输入半径值 2.0，并按回车键。

（4）在操控板中单击"完成"按钮 ✓，完成特征的创建。

### Stage6. 创建楔紧块

**Step1.** 选择下拉菜单 窗口(W) ➡ ☑ 激活(A) 命令，将组件激活。

**Step2.** 选择下拉菜单 插入(I) ➡ 元件(C) ▶ ➡ 创建(C)... 命令，此时系统弹出"元件创建"对话框。

**Step3.** 在弹出的"元件创建"对话框中，选中 类型 区域中的 ◉ 零件 ，选中 子类型 区域中的 ◉ 实体 ；在 名称 文本框中输入元件的名称 WEDGE_BLOCK；单击 确定 按钮。

**Step4.** 在弹出的"创建选项"对话框中，选中 ◉ 创建特征 单选按钮，然后单击 确定 按钮。

**Step5.** 创建实体拉伸特征，如图 26.55 所示。

（1）选择下拉菜单 插入(I) ➡ 拉伸(E)... 命令，此时系统弹出"拉伸"操控板。

（2）选取拉伸类型：在出现的操控板中确认 □ 按钮被按下。

（3）定义草绘截面放置属性：右击，从弹出的菜单中选择 定义内部草绘... 命令；选择图 26.56 所示的平面为草绘平面，然后选取图 26.56 所示的表面为参照平面，方向为 顶 。

图 26.55　拉伸特征

图 26.56　定义草绘平面

（4）进入截面草绘环境后，选取图 26.57 所示的边线为草绘参照，然后绘制图 26.57 所示的截面草图；完成特征截面的绘制后，单击工具栏中的"完成"按钮 ✓ 。

图 26.57　截面草图

（5）设置深度选项。

① 在操控板中选取深度类型 ⊥ （到选定的）。

② 将模型调整到图 26.58 所示的视图方位，选取图中所示的滑块表面为拉伸终止面。

（6）在操控板中单击"完成"按钮 ✓ ，完成特征的创建。

**Step6.** 创建圆角特征。

（1）选择下拉菜单 插入(I) ➡ 倒圆角(D)... 命令，此时系统弹出"倒圆角"操控板。

（2）按住 Ctrl 键，选取图 26.59 所示的四条边线为圆角的参照边。

（3）设置圆角属性。在文本框中输入半径值 8.0，并按回车键。

（4）在操控板中单击"完成"按钮 ✓，完成特征的创建。

### Stage7. 创建压板

**Step1.** 选择下拉菜单 窗口(W) ➡ 激活(A) 命令，将组件激活。

**Step2.** 选择下拉菜单 插入(I) ➡ 元件(C) ▶ ➡ 创建(C)... 命令，此时系统弹出"元件创建"对话框。

**Step3.** 在弹出的"元件创建"对话框中，选中 类型 区域中的 ⊙ 零件，选中 子类型 区域中的 ⊙ 实体；在 名称 文本框中输入元件的名称 PRESS_BLOCK；单击 确定 按钮。

**Step4.** 在弹出的"创建选项"对话框中选中 ⊙ 创建特征 单选按钮，然后单击 确定 按钮。

图 26.58　拉伸终止面　　　　　　　图 26.59　倒圆角参照边

**Step5.** 创建实体拉伸特征。

（1）选择下拉菜单 插入(I) ➡ 拉伸(E)... 命令，此时系统弹出"拉伸"操控板。

（2）选取拉伸类型：在出现的操控板中确认 □ 按钮被按下。

（3）定义草绘截面放置属性：右击，从弹出的菜单中选择 定义内部草绘... 命令；选择图 26.60 所示的平面为草绘平面，然后选取图 26.60 所示的表面为参照平面，方向为 顶。

（4）进入截面草绘环境后，选取图 26.61 所示的四条边线为草绘参照，然后绘制图 26.61 所示的截面草图；完成特征截面的绘制后，单击工具栏中的"完成"按钮 ✓。

图 26.60　定义草绘平面　　　　　　图 26.61　截面草图

（5）设置深度选项。

① 在操控板中选取深度类型 ⊥（到选定的）。

② 将模型调整视图方位，选取图 26.62 所示的滑块表面为拉伸终止面。

拉伸终止面

图 26.62　选取拉伸终止面

（6）在操控板中单击"完成"按钮 ✓，完成特征的创建。

Step6. 选择下拉菜单 窗口(W) ➡ ☑激活(A) 命令，将组件激活。

Step7. 选择下拉菜单 文件(F) ➡ 🖫保存(S) 命令。

Step8. 选择下拉菜单 文件(F) ➡ ☒关闭窗口(C) 命令。

## Task10. 定义开模动作

### Stage1. 将参照零件、坯料和分型面在模型中遮蔽起来

Step1. 选择下拉菜单 文件(F) ➡ 📂打开(O)... 命令，打开文件 cover_mold.mfg。

Step2. 为了使屏幕简洁，将参照零件、坯料、体积块及分型面遮蔽起来。

### Stage2. 开模步骤 1：移动滑块、上模、斜导柱、楔紧块和压板

Step1. 在 ▼ MOLD (模具) 菜单中选择 Mold Opening (模具开模) ➡ Define Step (定义间距)
➡ Define Move (定义移动) 命令，此时系统弹出"选取"对话框。

注：在移动以前，可以选择 Draft Check （拔模检测）命令，进行拔模角度的检测。

Step2. 选取第一组要移动的模具元件。

（1）按住 Ctrl 键，在模型树中选取 Step1 中要移动的第一组元件模型 SLIDE_MOLD. PRT、FLIP.PRT 和 PRESS_BLOCK.PRT 三个元件。

（2）在"选取"对话框中单击 确定 按钮。

Step3. 在系统的提示下，选取图 26.63 所示的边线为移动方向，然后在系统 输入沿指定方向的位移 的提示下，输入要移动的距离值 30，并按回车键。

Step4. 再次单击 Define Move (定义移动) 命令，此时系统弹出"选取"对话框。

Step5. 选取第二组要移动的模具元件。

（1）按住 Ctrl 键，在模型树中选取移动的第二组元件模型 UPPER_MOLD.PRT、GUIDE_PILLAR.PRT 和 WEDGE_BLOCK.PRT 三个元件。

（2）在"选取"对话框中单击 确定 按钮。

Step6. 在系统的提示下，选取图 26.64 所示的边线为移动方向，然后在系统的提示下，输

入要移动的距离值 250，并按回车键。

图 26.63　步骤 1 中要移动的第一组元件

图 26.64　步骤 1 中要移动的第二组元件

Step7. 在 ▼ DEFINE STEP （定义间距）菜单中选择 Done （完成）命令，移出后的模型图 26.65 所示。

**Stage3．开模步骤 2：移动浇注件和销**

Step1. 移动浇注件。

（1）在 ▼ MOLD OPEN （模具开模）菜单中选择 Define Step （定义间距） ➡ Define Move （定义移动）命令。

（2）选取要移动的模具元件 MOLDING.PRT （浇注件），在"选取"对话框中单击 确定 按钮。

（3）在系统的提示下，选取图 26.66 所示的边线为移动方向，然后输入要移动的距离值 80。

图 26.65　移动后的状态

图 26.66　选取移动方向

Step2. 后面的详细操作过程请参见随书光盘中 video\ch26\reference\文件下的语音视频讲解文件 cover-r01.avi。

# 实例 27  流道设计实例

在图 27.1 所示的浇注系统中，注道和浇口仍然采用实体切削的方法设计，而主流道和支流道则采用 Pro / Mold Design 提供的流道命令创建，操作过程按下面的说明进行。

图 27.1  浇注系统

## Task1. 打开模具模型

Step1. 设置工作目录：选择下拉菜单 文件(F) ➡ 设置工作目录(W)... 命令，将工作目录设置至 D:\proewf5.6\work\ch27。

Step2. 打开文件 faucet_knob_mold.mfg。

Step3. 设置模型树的过滤器。

（1）在模型树界面中，选择 🛱▾ ➡ ═▾ 树过滤器(F)... 命令。

（2）在"模型树项目"对话框中选中 ☑特征 复选框，并单击 确定 按钮。

## Task2. 创建三个基准平面

### Stage1. 创建第一个基准平面

Step1. 创建图 27.2 所示的基准点 APNT0。

（1）单击"点"按钮 ⁝ᵡᵡ。

（2）选取图 27.3 所示参照模型上表面的边线。

（3）在"基准点"对话框的下拉列表中选取 居中 选项。

（4）在"基准点"对话框中单击 确定 按钮，完成基准点 APNT0 的创建。

图 27.2  创建基准点 APNT0

图 27.3  创建基准点

Step2. 穿过基准点 APNT0，创建图 27.4 所示的基准平面 ADTM2。操作过程如下：

（1）单击工具栏中的"平面"按钮 $\boxed{\square}$ 。

（2）选取基准点 APNT0。

（3）再按住 Ctrl 键，选择图 27.4 所示的坯料表面。

（4）在该对话框中单击 $\boxed{\text{确定}}$ 按钮，完成基准面 ADTM2 的创建。

### Stage2. 创建第二个基准平面

Step1. 创建图 27.5 所示的基准点 APNT1。

（1）单击"点"按钮 $\boxed{\overset{\times}{\times}}$ 。

（2）选取图 27.5 所示坯料的边线。

（3）在"基准点"对话框中，先选择基准点的定位方式 $\boxed{\text{比率}}$ ，然后在左边的文本框中输入基准点的定位数值（比率系数）0.5。

（4）在"基准点"对话框中单击 $\boxed{\text{确定}}$ 按钮，完成基准点 APNT1 的创建。

Step2. 穿过基准点 APNT1，创建图 27.6 所示的基准平面 ADTM3。操作过程如下：

（1）单击工具栏中的"平面"按钮 $\boxed{\square}$ 。

（2）选取基准点 APNT1。

（3）按住 Ctrl 键，选择图 27.6 所示的坯料表面。

（4）在"基准平面"对话框中单击 $\boxed{\text{确定}}$ 按钮，完成基准平面 ADTM3 的创建。

图 27.4　基准平面 ADTM2　　　图 27.5　基准点 APNT1　　　图 27.6　基准平面 ADTM3

### Stage3. 创建第三个基准平面

Step1. 创建图 27.7 所示的基准点 APNT2。

（1）单击"点"按钮 $\boxed{\overset{\times}{\times}}$ 。

（2）选取图 27.7 所示的坯料边线。

（3）在"基准点"对话框中，先选择基准点的定位方式 $\boxed{\text{比率}}$ ，然后在左边的文本框中输入基准点的定位数值（比率系数）0.5。

（4）在"基准点"对话框中单击 $\boxed{\text{确定}}$ 按钮，完成基准点 APNT1 的创建。

Step2. 穿过基准点 APNT2，创建图 27.8 所示的基准平面 ADTM4。操作过程如下：

（1）单击工具栏中的"平面"按钮 $\boxed{\square}$ 。

（2）选取基准点 APNT2。

（3）按住 Ctrl 键，选择图 27.8 所示的坯料表面。

（4）在该对话框中单击 确定 按钮，完成基准平面 ADTM4 的创建。

图 27.7　创建基准点 APNT2　　　　图 27.8　创建基准平面 ADTM4

## Task3. 注道的设计（图 27.9）

Step1. 在 MOLD（模具）菜单中选择 Feature（特征） ➡ Cavity Assem（型腔组件）命令。

Step2. 在 FEAT OPER（特征操作）菜单中选择 Solid（实体） ➡ Cut（切减材料）命令，在弹出的 SOLID OPTS（实体选项）菜单中选择 Revolve（旋转） ➡ Solid（实体） ➡ Done（完成）命令，此时出现旋转特征操控板。

（1）定义草绘截面放置属性：右击，从快捷菜单中选择 定义内部草绘… 命令。草绘平面为 ADTM3 基准平面，草绘平面的参照平面为 ADTM4 基准平面，草绘平面的参照方位是 右，单击 草绘 按钮，至此系统进入截面草绘环境。

（2）进入截面草绘环境后，选取 MAIN_PARTING_PLN 基准平面、ADTM4 基准平面和坯料边线为草绘参照，绘制图 27.10 所示的截面草图。完成特征截面的绘制后，单击工具栏中的"完成"按钮 ✔。

（3）特征属性：旋转角度类型为 ⊥，旋转角度为 360°。

（4）单击操控板中的 ✔ 按钮，完成特征创建。

Step3. 选择 Done/Return（完成/返回）命令。

图 27.9　注道的设计　　　　　　　图 27.10　截面草图

## Task4. 主流道的设计（图 27.11）

Step1. 在 MOLD（模具）菜单中选择 Feature（特征）命令，在弹出的 MOLD MDL TYP（模具模型类型）

菜单中选择 Cavity Assem (型腔组件) 命令。

Step2. 在 ▼ FEAT OPER (特征操作) 菜单中选择 Mold (模具) 命令，在 ▼ MOLD FEAT (模具特征) 菜单中选择 Runner (流道) 命令，系统弹出"流道"信息对话框，在系统弹出的 ▼ Shape (形状) 菜单中选择 Round (倒圆角) 命令。

Step3. 定义流道的直径。在系统 输入流道直径 的提示下，输入直径值 6，然后按回车键。

Step4. 在 ▼ FLOW PATH (流道) 菜单中选择 Sketch Path (草绘流道) 命令，在 ▼ SETUP SK PLN (设置草绘平面) 菜单中选择 Setup New (新设置) 命令，系统弹出"选取"对话框。

Step5. 草绘平面。选择 MAIN_PARTING_PLN 基准平面为草绘平面。接受系统默认的草绘的方向，在 ▼ DIRECTION (方向) 菜单中选择 Okay (确定) 命令；在 ▼ SKET VIEW (草绘视图) 菜单中选择 Right (右) 命令，选取图 27.12 所示的坯料表面为参照平面。

Step6. 绘制截面草图：进入草绘环境后，选取 MOLD_FRONT 基准平面、ADTM2 基准平面和 ADTM4 基准平面为草绘参照；绘制图 27.13 所示的截面草图。完成截面草图的绘制后，单击工具栏中的"完成"按钮 ✔。

图 27.11　主流道的设计

图 27.12　定义草绘平面

Step7. 定义相交元件。系统弹出"相交元件"对话框，在该对话框中按下 自动添加 按钮，选中 ☑ 自动更新 复选框，然后单击 确定 按钮。

Step8. 单击"流道"信息对话框中的 预览 按钮，再单击"重画"按钮 🔄，预览所创建的"流道"特征，然后单击 确定 按钮完成操作。

Step9. 选择 Done/Return (完成/返回) 命令。

## Task5. 分流道的设计（图 27.14）

图 27.13　截面草图

图 27.14　分流道的设计

Step1. 在 ▼ MOLD (模具) 菜单中选择 Feature (特征) 命令，在弹出的 ▼ MOLD MDL TYP (模具模型类型) 菜单中选择 Cavity Assem (型腔组件) 命令。

Step2. 在 ▼ FEAT OPER (特征操作) 菜单中选择 Mold (模具) 命令，在 ▼ MOLD FEAT (模具特征) 菜单中选择 Runner (流道) 命令，在系统弹出的 ▼ Shape (形状) 菜单中选择 Round (倒圆角) 命令。

Step3. 定义流道的直径。在系统 输入流道直径 的提示下，输入直径值 5，然后按回车键。

Step4. 在弹出的 ▼ FLOW PATH (流道) 菜单中选择 Sketch Path (草绘流道) 命令，在弹出的 ▼ SETUP SK PLN (设置草绘平面) 菜单中选择 Setup New (新设置) 命令。

Step5. 草绘平面。执行命令后，在系统 ⇨选取或创建一个草绘平面。 的提示下，选择 MAIN_PARTING_PLN 基准平面为草绘平面。在 ▼ DIRECTION (方向) 菜单中选择 Okay (确定) 命令，接受系统默认的草绘的方向。在 ▼ SKET VIEW (草绘视图) 菜单中选择 Right (右) 命令，选取图 27.15 所示的坯料表面为参照平面。

Step6. 绘制截面草图：进入草绘环境后，选取 MOLD_FRONT 基准平面、ADTM2 基准平面和 ADTM4 基准平面为草绘参照；绘制图 27.16 所示的截面草图。完成截面草图的绘制后，单击工具栏中的"完成"按钮 ✔。

Step7. 定义相交元件。在"相交元件"对话框中选中 ☑ 自动更新 复选框，然后单击 确定 按钮。

Step8. 单击"流道"信息对话框中的 预览 按钮，再单击"重画"按钮 ▣，预览所创建的"流道"特征，然后单击 确定 按钮完成操作。

Step9. 选择 Done/Return (完成/返回) 命令。

图 27.15　定义草绘平面

图 27.16　截面草图

## Task6. 浇口的设计（图 27.17）

### Stage1. 创建图 27.18 所示的第一个浇口

图 27.17　浇口的设计

图 27.18　创建第一个浇口

Step1. 在 ▼ MOLD (模具) 菜单中选择 Feature (特征) 命令，在 ▼ MOLD MDL TYP (模具模型类型) 菜单

中选择 `Cavity Assem (型腔组件)` 命令。

Step2. 在 `▼ FEAT OPER (特征操作)` 菜单中选择 `Solid (实体)` ➡ `Cut (切减材料)` 命令，在系统弹出的 `▼ SOLID OPTS (实体选项)` 菜单中选择 `Extrude (拉伸)` ➡ `Solid (实体)` ➡ `Done (完成)` 命令，此时出现拉伸特征操控板。

Step3. 创建拉伸特征。

（1）定义草绘属性：右击，从快捷菜单中选择 `定义内部草绘...` 命令。草绘平面为 ADTM4，草绘平面的参照平面为图 27.19 所示的坯料表面，草绘平面的参照方位为 `顶`。单击 `确定` 按钮，至此系统进入截面草绘环境。

（2）进入截面草绘环境后，绘制图 27.20 所示的截面草图。完成特征截面后，单击工具栏中的"完成"按钮 ✔。

图 27.19　定义草绘平面　　　　　图 27.20　截面草图

（3）在操控板中单击 `选项` 按钮，在弹出的界面中选取双侧的深度选项均为 ⊥，然后选择图 27.21 所示的参照零件的表面为左、右拉伸特征的终止面。

图 27.21　选取拉伸特征的终止面

（4）单击操控板中的 ✔ 按钮，完成特征的创建。

### Stage2．创建第二个浇口

Step1. 参见 Stage1，创建第二个浇口。

Step2. 保存设计结果。选择下拉菜单 `文件(F)` ➡ `保存(S)` 命令。

# 实例 28  水线设计实例

水线（Water Line）是控制和调节模具温度的结构，它实际上是由模具中的一系列孔组成的环路，在孔环路中注入冷却介质——水（也可以是油或压缩空气），可以将注射成型过程中产生的大量热量迅速导出，使塑料熔融物以较快的速度冷却、固化。Pro / ENGINEER 的模具模块提供了建立水线的专用命令和功能，利用此功能可以快速地构建出所需要的水线环路。当然，与流道（Runner）一样，水线也用切削（Cut、Hole）的方法来创建，但是却远不如用专用命令有效。本实例（图 28.1）介绍了使用水线专用命令创建模具水线的操作过程。

图 28.1  水线设计

## Task1.  打开模具模型

Step1.  选择下拉菜单 文件(F) ➡ 设置工作目录(W)... 命令，将工作目录设置至 D:\proewf5.6\work\ch28。

Step2.  打开文件 faucet_knob_mold.mfg。

Step3.  设置模型树的过滤器。

（1）在模型树界面中选择 📁▾ ➡ 树过滤器(F)... 命令。

（2）在系统弹出的"模型树项目"对话框中，选中 ☑ 特征 复选框，并单击 确定 按钮。

## Task2.  创建基准平面 ADTM5

### Stage1.  隐藏基准平面

隐藏 MOLD_RIGHT 基准平面、MOLD_FRONT 基准平面、ADTM1 基准平面、ADTM2 基准平面、ADTM3 基准平面和 ADTM4 基准平面。

### Stage2.  创建图 28.2 所示的基准平面

Step1.  单击工具栏中的"平面"按钮 ▱。

Step2.  选取 MAIN_PARTING_PLN 基准平面为参照平面。

**Step3.** 在"基准平面"对话框中，输入偏移值-8.0，最后在对话框中单击 确定 按钮，完成基准平面 ADTM5。

## Task3. 创建水线特征

### Stage1. 隐藏基准平面

**Step1.** 隐藏 MAIN_PARTING_PLN 基准平面。

**Step2.** 显示 MOLD_FRONT 基准平面和 MOLD_RIGHT 基准平面。

### Stage2. 创建水线

**Step1.** 在 ▼ MOLD (模具) 菜单中选择 Feature (特征) 命令，在弹出的 ▼ MOLD MDL TYP (模具模型类型) 菜单中选择 Cavity Assem (型腔组件) 命令。

**Step2.** 在 ▼ FEAT OPER (特征操作) 菜单中选择 Mold (模具) 命令，在 ▼ MOLD FEAT (模具特征) 菜单中选择 Water Line (等高线) 命令，系统弹出"水线"对话框。

**Step3.** 定义水线的直径。在系统的提示下，输入直径值 5，然后按回车键。

**Step4.** 在 ▼ SETUP PLANE (设置平面) 菜单中选择 Setup New (新设置) 命令。

**Step5.** 草绘平面。执行命令后，在系统的提示下，选择 ADTM5 基准平面为草绘平面。在 ▼ SKET VIEW (草绘视图) 菜单中选择 Right (右) 命令，选取 MOLD_RIGHT 基准平面为参照平面。

**Step6.** 绘制截面草图：

（1）进入草绘环境后，绘制图 28.3 所示的截面草图。完成特征截面的绘制后，单击工具栏中的"完成"按钮 ✔。

图 28.2　创建基准平面 ADTM5

图 28.3　截面草图

**Step7.** 定义相交元件。系统弹出"相交元件"对话框，在该对话框中选中 ☑ 自动更新 复选框，然后单击 确定 按钮。

**Step8.** 单击"等高线（水线）"对话框中的 预览 按钮，再单击"重画"按钮 ▣，预览所创建的"水线"特征，然后单击 确定 按钮完成操作。

**Step9.** 选择 Done/Return (完成/返回) 命令。

**Step10.** 保存设计结果。选择下拉菜单 文件(F) ➡ 💾 保存(S) 命令。

# 实例 29　EMX 标准模架设计

## 29.1　概述

本实例将介绍图 29.1 所示的手机外壳的模具设计过程，该模具设计的亮点在于：第一，该模具为一模两腔；第二，该模具的浇注系统采用的是潜伏式浇口设计；第三，在创建分型面时采用种子面和边界面的方法来完成；第四，在 EMX 中创建斜导柱滑块。完成对本实例的学习，希望读者能够对创建模具型腔和 EMX 模块有更深的了解。

图 29.1　手机外壳的 EMX 模架设计

## 29.2　模具型腔设计

图 29.2 所示为手机外壳的模具型腔。手机外壳中的侧面有缺口，这样在模具中必须设计滑块方能顺利脱模。下面将介绍该模具型腔的设计过程。

图 29.2　手机外壳模具设计

## Task1．新建一个模具制造模型，进入模具模块

Step1. 将工作目录设置至 D:\proewf5.6\work\ch29。

Step2. 新建一个模具型腔文件，命名为 phone_cover_mold；选取 `mmns_mfg_mold` 模板。

## Task2．建立模具模型

在开始设计模具前，应先创建一个"模具模型"，模具模型包括参照模型（Ref Model）和坯料（Workpiece），如图 29.3 所示。

### Stage1．引入第一个参照模型

Step1. 在 `▼ MOLD (模具)` 菜单中选择 `Mold Model (模具模型)` 命令。

Step2. 在 `▼ MOLD MODEL (模具模型)` 菜单中选择 `Assemble (装配)` 命令。

Step3. 在 `▼ MOLD MDL TYP (模具模型类型)` 菜单中选择 `Ref Model (参照模型)` 命令。

Step4. 从弹出的文件"打开"对话框中，选取三维零件模型 phone_cover.prt 作为参照零件模型，并将其打开。

Step5. 系统弹出"元件放置"操控板。

（1）指定第一个约束。

① 在操控板中单击 `放置` 按钮。

② 在"放置"界面的"约束类型"下拉列表中选择 `对齐`。

③ 选取参照件的 DTM3 基准平面为元件参照，选取装配体的 MOLD_RIGHT 基准平面为组件参照。

④ 在"偏移"区域中选择 `重合`（默认为选中）。

（2）指定第二个约束。

① 单击 `➡新建约束` 字符。

② 在"约束类型"下拉列表中选择 `对齐`。

③ 选取参照件的 TOP 基准平面为元件参照，选取装配体的 MAIN_PARTING_PLN 基准平面为参照项目。

④ 在"偏移"区域中选择 `重合`（默认为选中）。

（3）指定第三个约束。

① 单击 `➡新建约束` 字符。

② 在"约束类型"下拉列表中选择 `对齐`。

③ 选取参照件的 FRONT 基准平面为元件参照，选取装配体的 MOLD_FRONT 基准平面为组件参照。

④ 先在"偏移"区域中选择 `偏移`，然后在后面的文本框中输入 35，并按回车键。

（4）至此，约束定义完成，在操控板中单击"完成"按钮 ✔。

Pro/ENGINEER 中文野火版 5.0 模具设计实例精解

Step6. 系统弹出"创建参照模型"对话框，在该对话框中选中 ⊙ 按参照合并 单选按钮，然后在 参照模型 区域的 名称 文本框中输入 PHONE_COVER_MOLD_REF_01，单击 确定 按钮。

参照件组装完成后，模具的基准平面与参照模型的基准平面对齐，如图 29.4 所示。

图 29.3　参照模型和坯料　　　　图 29.4　第一个参照模型组装完成后

### Stage2. 引入第二个参照模型

Step1. 在 ▼ MOLD MODEL (模具模型) 菜单中选择 Assemble (装配) 命令。

Step2. 在 ▼ MOLD MDL TYP (模具模型类型) 菜单中选择 Ref Model (参照模型) 命令。

Step3. 从弹出的文件"打开"对话框中，选取三维零件模型 phone_cover.prt 作为参照零件模型，并将其打开。

Step4. 系统弹出"元件放置"操控板。

（1）指定第一个约束。

① 在操控板中单击 放置 按钮。

② 在"放置"界面的"约束类型"下拉列表中选择 ■ 对齐 。

③ 选取参照件的 TOP 基准平面为元件参照，选取装配体的 MAIN_PARTING_PLN 基准平面为组件参照。

④ 在"偏移"区域中选择 □□ 重合 （默认为选中）。

（2）指定第二个约束。

① 单击 ➡新建约束 字符。

② 在"约束类型"下拉列表中选择 ■ 配对 。

③ 选取参照件的 DTM3 基准平面为元件参照，选取装配体的 MOLD_RIGHT 基准平面为组件参照。

④ 在"偏移"区域中选择 □□ 重合 （默认为选中）。

（3）指定第三个约束。

① 单击 ➡新建约束 字符。

② 在"约束类型"下拉列表中选择 ■ 配对 。

③ 选取参照件的 FRONT 基准平面为元件参照，选取装配体的 MOLD_FRONT 基准平面为组件参照。

④ 先在"偏移"区域中选择 ╬ 偏移 ，然后在后面的文本框中输入-35，并按回车键。

（4）至此，约束定义完成，在操控板中单击"完成"按钮 ✔ 。

Step5. 系统弹出"创建参照模型"对话框，在该对话框中选中 ⊙ 按参照合并 单选项按钮，然后在 参照模型 区域的 名称 文本框中输入 PHONE_COVER_MOLD_REF_02，单击 确定 按钮。完成后的装配体如图 29.5 所示。

### Stage3. 创建坯料

Step1. 在 ▼ MOLD MODEL (模具模型) 菜单中选择 Create (创建) 命令。

Step2. 在弹出的 ▼ MOLD MDL TYP (模具模型类型) 菜单中选择 Workpiece (工件) 命令。

Step3. 在弹出的 ▼ CREATE WORKPIECE (创建工件) 菜单中选择 Manual (手动) 命令。

Step4. 在系统弹出的"元件创建"对话框中：在 类型 区域下选中 ⊙ 零件 单选按钮，在 子类型 区域下选中 ⊙ 实体 单选按钮，在 名称 文本框中输入坯料的名称 wp，然后再单击 确定 按钮。

Step5. 在系统弹出的"创建选项"对话框中，选中 ⊙ 创建特征 单选按钮，然后再单击 确定 按钮。

Step6. 创建坯料特征。

（1）在菜单管理器中选择 Solid (实体) ➡ Protrusion (伸出项) 命令，在弹出的菜单管理器中选择 Extrude (拉伸) ➡ Solid (实体) ➡ Done (完成) 命令，此时系统出现实体拉伸操控板。

（2）创建实体拉伸特征。

① 选取拉伸类型。在出现的操控板中，确认"实体"类型按钮 □ 被按下。

② 在绘图区中右击，从系统弹出的快捷菜单中选择 定义内部草绘... 命令。然后选择 MOLD_FRONT 基准平面作为草绘平面，草绘平面的参照平面为 MOLD_RIGHT 基准平面，方位为 右。单击 草绘 按钮，至此系统进入截面草绘环境。

③ 进入截面草绘环境后，选取 MAIN_PARTING_PLN 和 MOLD_RIGHT 基准平面为草绘参照，绘制图 29.6 所示的特征截面；完成特征截面的绘制后，单击工具栏中的"完成"按钮 ✓。

图 29.5　第二个参照模型组装完成后

图 29.6　截面草图

④ 选取深度类型并输入深度值。在操控板中单击 🗗 按钮，在深度文本框中输入深度值 180.0，并按回车键。

⑤ 完成特征。在操控板中单击"完成"按钮 ✓，完成特征的创建。

（3）选择 Done/Return (完成/返回) ➡ Done/Return (完成/返回) 命令。

### Task3. 设置收缩率

Step1. 在 ▼ MOLD（模具）菜单中选择 Shrinkage（收缩）命令，然后在系统 ⇨ 为收缩选取参照模型。的提示下，选择引入的第一个参照模型。

Step2. 在 ▼ SHRINKAGE（收缩）菜单中选择 By Dimension（按尺寸）命令。

Step3. 系统弹出"按尺寸收缩"对话框，在该对话框中确认 公式 区域中的 1+S 按钮被按下，在 收缩选项 区域中选中 ☑ 更改设计零件尺寸 复选框。在 收缩率 区域的 比率 栏中，输入收缩率 0.006，并按回车键。然后在该对话框中单击 ☑ 按钮。

Step4. 选择 Done/Return（完成/返回）命令。

说明：因为参照的是同一个模型，当设置第一个模型的收缩率为 0.006 后，系统会自动将另一个模型的收缩率调整到 0.006，不需要将另一个模型的收缩率再进行设置。

### Task4. 建立浇注系统

下面讲述如何在零件 phone_cover 的模具坯料中创建注道、流道和潜伏式浇口，如图 29.7 所示。此例创建浇注系统是通过在坯料中切除材料来创建的。

说明：此实例中的浇口为潜伏式浇口，是在后面的模架中创建的，所以在此步骤中没有创建。

图 29.7　建立注道、流道

### Stage1. 创建图 29.8 所示的注道（Sprue）

Step1. 在 ▼ MOLD（模具）菜单中选择 Feature（特征）命令，即可进入模具特征菜单，在弹出的 ▼ MOLD MDL TYP（模具模型类型）菜单中选择 Cavity Assem（型腔组件）命令。

Step2. 在 ▼ FEAT OPER（特征操作）菜单中选择 Solid（实体）➡ Cut（切减材料）命令，在系统弹出的 ▼ SOLID OPTS（实体选项）菜单中选择 Revolve（旋转）➡ Solid（实体）➡ Done（完成）命令，此时出现拉伸特征操控板。

（1）选取旋转类型。在出现的操控板中，确认"实体"类型按钮 ☐ 被按下。

（2）定义草绘截面放置属性。右击，从快捷菜单中选择 定义内部草绘... 命令。草绘平面为 MOLD_RIGHT 基准平面，草绘平面的参照平面为 MAIN_PARTING_PLN 基准平面，草绘平面的参照方位是 顶，单击 草绘 按钮。至此，系统进入截面草绘环境。

（3）进入截面草绘环境后，选取 MOLD_FRONT 和 MAIN_PARTING_PLN 基准平面为草绘参照和图 29.9 所示的边线为参照边线，绘制图 29.9 所示的截面草图；完成特征截面后，单击工具栏中的"完成"按钮 ✔。

图 29.8　创建注道　　　　　　　　　　　图 29.9　截面草图

**注意：** 要绘制旋转中心轴。

（4）定义深度类型。在操控板中选取旋转角度类型 ⊔ ，旋转角度为 360°。

（5）单击操控板中的 ✔ 按钮，完成特征的创建。

Step3. 选择 `Done/Return 完成/返回` 命令。

### Stage2. 创建流道

Step1. 在 `▼ MOLD (模具)` 菜单中选择 `Feature (特征)` 命令，在弹出的 `▼ MOLD MDL TYP (模具模型类型)` 菜单中选择 `Cavity Assem (型腔组件)` 命令。

Step2. 在 `▼ FEAT OPER (特征操作)` 菜单中选择 `Mold (模具)` 命令，在 `▼ MOLD FEAT (模具特征)` 菜单中选择 `Runner (流道)` 命令，系统弹出"流道"信息对话框，在系统弹出的 `▼ Shape (形状)` 菜单中选择 `Half Round (半倒圆角)` 命令。

Step3. 定义流道的直径。在系统的提示下输入直径值 4，然后按回车键。

Step4. 在 `▼ FLOW PATH (流道)` 菜单中选择 `Sketch Path (草绘流道)` 命令，在 `▼ SETUP SK PLN (设置草绘平面)` 菜单中选择 `Setup New (新设置)` 命令，系统弹出"选取"对话框。

Step5. 草绘平面。执行命令后，在系统 `⇨选取或创建一个草绘平面。` 的提示下，选择图 29.10 所示的表面为草绘平面。在 `▼ DIRECTION (方向)` 菜单中选择 `Flip (反向)` 命令，然后再选择 `Okay (确定)` 命令，图 29.10 中的箭头方向为草绘的方向。在 `▼ SKET VIEW (草绘视图)` 菜单中选择 `Right (右)` 命令，选取 MOLD_FRONT 基准平面为参照平面。

**说明：** 在选取草绘平面时，在屏幕右下方的"智能选取栏"中选择"几何"选项，便于用户进行选取。

图 29.10　定义草绘平面

Step6. 绘制截面草图：进入草绘环境后，选取 MOLD_FRONT 基准平面和 MOLD_RIGHT 基准平面为草绘参照；然后在工具栏中单击按钮 \，绘制图 29.11 所示的截面草图(即一条中间线段)。完成特征截面的绘制后，单击工具栏中的"完成"按钮 ✔。

图 29.11 截面草图

Step7. 定义相交元件。在系统弹出的"相交元件"对话框中按下 自动添加 按钮，选中 ☑ 自动更新 复选框，然后单击 确定 按钮。

Step8. 单击"流道"信息对话框中的 预览 按钮，再单击"重画"命令按钮 ☑，预览所创建的"流道"特征，然后单击 确定 按钮完成操作。

Step9. 选择 Done/Return 完成/返回 命令。

## Task5. 创建模具主分型曲面

下面的操作是创建第一个参照模型 phone_cover_mold_ref_01.prt 模具的主分型曲面(图 29.12)，下面介绍其操作过程。

图 29.12 创建主分型曲面

### Stage1. 创建第一个参照模型的分型面

Step1. 选择下拉菜单 插入(I) ➡ 模具几何 ▶ ➡ □ 分型面(S)... 命令。

Step2. 选择下拉菜单 编辑(E) ➡ 属性(R) 命令，在弹出的"属性"对话框中输入分型面名称 main_ps；单击对话框中的 确定 按钮。

Step3. 通过曲面"复制"的方法，复制参照模型 phone_cover_mold_ref_01.prt 的外表面(为了方便选取图元，将坯料和第二个参照模型遮蔽)。

(1) 采用"种子面与边界面"的方法选取所需要的曲面。用户分别选取种子面和边界面后，系统则会自动选取从种子曲面开始向四周延伸直到边界曲面的所有曲面(其中包括种子曲面，但不包括边界曲面)。

(2) 下面先选取"种子面"(Seed Surface)，操作方法如下：

① 将模型调整到图 29.13 所示的视图方位，先将鼠标指针移至模型中的目标位置，即图 29.13 中的上表面（种子面）附近，右击，然后在弹出的快捷菜单中选取 从列表中拾取 命令。

② 选择 曲面:F1(外部合并):HOUSING_MOLD_REF 选项，此时图 29.13 中的上表面会加亮，该面就是所要选择的"种子面"。最后，在"从列表中拾取"对话框中单击 确定(0) 按钮。

图 29.13　定义种子面

（3）选取"边界面"（boundary surface），操作方法如下：

① 利用"模型显示"工具栏（一般位于软件界面的右上部），可以切换模型的显示状态。按下 按钮，将模型的显示状态切换到实线线框显示方式。

② 按住 Shift 键，选取图 29.14 所示的边界面以及所有通孔的侧表面（共计 17 个通孔），此时图中所示的边界曲面会加亮。

图 29.14　定义边界面

③ 松开 Shift 键，再按住 Ctrl 键，选取图 29.14 所示的底面（建议读者参照随书光盘中的视频录像选取）。

**注意**：对一些曲面的选取，需要把模型放大后才方便选中所需要的曲面。选取曲面时需要有耐心，逐一选取图 29.14 所示的 17 个通孔的侧表面，在选取过程中要一直按住 Shift 键，直到选取结束。

（4）选择下拉菜单 编辑(E) ➡ 复制(C) 命令。

（5）选择下拉菜单 编辑(E) ➡ 粘贴(P) 命令。

（6）填补复制曲面上的破孔。在弹出的操控板中单击 选项 按钮，在"选项"界面选中 ⊙ 排除曲面并填充孔 单选按钮，在系统 ⇨选取要填充的任何数量的参照,如封闭轮廓(环)或曲面。 的提示下，按住 Ctrl 键，分别选择图 29.15 所示的边线以及所有通孔的边线。

**说明**：选取的边线为 17 个通孔的侧边线。

（7）单击操控板中的"完成"按钮 ✓。

图 29.15　填补破孔

### Stage2．参照 Stage1，创建第二个参照模型的分型面

说明：在创建创建第二个参照模型的分型面时，不需要退出分型面创建的环境。

### Stage3．完善创建的主分型面

Step1．创建图 29.16 所示的（填充）曲面。

（1）将坯料取消遮蔽。

（2）选择下拉菜单 编辑(E) ➡ 填充(L)... 命令，此时系统弹出"填充"操控板。

（3）定义草绘截面放置属性：右击，从弹出的菜单中选择 定义内部草绘... 命令；在系统 ➪选取一个平面或曲面以定义草绘平面。 的提示下，选择图 29.17 所示的模型表面为草绘平面，接受图 29.17 中默认的箭头方向为草绘视图方向，然后选取 MOLD_RIGHT 基准平面为参照平面，方向为 顶。

图 29.16　创建填充曲面　　　　　　　图 29.17　定义草绘平面

（4）创建截面草图。进入草绘环境后，选择坯料的边线为参照，用"使用"的命令选取图 29.18 所示的边线。完成特征截面后，单击工具栏中的"完成"按钮 ✓。

（5）在操控板中单击"完成"按钮 ✓，完成特征的创建。

图 29.18　截面草图

Step2．将复制面组 1 与刚创建的填充面组合并为合并 1。

（1）按住 Ctrl 键，选取复制面组 1 与刚创建的填充面组。

注意：可以在 PRO/ENGINEER 软件左边的模型树中选取，也可以在模型中使用"从列表中选取"的方法来选中所需要的曲面。

（2）选择下拉菜单 编辑(E) ➡ 合并(G) 命令，此时系统弹出"合并"操控板。

（3）在操控板中单击 选项 按钮，在"选项"界面中选中 ◉ 相交 单选按钮。

（4）单击 ✓ ∞ 按钮，预览合并后的面组；确认无误后，单击"完成"按钮 ✓ 。

说明：观察合并结果时，可将参照模型遮蔽。

Step3. 将合并 1 与复制面组 2 为合并 2。

（1）按住 Ctrl 键，选取合并 1 与复制面组 2。

（2）选择下拉菜单 编辑(E) ➡ 合并(G) 命令，此时系统弹出"合并"操控板。

（3）在操控板中单击 选项 按钮，在"选项"界面中选中 ◉ 相交 单选按钮。

（4）单击 ✓ ∞ 按钮，预览合并后的面组；确认无误后，单击"完成"按钮 ✓ 。

Step4. 在工具栏中单击"确定"按钮 ✓ ，完成分型面的创建。

## Task6. 创建的滑块分型面

### Stage1. 创建第一个参照模型上的滑块分型面

Step1. 遮蔽分型面、坯料和参照模型 2。

Step2. 选择下拉菜单 插入(I) ➡ 模具几何 ▶ ➡ 分型面(S)... 命令。

Step3. 选择下拉菜单 编辑(E) ➡ 属性(R) 命令，在弹出的"属性"对话框中输入分型面名称 slide_ps；单击对话框中的 确定 按钮。

Step4. 在屏幕右下方的"智能选取栏"中选择"几何"选项。

Step5. 复制曲面 1。

（1）选取复制曲面。选取图 29.19 所示的 10 个曲面为复制对象。

（2）选择下拉菜单 编辑(E) ➡ 复制(C) 命令。

（3）选择下拉菜单 编辑(E) ➡ 粘贴(P) 命令。

（4）单击操控板中的"完成"按钮 ✓ 。

图 29.19  选取曲面

Step6. 复制图 29.20 所示的曲面 2（注：本步的详细操作过程请参见随书光盘中

video\ch29\reference\文件下的语音视频讲解文件 phone_cover-r01.avi）。

图 29.20 选取曲面

**Step7.** 将复制 3 与复制 4 为合并 3，合并结果如图 29.21 所示。

（1）按住 Ctrl 键，选取复制 3 与复制 4。

（2）选择下拉菜单 编辑(E) ➡️ 合并(G) 命令，此时系统弹出"合并"操控板。

（3）在操控板中单击 选项 按钮，在"选项"界面中选中 ◉ 相交 单选按钮。

（4）合并方向如图 29.22 所示，确认无误后，单击"完成"按钮 ✓。

**说明：** 观察合并结果时，可将坯料遮蔽以便于观察。

图 29.21 合并后          图 29.22 合并方向

**Step8.** 将复制后的表面延伸至坯料的表面。

（1）选取图 29.23 所示的边线为延伸对象。

（2）选择下拉菜单 编辑(E) ➡️ 延伸(X)... 命令，系统弹出"延伸"操控板。

（3）将坯料的取消遮蔽。

（4）选取延伸的终止面。

① 在操控板中按下按钮 🔲（延伸类型为将曲面延伸到参考平面）。

② 在系统 ▷选取曲面延伸所至的平面。 的提示下，选取图 29.24 所示坯料的表面为延伸的终止面。

③ 单击 ✓ 👓 按钮，预览延伸后的面组；确认无误后，单击"完成"按钮 ✓。

图 29.23 选取延伸边线

Step9. 创建拉伸曲面，如图 29.25 所示。

图 29.24　选取延伸的终止面　　　　　　图 29.25　拉伸曲面

（1）选择下拉菜单 插入(I) ➡ 拉伸(E)... 命令，此时系统弹出"拉伸"操控板。

（2）定义草绘截面放置属性：右击，从弹出的菜单中选择 定义内部草绘... 命令；在系统 选取一个平面或曲面以定义草绘平面。 的提示下，选取图 29.26 所示的坯料表面 1 为草绘平面，接受图 29.26 中默认的箭头方向为草绘视图方向，然后选取图 29.26 所示的坯料表面 2 为参照平面，方向为 右 。

图 29.26　定义草绘平面

（3）截面草图。选取 MOLD_FRONT 基准平面和模型的下表面为草绘参照；绘制图 29.27 所示的截面草图；完成截面的绘制后，单击工具栏中的"完成"按钮 ✓ 。

（4）设置深度选项。

① 在操控板中选取深度类型 ⊥ ，再在深度文本框中输入深度值 15.0，并按回车键。

② 在操控板中单击 选项 按钮，在"选项"界面中选中 ☑ 封闭端 复选框。

图 29.27　截面草图

（5）在操控板中单击"完成"按钮 ✓ ，完成特征的创建。

Step10. 将延伸 1 与拉伸 1 合并为合并 4，合并结果如图 29.28 所示。

（1）按住 Ctrl 键，选取复制 3 与复制 4。

（2）选择下拉菜单 编辑(E) ➡ 合并(G) 命令，此时系统弹出"合并"操控板。

（3）在操控板中单击 选项 按钮，在"选项"界面中选中 ◉ 相交 单选按钮。

（4）合并方向如图 29.29 所示，确认无误后，单击"完成"按钮 ✓ 。

图 29.28　合并后

图 29.29　合并方向

## Stage2.　创建第二个参照模型上的滑块分型面

具体操作步骤参见 Stage1，创建的结果如图 29.30 所示。在工具栏中单击"分型面完成"按钮☑，完成分型面的创建。

滑块分型面

图 29.30　滑块分型面

## Task7.　构建模具元件的体积块

### Stage1.　创建上下模具体积块

Step1. 将主分型面和参照模型显示出来。

Step2. 选择下拉菜单 编辑(E) ➡ 分割... 命令（即用"分割"的方法构建体积块）。

Step3. 在系统弹出的 ▼ SPLIT VOLUME (分割体积块) 菜单中，选择 Two Volumes (两个体积块)、All Wrkpcs (所有工件) 和 Done (完成) 命令，此时系统弹出"分割"信息对话框。

Step4. 选取分型面。在系统 ⇨为分割工件选取分型面。 的提示下，选取分型面 MAIN_PS，然后单击"选取"对话框中的 确定 按钮。

Step5. 单击"分割"信息对话框中的 确定 按钮。

Step6. 系统弹出"属性"对话框，同时模型中的体积块的下半部分变亮，在该对话框中单击 着色 按钮，着色后的体积块如图 29.31 所示。然后在对话框中输入名称 lower_vol，单击 确定 按钮。

Step7. 系统弹出"属性"对话框，同时模型中的体积块的上半部分变亮，在该对话框中单击 着色 按钮，着色后的体积块如图 29.32 所示。然后在对话框中输入名称 upper_vol，单击 确定 按钮。

图 29.31　着色后的下半部分体积块

图 29.32　着色后的上半部分体积块

### Stage2．创建第一个参照模型上的滑块

Step1. 选择下拉菜单 编辑(E) ➡ 分割... 命令（即用"分割"的方法构建体积块）。

Step2. 选择下拉菜单 ▼ SPLIT VOLUME (分割体积块) ➡ One Volume (一个体积块) ➡ Mold Volume (模具体积块) ➡ Done (完成) 命令，此时系统弹出"搜索工具"对话框。

Step3. 在系统弹出的"搜索工具"对话框中，单击列表中的 面组:F29(UPPER VOL) 体积块，然后单击 >> 按钮，将其加入到 已选取 0 个项目列表中，再单击 关闭 按钮。

Step4. 选取分型面。选取面组 面组:F15(SLIDE_PS) （用"列表选取"），然后单击"选取"对话框中的 确定 按钮，系统弹出 ▼ 岛列表 菜单。

Step5. 在"岛列表"菜单中选中 ☑岛2 复选框，选择 Done Sel (完成选取) 命令。

Step6. 单击"分割"信息对话框中的 确定 按钮。

Step7. 系统弹出"属性"对话框，同时模型中的体积块的滑块变亮，在该对话框中单击 着色 按钮，然后在对话框中输入名称 SLIDE_VOL_1，单击 确定 按钮。

### Stage3．创建第二个参照模型上的滑块

Step1. 选择下拉菜单 编辑(E) ➡ 分割... 命令（即用"分割"的方法构建体积块）。

Step2. 选择下拉菜单 ▼ SPLIT VOLUME (分割体积块) ➡ One Volume (一个体积块) ➡ Mold Volume (模具体积块) ➡ Done (完成) 命令，此时系统弹出"搜索工具"对话框。

Step3. 在系统弹出的"搜索工具"对话框中，单击列表中的 面组:F29(UPPER VOL) 体积块，然后单击 >> 按钮，将其加入到 已选取 0 个项目列表中，再单击 关闭 按钮。

Step4. 选取分型面。选取面组 面组:F21 （用"列表选取"），然后单击"选取"对话框中的 确定 按钮，系统弹出 ▼ 岛列表 菜单。

Step5. 在"岛列表"菜单中选中 ☑岛2 复选框，选择 Done Sel (完成选取) 命令。

Step6. 单击"分割"信息对话框中的 确定 按钮。

Step7. 系统弹出"属性"对话框，同时模型中的体积块的滑块变亮，在该对话框中单击 着色 按钮，然后在对话框中输入名称 SLIDE_VOL_2，单击 确定 按钮。

## Task8．抽取模具元件及生成浇注件

将浇注件的名称命名为 molding。

## Task9．定义开模动作

Step1. 将参照零件、坯料和分型面在模型中遮蔽起来，将模型的显示状态切换到实体显示方式。

Step2. 开模步骤 1：移动滑块。

（1）移动滑块 1，选取图 29.33 所示的边线为移动方向，输入要移动的距离值–100。

（2）移动滑块 2，输入要移动的距离值 100，移出后的状态如图 29.34 所示。

选取此边线
为移动方向

图 29.33　移动方向　　　　　　　　　　　　　　　图 29.34　移动滑块 2

Step3. 开模步骤 2：移动上模，选取图 29.35 所示的边线为移动方向，输入要移动的距离值 100，移出后的状态如图 29.36 所示。

选取此边线
为移动方向

图 29.35　移动方向　　　　　　　　　　　　　　　图 29.36　移动上模

Step4. 开模步骤 3：移动浇注件，选取图 29.37 所示的边线为移动方向，输入要移动的距离值 50，移出后的状态如图 29.38 所示。

选取此边线
为移动方向

图 29.37　移动方向　　　　　　　　　　　　　　　图 29.38　移动浇注件

## 29.3　EMX 模架设计

继续以前面的模型为例，介绍图 29.39 所示的标准模架的一般操作过程。

### Task1. 新建模架项目

Step1. 选择下拉菜单 EMX 5.0 ➡ 项目 ▶ ➡ ▦…新建 命令，系统弹出"项目"对话框；在对话框中进行图 29.40 所示的设置；单击 ☑ 按钮，系统进入装配环境。

上模

斜导柱滑块

下模

图 29.39　EMX 标准模架　　　　　　　图 29.40　"项目"对话框

Step2. 添加元件。

（1）选择下拉菜单 插入(I) ➡ 元件(C)▸ ➡ 装配(A)...命令，此时系统弹出"打开"对话框。

（2）在系统弹出"打开"对话框中选择 phone_cover_mold.asm 装配体，单击 打开 ▾ 按钮，此时系统弹出"元件放置"操控板。

（3）在该操控板中单击 放置 按钮，在"放置"界面的 约束类型 下拉列表中选择 缺省 选项，将元件按默认设置进行放置，此时 状态 区域显示的信息为 完全约束；单击操控板中的 ✓ 按钮，完成装配件的放置。

Step3. 元件分类。

（1）选择命令。选择下拉菜单 EMX 5.0 ➡ 项目 ▸ ➡ ...分类 命令，系统弹出"分类"对话框。

（2）在对话框中双击图 29.41 所示的设置；在下拉列表中选择 插入定模 选项，然后单击 ✓ 按钮。

Step4. 编辑装配位置。

（1）显示动模。选择下拉菜单 EMX 5.0 ➡ 视图 ▸ ➡ 显示... ▸ ➡ 动模 命令。

（2）定义约束参照模型的放置位置。

① 删除默认约束。在模型树中选择装配体 ⊞ PHONE_COVER_MOLD.ASM 并右击，在弹出的快捷菜单中选择 编辑定义 命令，系统弹出"装配"操控板；在操控板中单击 放置 按钮，选择 缺省 约束并右击，在弹出的快捷菜单中选择 删除 命令。

② 指定第一个约束。在操控板中单击 放置 按钮，在"放置"界面的"约束类型"下拉列表中选择 对齐，选取图 29.42 所示的平面为元件参照，选取装配体的 MOLDBASE_X_Y 基准平面为组件参照。

图 29.41　"分类"对话框　　　　　图 29.42　定义参照平面

③ 指定第二个约束。单击➜新建约束 字符，在"约束类型"下拉列表中选择 ▐ 对齐 ，选取参照件的 MOLD_RIGHT 基准平面为元件参照，选取装配体的 MOLDBASE_X_Z 基准平面为组件参照。

④ 指定第三个约束。单击➜新建约束 字符，在"约束类型"下拉列表中选择 ▐ 配对 ，选取参照件的 MOLD_FRONT 基准平面为元件参照，选取装配体的 MOLDBASE_Y_Z 基准平面为组件参照。

⑤ 至此，约束定义完成，在操控板中单击"完成"按钮 ✔ ，完成装配体的编辑。

（3）显示模座。选择下拉菜单 EMX 5.0 ➡ 视图 ▶ ➡ 显示... ▶ ➡ 主视图 命令。

## Task2. 添加标准模架

### Stage1. 定义标准模架

Step1. 选择命令。选择下拉菜单 EMX 5.0 ➡ 模架 ▶ ➡ 组件定义 命令，系统弹出"模架定义"对话框。

Step2. 定义模架系列。在对话框中左下角单击"从文件载入组件定义"按钮 ⬚ ，系统弹出"载入 EMX 组件"对话框；在对话框的 保存的组件 的列表框中选择 emx_tutorial_komplett 选项；在 选项 区域中取消选中 ☐ 保留尺寸和模型数据 复选框；单击"载入 EMX 组件"对话框右下角的"从文件载入组件定义"按钮 ⬚ ；单击 ✔ 按钮。

Step3. 更改模架尺寸。在"模架定义"对话框右上角的 尺寸 下拉列表中选择 296x346 ，此时系统弹出图 29.43 所示的"EMX 问题"对话框，单击 ✔ 按钮。系统经过计算后，标准模架加载到绘图区中，如图 29.44 所示。

图 29.43    "EMX 问题"对话框

图 29.44    标准模架

### Stage2. 删除多余元件

Step1. 删除支撑衬套。在"模架定义"对话框的下方单击"删除元件"按钮，选择图 29.45 所示的支撑衬套为删除对象，此时系统弹出图 29.46 所示的"EMX 问题"对话框，单击 按钮。

图 29.45    删除支撑衬套

图 29.46    "EMX 问题"对话框

Step2. 删除图 29.47b 所示的导向件。在"模架定义"对话框的下方单击"删除元件"按钮，分别选择图 29.47a 所示的两个导向件为删除对象，此时系统弹出"EMX 问题"对话框，单击 按钮。

图 29.47    删除导向件

### Stage3. 定义模板厚度

Step1. 定义定模板厚度。在"模架定义"对话框中右击图 29.48 所示的定模板，此时系统弹出图 29.49 所示的"板"对话框，在对话框中双击 厚度 (T) 后的下拉列表，选择厚度值 36.000 ，单击 按钮。

Step2. 定义动模板厚度。使用同样的操作方法右击图 29.48 所示的动模板，在"板"对话框中双击 厚度 (T) 后的下拉列表，选择厚度值 22.000 ，单击 按钮。

图 29.48　定义模板厚度

图 29.49　"板"对话框

## Task3. 添加浇注系统

**Step1.** 定义主流道衬套。在"模架定义"对话框中右击图 29.50 所示的主流道衬套，此时系统弹出图 29.51 所示的"主流道衬套"对话框。定义衬套型号为 Z511r；在 ab OFFSET-偏移 文本框中输入 0；单击 ☑ 按钮。

**Step2.** 定义定位环。在"模架定义"对话框中右击图 29.50 所示的定位环，此时系统弹出"定位环"对话框。定义定位环型号为 K100；在 HG1-高度 下拉列表中选择 11；在 DM1-直径 下拉列表中选择 100；在 ab OFFSET-偏移 文本框中输入 0；单击 ☑ 按钮。

图 29.50　定义主流道衬套

图 29.51　"主流道衬套"对话框

## Task4. 定义模具型腔

**Step1.** 在"模架定义"对话框的下方单击"打开型腔对话框"按钮 ▦，系统弹出图 29.52 所示的"型腔"对话框。

**Step2.** 对"型腔"对话框中进行图 29.52 所示的设置；单击 ☑ 按钮。

Step3. 单击"模架定义"对话框中的  按钮，完成标准模架的添加。

图 29.52　"型腔"对话框

Step4. 定义模具型腔。

（1）在模型树中选择装配体 ⊞ ⎕ PHONE_COVER_MOLD.ASM 并右击，在弹出的快捷菜单中选择
打开 命令。

（2）在模型树中选择上模零件 ⎕ UPPER_VOL.PRT 并右击，在弹出的快捷菜单中选择 激活
命令。

① 选择下拉菜单 插入(I) ➡ ⎕ 倒圆角(O)... ，此时系统弹出"倒圆角"操控板。

② 定义倒圆角对象和半径。选择图 29.53 所示的四条边线为倒圆角对象，圆角半径值
为 5。

（3）在模型树中选择下模零件 ⎕ LOWER_VOL.PRT 并右击，在弹出的快捷菜单中选择 激活
命令。

① 选择下拉菜单 插入(I) ➡ ⎕ 倒圆角(O)... ，此时系统弹出"倒圆角"操控板。

② 定义倒圆角对象和半径。选择图 29.54 所示的四条边线为倒圆角对象，圆角半径值
为 5。

图 29.53　定义圆角对象　　　　　　　　　　图 29.54　定义圆角对象

（4）关闭窗口。选择下拉菜单 文件(F) ➡ ✕ 关闭窗口(C) 命令。

## Task5. 添加标准元件

Step1. 选择命令。选择下拉菜单 EMX 5.0 ➡ 模架 ▶ ➡ 元件状态 命令，系统弹出"元件状态"对话框。

Step2. 定义元件选项。在图 29.55 所示的对话框中单击"全选"按钮 ；单击 按钮，完成后的结果如图 29.56 所示。

图 29.55 "元件状态"对话框

图 29.56 添加标准元件

## Task6. 定义模板

考虑添加后的模板并不完全符合模具设计要求，需要对模具元件和模板进行重新定义。

Step1. 选择下拉菜单 插入(I) ➡ 拉伸(E)... 命令，此时系统弹出"拉伸"操控板。

Step2. 定义草绘截面放置属性：选取图 29.57 所示的表面为草绘平面，然后选取图 29.57 所示的表面为参照平面，方向为 顶。

Step3. 截面草图。绘制图 29.58 所示的截面草图（一个圆），完成截面的绘制后，单击工具栏中的"完成"按钮 。

Step4. 设置深度选项。

（1）在操控板中选取深度类型 （直到最后）。

（2）单击操控板中的 相交 按钮，在"相交"界面中取消选中 自动更新 复选框，并移除所有相交的模型，然后选择图 29.59 所示的定模座板为去除材料对象。

（3）在操控板中单击"完成"按钮 ，完成特征的创建。

选取该表面为草绘平面

选取该表面为参照平面

图 29.57 定义草绘平面

90.0

图 29.58 截面草图

选择此定模座板

图 29.59 定义去除材料对象

## Task7. 添加斜导柱滑块

**Step1.** 在模型树中选择装配体 ⊞ ▢▦ PHONE_COVER_MOLD.ASM 并右击，在弹出的快捷菜单中选择 ▮ 打开 ▮ 命令，将模型显示状态调整到无隐藏线显示。

**Step2.** 创建参考点。

（1）选择命令。选择下拉菜单 插入(I) ➡ 模型基准(D)▸ ➡ 点(P) ▸ ➡ ✕✕ 点(P)... ，系统弹出"基准点"对话框。

（2）在模型中选择图 29.60 所示的模型边线 1，然后在"基准点"对话框 偏移 后的文本框中输入 0.5，类型下拉列表中选择 比率 选项。

（3）在模型中选择图 29.60 所示的模型边线 2，然后在"基准点"对话框 偏移 后的文本框中输入 0.5，类型下拉列表中选择 比率 选项。

（4）在"基准点"对话框中单击 确定 按钮，完成基准点的创建,如图 29.61 所示。

图 29.60　基准点参照　　　　　图 29.61　基准点

**Step3.** 创建基准面。选择图 29.62 所示的模型表面为平行参考平面，选择 APNT0 为穿透点，创建基准面 5；选择图 29.62 所示的模型表面为平行参考平面，选择 APNT1 为穿透点，创建基准面 6，单击 确定 按钮完成基准面的创建，如图 29.63 所示。

图 29.62　定义基准面参照　　　　　图 29.63　基准面

**Step4.** 创建图 29.64 所示的基准坐标系 ACS0（注: 本步的详细操作过程请参见随书光盘中 video\ch29\reference\文件下的语音视频讲解文件 phone_cover-r02.avi）。

图 29.64　定义坐标系参照平面

Step5. 同理，创建图 29.65 所示的基准坐标系 ACS1，选取参照平面顺序为图 29.66 所示的表面 1、ADTM6 和表面 2。

图 29.65　定义坐标系方向　　　　　　　图 29.66　定义坐标系参照平面

Step6. 关闭窗口。选择下拉菜单 文件(F) ➡ ✖ 关闭窗口(C) 命令。

Step7. 定义斜导柱滑块 1。

（1）将模型显示状态切换到着色显示，取消基准面、基准轴和基准点的显示，显示基准坐标系。

（2）显示模座。选择下拉菜单 EMX 5.0 ➡ 视图 ▶ ➡ 显示... ▶ ➡ 动模 命令。

（3）选择命令。选择下拉菜单 EMX 5.0 ➡ 滑块 ▶ ➡ ...定义 命令，系统弹出图 29.67 所示的"滑块"对话框。

（4）定义坐标系。单击对话框中的 [1]坐标系 按钮，系统弹出"选取"对话框，选择 Step4 创建的坐标系 ACS0。

（5）采用系统默认的滑块参数，单击"完成"按钮 ✔，结果如图 29.68 所示。

图 29.67　"滑块"对话框　　　　　　　图 29.68　定义斜导柱滑块 1

Step8. 参照 Step7 创建斜导柱滑块 2。选择 Step4 创建的坐标系 ACS1 为参考，完成后的结果如图 29.69 所示。

**说明：** 如果此时模型为部分线框显示，可以进行如下操作将模型调整到着色状态。选

择下拉菜单 视图(V) ➡ 视图管理器(W) 命令，在弹出的"视图管理器"对话框中双击 样式 项目下的 缺省类型 选项即可。

Step9. 装配螺钉。

（1）选择下拉菜单 显示(D) ▼ ➡ 层树(L) 命令，切换到"层树"显示状态，右击 00_BUW_CUTQUILTS，在弹出的快捷菜单中选择 隐藏 命令，结果如图 29.70 所示。

图 29.69　定义斜导柱滑块 2

图 29.70　隐藏结果

（2）选择命令。选择下拉菜单 EMX 5.0 ➡ 螺钉 ▶ ➡ ...定义 命令，系统弹出图 29.71 所示的"螺钉"对话框。

（3）定义参考点。单击对话框中的 [1]点曲 按钮，系统弹出"选取"对话框，选择图 29.72 所示的点"AUTOSCREW2"为螺钉定位点，选择图 29.72 说的面为螺钉定位面，再选择图 29.72 所示的面为螺纹曲面。

说明：在选取螺钉定位点时，只需要选择其中一个点就行，系统默认将其他需要定位螺钉的点选择上。

图 29.71　"螺钉"对话框

图 29.72　定义螺钉位置

（4）定义螺钉尺寸值。在对话框中的 DN·直径 下拉列表中选择 4，在 LG·长度 下拉列表中选择 12。

（5）在对话框中选中 ☑沉孔 复选框，取消选中 □盲孔 复选框；单击"完成"按钮 ☑。

（6）使用同样的方法创建对面的 2 个螺钉和斜导柱滑块 2 上的四个螺钉，结果如图 29.73 所示。

图 29.73　添加其余六个螺钉

Step10. 装配定位销。

（1）选择命令。选择下拉菜单 EMX 5.0 ➡ 定位销 ▶ ➡ ...定义 命令，系统弹出图 29.74 所示的"定位销"对话框。

（2）定义参考点。单击对话框中的 [1]点触 按钮，系统弹出"选取"对话框，选择图 29.75 所示的点"AUTOPIN2"为定位销的定位点，选择图 29.75 说的面为定位销的定位面。

**说明：** 在选取定位销定位点时，只需要选择其中一个点就行，系统默认将其他需要定位的定位销点选择上。

（3）定义螺钉尺寸值。在"定位销"对话框的 DN·直径 下拉列表中选择 4，在 LG·长度 下拉列表中选择 14。在 OFFSET·偏移 后的文本框中输入 7。单击"完成"按钮 ☑。

图 29.74　"定位销"对话框

图 29.75　定义定位销位置

（4）使用同样的方法创建对面和另一斜导柱滑块上的 6 个定位销，结果如图 29.76 所示。

图 29.76　添加其余六个定位销

Step11. 编辑斜导柱滑块 1。

说明：因为添加的斜导柱滑块与前面创建模具型腔上的滑块没有连接机构，所以此处需要对其进行编辑，创建出连接机构。

（1）打开模具型腔上的滑块。在模型树中选择装配体⊞□ PHONE_COVER_MOLD.ASM 节点下的 □ SLIDE VOL 1.PRT 并右击，在弹出的快捷菜单中选择 打开 命令。

（2）选择下拉菜单 插入 (I) ➡ ■▪拉伸 (E)... 命令，此时系统弹出"拉伸"操控板。

（3）定义草绘截面放置属性：右击，从弹出的菜单中选择 定义内部草绘... 命令；在系统 ⇩选取一个平面或曲面以定义草绘平面 的提示下，选取图 29.77 所示的表面为草绘平面，然后选取图 29.77 所示的表面为参照平面，方向为 右 。

（4）截面草图。绘制图 29.78 所示的截面草图，完成截面的绘制后，单击工具栏中的"完成"按钮 ✓ 。

（5）设置深度选项。在操控板中选取深度类型 ⊥ （到选定的），选取草绘平面的背面为拉伸终止面；在操控板中单击"完成"按钮 ✓ ，完成特征的创建。

（6）关闭窗口。选择下拉菜单 文件 (F) ➡ ✕ 关闭窗口 (C) 命令。

图 29.77　定义草绘平面　　　　　　　　图 29.78　截面草图

（7）元件操作。

① 选择命令。选择下拉菜单 编辑 (E) ➡ 元件操作 (O) 命令，系统弹出菜单管理器。

② 在菜单管理器中选择 Cut Out (切除) 命令，系统弹出"选取"对话框。

③ 根据系统 ⇩选取要对其执行切出处理的零件。 的提示下，选择图 29.79 所示的型腔上的滑块，单击 确定 (O) 按钮；再根据系统 ⇩为切出处理选取参照零件。 的提示下，选择图 29.79 所示的斜导柱滑块，单击 确定 (O) 按钮。

④ 在系统弹出的"选项"菜单中选择 **Done/Return 完成/返回** 命令。

图 29.79　定义型腔开槽

Step12. 参照 Step11，编辑斜导柱滑块 2。

## Task8.　添加顶杆

Step1. 创建顶杆参考点。

（1）选择命令。选择下拉菜单 **插入(I)** ➡ **模型基准(D)▶** ➡ **草绘(S)...**，系统弹出
"草绘"对话框。

（2）定义草绘平面，选择图 29.80 所示的表面为草绘平面，选择图 29.80 所示的工件侧
面为参照平面，方向为 **右**。

图 29.80　定义草绘平面

（3）截面草图。选取图 29.81 所示的 12 个圆为草绘参照，草图为与圆心重合的 12 个点。
完成截面的绘制后，单击工具栏中的"完成"按钮 **✓**。

Step2. 定义顶杆。

（1）选择命令。选择下拉菜单 **EMX 5.0** ➡ **顶杆▶** ➡ **...定义** 命令，系统弹出
"顶杆"对话框。

（2）定义顶杆直径和长度。在"顶杆"对话框的 **DM1·直径** 下拉列表中选择 2.0，在
**LG1·长度** 下拉列表中选择 125，在对话框中选中 **✓ 按面组修剪** 复选框。

（3）定义参考点。单击对话框中的 **[1]点** 按钮，系统弹出"选取"对话框，
选择 Step1 创建的点，单击 **确定(O)** 按钮，再单击"完成"按钮 **✓**。

**说明**：在选择参考点时只需选择任意一点，系统默认将剩余的 11 个点也选中。

（4）根据系统 **选择一个修剪面。** 的提示下，依次在"选取"对话框中单击 **确定(O)** 按钮。

说明：如果此时模型为部分线框显示，可以进行如下操作将模型调整到着色状态。选择下拉菜单 视图(V) ➡ █ 视图管理器(N) 命令，在弹出的"视图管理器"对话框中双击 样式 项目下的 缺省类型 选项即可。

Step3. 创建潜伏式浇口。

（1）选择命令。选择下拉菜单 插入(I) ➡ █ 旋转(R)... 命令，此时系统弹出"旋转"操控板。

（2）定义草绘截面放置属性：选取 MOLD_RIGHT 基准平面为草绘平面，然后选取图 29.82 所示的表面为参照平面，方向为 右 。

图 29.81　草绘参照　　　　　　图 29.82　定义草图参照

（3）截面草图。绘制图 29.83 所示的截面草图，完成截面的绘制后，单击工具栏中的"完成"按钮 ✔。

图 29.83　截面草图

（4）在操控板中单击"完成"按钮 ✔，完成特征的创建。

Step4. 镜像浇口。在模型中选择 MOLD_FRONT 基准平面为镜像平面，镜像后的结果如图 29.84 所示。

图 29.84　镜像浇口

Step5. 编辑顶杆 1。

（1）在模型树中选择 □-■EMX_EJECTOR_PIN010-1809__.PRT 并右击，从弹出的快捷菜单中选择 **激活** 命令，激活顶杆，如图 29.85 所示（此顶杆与 Step3 中创建的浇口相干涉）。

（2）选择下拉菜单 **插入(I)** ➡ **旋转(R)...** 命令，此时系统弹出"旋转"操控板。

（3）选取 MOLD_RIGHT 基准平面为草绘平面，然后选取图 29.86 所示的表面为参照平面，方向为 **右** 。

图 29.85　激活顶杆 1

图 29.86　选取移动方向

（4）截面草图。绘制图 29.87 所示的截面草图，完成截面的绘制后，单击工具栏中的"完成"按钮 ✔ 。

（5）在操控板中单击 ⬦ 按钮，然后单击"完成"按钮 ✔ ，完成特征的创建。

**Step6.** 编辑顶杆 2。参照 Step5 编辑与 Step4 中创建的浇口相干涉的顶杆 2，编辑后的顶杆如图 29.88 所示。

图 29.87　截面草图

图 29.88　编辑后的顶杆

## Task9. 添加复位杆

**说明：** 创建复位杆与创建顶杆使用的命令相同。

**Step1.** 创建复位杆参考点。

（1）选择命令。选择下拉菜单 **插入(I)** ➡ **模型基准(D)▶** ➡ **草绘(S)...** ，系统弹出"草绘"对话框。

（2）定义草绘平面，选择图 29.89 所示的表面为草绘平面，选择图 29.89 所示的工件侧面为参照平面，方向为 **右** 。

（3）截面草图。绘制图 29.90 所示的截面草图（四个点），完成截面的绘制后，单击工具栏中的"完成"按钮 ✔ 。

图 29.89  定义草绘平面

图 29.90  截面草图

Step2. 定义复位杆。

（1）选择命令。选择下拉菜单 EMX 5.0 ➡ 顶杆 ▶ ➡ ...定义 命令，系统弹出"顶杆"对话框。

（2）定义参考点。单击对话框中的 (1)点 按钮，系统弹出"选取"对话框，选择 Step1 创建的点，单击 确定 按钮。

**说明**：在选择参考点时只需选择任意一点，系统默认将剩余的三个点也选中。

（3）定义复位杆直径和长度。在对话框的 DM1·直径 下拉列表中选择 12.0；在 LG1·长度 下拉列表中选择 125；在对话框中选中 ☑ 按面组修剪 复选框，单击"完成"按钮 ✓。

（4）根据系统提示 选择一个修剪面。，依次在"选取"对话框中单击 确定 按钮，结果如图 29.91 所示。

图 29.91  定义复位杆

## Task10. 添加拉料杆

**说明**：创建拉料杆与创建顶杆使用的命令相同。

Step1. 创建拉料杆参考点。

（1）选择命令。选择下拉菜单 插入(I) ➡ 模型基准(D) ▶ ➡ 草绘(S)... ，系统弹出"草绘"对话框。

（2）定义草绘平面，选择图 29.92 所示的表面为草绘平面，选择图 29.92 所示的工件侧面为参照平面，方向为 右 。

（3）截面草图。绘制图 29.93 所示的截面草图（一个点），完成截面的绘制后，单击工具栏中的"完成"按钮 ✓。

Step2. 定义拉料杆。

（1）选择命令。选择下拉菜单 EMX 5.0 ➡ 顶杆 ▶ ➡ ...定义 命令，系统弹出"顶杆"对话框。

图 29.92　定义草绘平面　　　　　　图 29.93　截面草图

（2）定义参考点。单击"顶杆"对话框中的 [1]点 按钮，系统弹出"选取"对话框，选择 Step1 创建的点。

（3）定义拉料杆直径和长度。在"顶杆"对话框的 DM1·直径 下拉列表中选择 9.0；在 LG1·长度 下拉列表中选择 160；在对话框中选中 ☑ 按面组修剪 复选框，单击"完成"按钮 ✔。

（4）根据系统 选择一个修剪面。 的提示下，依次在"选取"对话框中单击 确定 按钮，结果如图 29.94 所示。

图 29.94　定义拉料杆

Step3. 编辑拉料杆。

（1）打开模型。在模型树中选中 Step2 创建的拉料杆 ⊞ EMX_EJECTOR_PIN012__.PRT 并右击，在弹出的快捷菜单中选择 打开 命令，系统转到零件模式下。

（2）选择下拉菜单 插入(I) ➡ 拉伸(E)... 命令，此时系统弹出"拉伸"操控板。

（3）定义草绘截面放置属性：右击，从弹出的菜单中选择 定义内部草绘... 命令；在系统 ⇨选取一个平面或曲面以定义草绘平面。 的提示下，在模型树中选取 DTM_X_Z 为草绘平面，然后选取 DTM_Y_Z 为参照平面，方向为 右。

（4）截面草图。绘制图 29.95 所示的截面草图，完成截面的绘制后，单击工具栏中的"完成"按钮 ✔。

（5）设置深度选项。

① 在操控板中选取深度类型 ⊟ （对称的），在文本框中输入 10.0。

② 在操控板中单击"切除材料"按钮 ⊿。

③ 在操控板中单击"完成"按钮 ✔，完成特征的创建，结果如图 29.96 所示。

图 29.95　截面草图　　　　　　　　图 29.96　编辑拉料杆

（6）关闭窗口。选择下拉菜单 文件(F) ➡ ✕ 关闭窗口(C) 命令。

## Task11.　添加如图 29.97 所示螺钉

图 29.97　创建螺钉结果

**Step1.** 显示模座。选择下拉菜单 EMX 5.0 ➡ 视图 ▶ ➡ 显示... ▶ ➡ 主视图 命令。

**Step2.** 选择命令。选择下拉菜单 EMX 5.0 ➡ 螺钉 ▶ ➡ ...定义 命令，系统弹出图 29.98 所示的"螺钉"对话框。

**Step3.** 定义参考点。单击对话框中的 [1]点轴 按钮，系统弹出"选取"对话框，选择图 29.99 所示的点"PNT0"为螺钉定位点，选择图 29.99 所示的面为螺钉定位面，再选择图 29.99 所示的面为螺纹曲面。

说明：在选取螺钉定位点时，只需要选择其中一个点就行，系统默认将其他需要定位螺钉的点也选择上。

图 29.98　"螺钉"对话框

图 29.99　定义螺钉位置

**Step4.** 定义螺钉尺寸值。在"螺钉"对话框的 DN-直径 下拉列表中选择 4；在 LG-长度 下拉列表中选择 10，在 OFFSET-偏移 文本框中输入−5。

**Step5.** 在"螺钉"对话框中选中 ☑ 沉孔 复选框，取消选中 ☐ 盲孔 复选框；单击"完成"按钮 ✓。

### Task12. 定义动模座板

**Step1.** 激活模型。在模型树中选择动模座板 ⊞☐ EMX_CLP_PLATE_MH001.PRT 并右击，在弹出的快捷菜单中选择 激活 命令。

**Step2.** 选择下拉菜单 插入(I) ➡ ☐ 拉伸(E)... 命令，此时系统弹出"拉伸"操控板。

**Step3.** 定义草绘截面放置属性：选取图 29.100 所示的表面为草绘平面，然后选取图 29.100 所示的表面为参照平面，方向为 右。

**Step4.** 截面草图。绘制图 29.101 所示的截面草图（一个圆），完成截面的绘制后，单击工具栏中的"完成"按钮 ✓。

**Step5.** 设置深度选项。

（1）在操控板中选取深度类型 ⊟ （拉伸至下一曲面）。

（2）在操控板中单击"切除材料"按钮 ☐。

（3）在操控板中单击"完成"按钮 ✓，完成特征的创建，结果如图 29.102 所示。

图 29.100　定义草绘平面

图 29.101　截面草图

图 29.102　编辑动模座板

**Step6.** 激活装配体。在模型树中选择装配体 ☐ PHONE_COVER.ASM 并右击，在弹出的快捷菜单中选择 激活 命令。

### Task13. 模架开模模拟

**Step1.** 选择命令。选择下拉菜单 EMX 5.0 ➡ 模架开模模拟 命令，系统弹出"模架开模模拟"对话框。

**Step2.** 定义模拟数据。在 模拟数据 一区域的 步距宽度 文本框中输入 5，单击"计算新结果"按钮 🔢，如图 29.103 所示。

**Step3.** 开始模拟。单击对话框中的"开始模拟"按钮 📷，此时系统弹出图 29.104 所示的"动画"对话框，单击对话框中的"播放"按钮 [ ▶ ]，视频动画将在绘图区中演示。

　Step4. 模拟完后，单击"关闭"按钮 关闭 ，单击"完成"按钮 ✓。

　Step5. 保存模型。选择下拉菜单 文件(F) ➡ 🖫 保存(S) 命令。

图 29.103　　"模架开模模拟"对话框

图 29.104　　"动画"对话框

# 读者意见反馈卡

尊敬的读者：

感谢您购买机械工业出版社出版的图书！

我们一直致力于 CAD、CAPP、PDM、CAM 和 CAE 等相关技术的跟踪，希望能将更多优秀作者的宝贵经验与技巧介绍给您。当然，我们的工作离不开您的支持。如果您在看完本书之后，有什么好的批评和建议，或是有一些感兴趣的技术话题，都可以直接与我联系。

责任编辑：管晓伟

注：本书下载文件夹中含有该"读者意见反馈卡"的电子文档，您可将填写后的文件采用电子邮件的方式发给本书的责任编辑或主编。

E-mail: 詹友刚 zhanygjames@163.com ；管晓伟 guancmp@163.com。

**请认真填写本卡，并通过邮寄或 E-mail 传给我们，我们将奉送精美礼品或购书优惠卡。**

书名：《Pro/ENGINEER 中文野火版 5.0 模具设计实例精解》

1. 读者个人资料：

姓名： _____ 性别： ___ 年龄： ___ 职业： _____ 职务： _____ 学历： _____

专业： _____ 单位名称： _____ 电话： _____ 手机： _____

邮寄地址： _____ 邮编： _____ E-mail： _____

2. 影响您购买本书的因素（可以选择多项）：

☐内容　　　　　　　　　　☐作者　　　　　　　　　　☐价格

☐朋友推荐　　　　　　　　☐出版社品牌　　　　　　　☐书评广告

☐工作单位（就读学校）指定　☐内容提要、前言或目录　　☐封面封底

☐购买了本书所属丛书中的其他图书　　　　　　　　　　☐其他_____

3. 您对本书的总体感觉：

☐很好　　　　　　　　　　☐一般　　　　　　　　　　☐不好

4. 您认为本书的语言文字水平：

☐很好　　　　　　　　　　☐一般　　　　　　　　　　☐不好

5. 您认为本书的版式编排：

☐很好　　　　　　　　　　☐一般　　　　　　　　　　☐不好

6. 您认为 Pro/E 哪些方面的内容是您所迫切需要的？

_____

7. 其他哪些 CAD/CAM/CAE 方面的图书是您所需要的？

_____

8. 您认为我们的图书在叙述方式、内容选择等方面还有哪些需要改进的？

_____

如若邮寄，请填好本卡后寄至：

北京市百万庄大街 22 号机械工业出版社汽车分社　管晓伟（收）

邮编：100037　　联系电话：（010）88379949　　传真：（010）68329090

**如需本书或其他图书，可与机械工业出版社网站联系邮购：**

http://www.golden-book.com　咨询电话：（010）88379639。